危险/有毒物质泄漏大气扩散风险模型应用指南

杨 晔 贺 丁／编译

中国环境出版集团·北京

图书在版编目（CIP）数据

危险/有毒物质泄漏大气扩散风险模型应用指南 / 杨
晔，贺丁编译. -- 北京：中国环境出版集团，2025. 1.
ISBN 978-7-5111-5986-1

Ⅰ．X51-62

中国国家版本馆 CIP 数据核字第 2024HT8223 号

责任编辑	孔　锦	
封面设计	岳　帅	

出版发行　中国环境出版集团
（100062　北京市东城区广渠门内大街 16 号）
网　　址：http://www.cesp.com.cn
电子邮箱：bjgl@cesp.com.cn
联系电话：010-67112765（编辑管理部）
　　　　　010-67112735（第一分社）
发行热线：010-67125803，010-67113405（传真）

印　　刷	北京中科印刷有限公司
经　　销	各地新华书店
版　　次	2025 年 1 月第 1 版
印　　次	2025 年 1 月第 1 次印刷
开　　本	787×1092　1/16
印　　张	18.25
字　　数	370 千字
定　　价	98.00 元

【版权所有。未经许可，请勿翻印、转载，违者必究。】

如有缺页、破损、倒装等印装质量问题，请寄回本集团更换。

中国环境出版集团郑重承诺：
中国环境出版集团合作的印刷单位、材料单位均具有中国环境标志产品认证。

译者序

环境风险评价是开展环境风险有效防控的重要基础。我国环境风险评价管理主要关注事故情况下可能出现的急性伤害，并据此制定相应的风险防控措施，这与美国在风险管理工作上的理念和重点相一致。大气环境预测模型主要用于科学、定量地预测污染物在大气中的扩散及其影响范围和程度。尽管许多大气模型已被用于模拟危险性空气污染物的释放，但在风险事故情况下，有毒有害物质的释放特性、运移特点和防控策略与正常运营状态下的污染物排放存在较大差异，因此往往需要提供专门针对有毒有害物质事故泄漏大气扩散影响的模型。美国国家环境保护局（EPA）基于大量的风险模拟研究及验证工作，颁布了《危险/有毒物质泄漏大气扩散风险模型应用指南》（EPA-454/R-93-002），为风险状况下化学物质事故状态下潜在泄漏情景定量评估提供了一种系统的方法，即应用数学模型来估计这些事故情景的影响。该指南提供了有毒有害物质在不同释放情景下源强的计算、物质理化参数的设定、预测模型选取的依据、环境参数的选取，以及后果预测的输出等系统化的技术指引，并包括 ADAM、ALOHA、DEGADIS、HGSYSTEM、SLAB 等多类型的风险预测模型。

希望通过对《危险/有毒物质泄漏大气扩散风险模型应用指南》的介绍，让读者可更为深入地理解不同风险预测模型的机理、特征并根据实际的需要加以合理选择。本书内容可为从事环境影响评价、风险模拟研究的技术人员及环境管理者提供借鉴和参考。

由于译者水平及专业知识所限，书中难免有不足之处，敬请广大读者批评、指正。

编译者

2024 年 10 月

目 录

第1章 引 言

《空气质量模型指南（修订版）》［*Guideline on Air Quality Models*（*Revised*）］[1]
对各种污染物的空气质量模拟技术使用提供指导。尽管该指南中的许多模型在一定范围
上已被用于模拟危险有毒物质泄漏后的扩散行为，但研究表明，能够刻画危险有毒物质
事故泄漏扩散特征的模型仍旧是必需的。

为满足这一需求，美国 EPA 发布了《有毒空气污染物影响评估的筛选技术工作手册
（修订版）》［*Workbook of Screening Techniques for Assessing Impacts of Toxic Air Polltants*
（*Revised*）］（以下简称《工作手册》）[2]，并开发了 TSCREEN 模型[3]。《工作手册》
为选择和使用适当筛选技术提供了一种判定方法，用于估算 18 种不同类别的泄漏场景下
所产生的泄漏速率和环境影响浓度。TSCREEN 为单机版模型，采用《工作手册》中描述
的方法，对有毒空气污染物泄漏浓度进行估算。EPA 赞助开发 DEGADIS 重质气体模型[4]，
并采用 3 个实验方案[5]对几个重质气体模型进行统计模型评价研究。1990 年，EPA 公开
发布了若干重质气体模型的输入确定的一般指导性原则[6]。此后，EPA 发布了一份导则，
详细描述了在更广泛的工厂场所内，各种有毒空气污染物泄漏的影响范围，并展示了
如何应用大气扩散模型，其中包括针对重质气体的模型[7]。

1990 年的《清洁空气法案修正案》（CAAA）第三章将多种化学物质列为危险性空
气污染物，并要求制定法规以预防事故性泄漏，同时尽可能减轻任何事故性泄漏的后果。
由于涉及众多化学物质和大量潜在泄漏情景，有必要系统地应用数学模型来评估这些潜
在泄漏情景的影响。许多化学物质在泄漏时可能形成重质气体，模拟这类重质气体泄漏
扩散的模型相当复杂，因此应给予特别关注。

本指南介绍了有毒或危险性空气污染物释放模拟的通用原则，并说明如何应用适合
的扩散模型。本指南取代了 1991 年发布的《有毒物质泄漏大气扩散风险模型应用指南》。
具体补充内容包括：

- 帮助确定危险性空气污染物泄漏的泄漏类型（如液相或气相）；
- 定义在确定泄漏应视为重质气体泄漏时，应采取的步骤（需要使用能够进行此类
  模拟的模型）；

- 定义用于确定室外区域中常用模型所使用的输入变量的方法；
- 指出各种输入对结果的影响；
- 举例说明各模型在给定输入的计算过程；
- 描述各模型的输出；
- 讨论如何确定 "最严重场景" 下的输入。

第 2 章介绍术语 "泄漏情景"，并定义本指南中使用的 8 个泄漏情景、可能发生的泄漏场景以及导致的泄漏类型，并在表中列出。介绍了用于确定特定化学物质的可能或合理储存条件的方法。

第 3 章描述本指南中使用的模型，其中包括 ADAM、ALOHA、DEGADIS、HGSYSTEM、SLAB。

第 4 章提供一种从现有参数确定泄漏类型和计算模型输入参数的方法，以及如何确定泄漏是否应该视为重质气体泄漏。

第 5 章给出如何使用第 4 章中描述的方法为每个泄漏情景计算输入的示例。

第 6 章记录第 5 章中计算得到的输入如何在各模型中使用，以及各种不同输入的影响和效果。

第 7 章描述如何从模型中给出特定输出结果。

第 8 章讨论如何确定产生 "最严重场景" 影响的输入。

附录包括附录 A 和附录 B。附录 A 列出了一些国际标准单位（国际单位制）间的换算。本指南以国际标准单位给出所有计算结果。附录 B 载有与本指南化学物质有关的数据。

本指南中的信息，尤其是第 6 章、第 7 章和第 8 章的信息，由模型开发人员提供。具体包括模型输入设定、运行模型、如何对输出解读、"最严重场景" 输入的确定。

第 2 章　情景和化学物质选择

本章介绍了本指南中模型使用的化学物质、泄漏类别和泄漏情景。2.1 节介绍了化学物质选择标准。2.2 节介绍化学物质泄漏类别定义。2.3 节对选择建模的"泄漏情景"进行总结。2.4 节介绍关于如何通过模型输入来确定初始泄漏类别。

2.1　化学物质选择标准

事故建模通常选用以下 6 种化学物质：氨（NH_3），无水和含水；氯（Cl_2）；氟化氢（HF），无水和含水；氯化氢（HCl），无水和含水；环氧乙烷（CH_2CH_2O）；二氧化硫（SO_2）。之所以选择这 6 种化学物质，是因为它们都符合建模研究确定的标准：①它们都是常用化学物质，泄漏时可能形成重质气体云；②它们都具有急性毒性或易燃性危险。因此，监管机构对其特别重视。此外，这 6 种化学物质在一定条件下泄漏时，可覆盖代表 5 种基本泄漏情景（见下文中描述）。

2.2　化学物质泄漏类别定义

泄漏类别定义了化学物质离开容器时的物理状态，以及其进入环境中形成蒸气云的方式。根据化学物质的物理特性（如蒸气压或沸点）和泄漏前的储存条件，危险化学物质可以从容器中以液体、气体或两者的组合（两相泄漏）的形式泄漏。泄漏的液体可能通过挥发过程形成蒸气云。液体在泄漏时可能完全或部分闪蒸，从而形成蒸气云或蒸气与液滴的混合物。相反，气相在泄漏时可能部分或完全冷凝形成液滴。如果泄漏时可能冷凝形成液滴，其冷凝程度仍取决于泄漏前的储存条件和物质的物理性质。冷凝液相可能会落到地面，形成液池，然后液池中液体将再次挥发回到大气中。

为定义重质气体模型输入，危险物质泄漏可分为八大泄漏类别。每个泄漏类别都需要特定的模型输入和注意事项。第 4 章介绍确定泄漏类别和建立必要模型输入的方法和过程。本章 2.2.1～2.2.8 节列出并描述了泄漏类别。2.2.9 节讨论其他泄漏类别的考虑因素，并以泄漏后会出现多个泄漏类别的危险物质泄漏作为示例。

由于存储压力相对较高时物质泄漏会出现"阻塞"流现象，泄放速率会达到极限。阻塞流是物质泄漏的速度极限，取决于存储压力和物质的物理性质。由于泄漏速率在阻塞流条件下受到限制，因此通过给定孔径尺寸的容积流量也受到限制，并且与存储压力无关。然而，由于在阻塞流之上物质的密度随压力变化而变化，因此质量排放率将随着压力而变化。

2.2.1 两相气体泄漏（阻塞）

两相气体泄漏是指初始状态下气体发生泄漏，在泄漏过程中部分冷凝形成两相（气体和液体）。相对地，两相液体泄漏是从液体状态开始，在泄漏过程中部分蒸发形成两相。从泄漏后的特征来看，无论是气体还是液体作为初始状态，两相泄漏的表现具有相似性。然而，区分两相泄漏是源于气体泄漏还是液体泄漏仍然至关重要，因为在这两种情况下，模型计算所需的输入参数（尤其是泄漏速率的确定）存在差异。

两相气体泄漏是指在环境条件下物质为气体的泄漏。这种物质可能以压缩气体或液化气体的形式储存；然而，从液化气体储存容器中泄漏的两相气体（与两相液体泄漏相反）必然源自容器内的气相空间。在泄漏过程中，随着压力的降低，气体膨胀并冷却，导致液滴形成，从而产生两相泄漏。这种由泄漏引起的绝热膨胀使得部分或全部物质过冷（过冷是指冷却到低于物质沸点的温度）。因此，泄漏后立即形成液相。

图 2-1 为两相气体泄漏类别。如图 2-1 所示，气体中形成的液体有几种可能去向。液体可能通过从蒸气/液体泄漏而逸出，进而积聚形成液池，然后蒸发。同时，冷凝后的液体也可能转变为气溶胶或形成细微分散的雾状物，在蒸气云中随风传播，并最终蒸发。液池、气溶胶或这两者的组合，其具体形态的形成取决于泄漏物质及其泄漏特性。

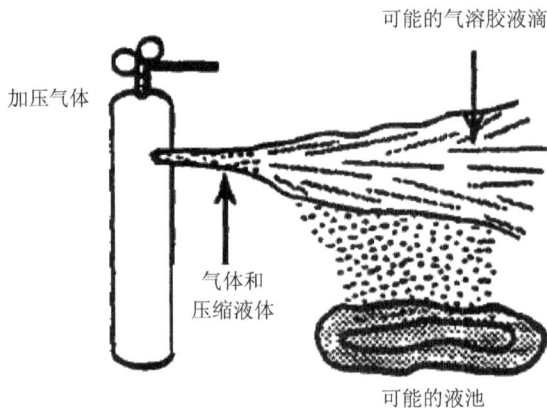

图 2-1　两相气体泄漏类别

在两相阻塞流气体泄漏过程中，存储物质的压力高到足以在减压过程中引发冷凝，并满足阻塞流的条件。当存储压力超过阻塞流阈值时，泄漏速率（以及由此产生的、通过特定孔径的体积泄漏速率）变得与存储压力无关。然而，由于物质的密度会随着压力的变化而变化，质量排放率会随着存储压力超过阻塞流极限而发生变化。

2.2.2　两相气体泄漏（非阻塞）

两相非阻塞气体泄漏的条件与两相阻塞气体泄漏的条件相似。在两相非阻塞气体泄漏过程中，存储物质的压力高到足以在减压过程中引发冷凝，但不会高到导致阻塞流的条件。

模型输入计算，特别是用于确定泄漏速率的模型输入计算，对于阻塞和非阻塞气体泄漏条件有所区别。在低于阻塞流的压力下，泄漏速率（以及因此通过给定孔尺寸的容积泄漏速率）由存储压力决定。在超过阻塞流限制的压力下，通过给定孔尺寸的泄漏速率与存储压力无关。

2.2.3　两相加压液体泄漏

两相液体泄漏是指液体在泄漏过程中部分蒸发，从而形成两相（液体和气体）。两相加压液体泄漏是指在环境条件下，物质以气相形式存在并因容器内的存储压力而转变为液相。一旦发生泄漏，液体的压力会迅速降至环境压力水平，这可能导致部分或全部液体经历突然蒸发，这一过程被称为绝热闪蒸。闪蒸分数是用来定义液体转变为气相的百分比。闪蒸的程度主要取决于储存时的温度以及物质的物理特性（如沸点和物质的蒸发热）。图 2-2 为发生闪蒸的两相液体的泄漏。在两相气体泄漏的情况下，泄漏的液体部分可能形成气溶胶或液池，或者两者都形成。当物质在压力下储存时，气溶胶形成的趋势比物质冷藏时（在下一章中描述）更大，因为对于加压液体泄漏，泄漏能量往往相对较高。

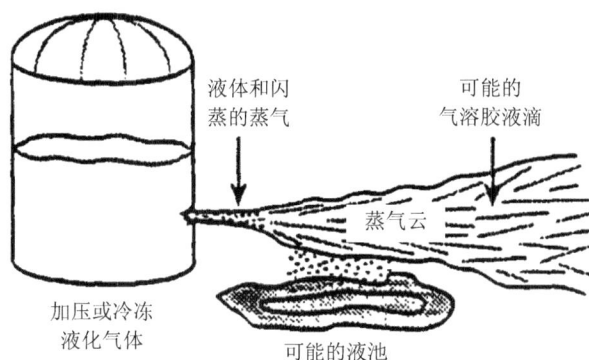

图 2-2　两相液体泄漏

2.2.4　两相低温液体泄漏

两相低温液体泄漏是指液体从容器中逸出，该物质通过保持低温来维持液相。在环境温度下，这种物质通常以气态存在，但储存温度低于其沸点（作为过冷液体储存）。如果发生泄漏，由于泄漏时的温度通常低于物质的沸点，所以泄漏物质通常为轻微闪蒸。因此，在两相低温液体泄漏中，闪蒸分数的比例通常远低于两相加压液体泄漏中的蒸发比例。

在确定模型输入时，两相低温液体泄漏与两相加压液体泄漏的主要区别体现在泄漏速率的计算方法上。泄漏速率是基于存储压力和环境压力之差计算。低温液体通常在环境压力下储存，因此泄漏压力是由泄漏位置（液位高度）上方的液体质量决定。这种压力通常远小于加压液体的情况，因此通常导致泄漏速率较低。

从两相低温液体泄漏中逸出的物质有可能形成气溶胶和/或液池。如果形成了液池，它在从周围环境和液池表面吸收热量时会挥发。随着液池的蒸发，其表面会冷却，导致蒸发速率下降。由于低温液体泄漏的能量通常较低，因此从泄漏的低温液体中产生气溶胶的可能性极小。

2.2.5　单相气体泄漏（阻塞）

单相气体泄漏是指在环境条件下为气体并泄漏的物质。在整个泄漏过程中，这种物质始终保持气态，不会转变为液态。这种物质可以以压缩气体或液化气体的形式储存。当从液化气体的储存容器中发生泄漏时，泄漏出的单相气体必然来源于容器内部的气相空间。

图 2-3 为单相气体泄漏。如果气体泄漏压力太低，在泄漏过程中不会导致物质过冷（到低于其沸点的温度），则气体泄漏不会冷凝。如果泄漏压力足够高，达到阻塞速度限制（2.2.1 节），则会产生阻塞流。

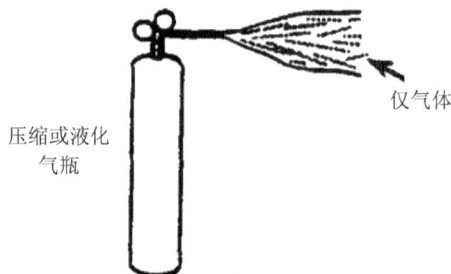

图 2-3　单相气体泄漏

需要注意的是，阻塞的速度和气体泄漏时的冷凝现象在很大程度上取决于阻塞物质的物理性质。2.2.2 节描述了在不形成阻塞流的情况下，阻塞压力导致冷凝的条件。对于单相阻塞气体泄漏而言，情况则完全相反。压力并未引起冷凝，但却产生了阻塞流。由于这些现象与物质的化学性质相关，一种物质可能表现为"冷凝但不形成阻塞流"的特性，而另一种物质可能表现为"形成阻塞流但不发生冷凝"的特性。

2.2.6 单相气体泄漏（非阻塞）

导致单相非阻塞气体泄漏的条件与单相阻塞气体泄漏的条件颇为相似，主要区别在于存储压力低于那些在泄漏过程中可能引起冷凝或形成阻塞流的压力。如 2.2.2 节所述，阻塞和非阻塞气体泄漏的条件对于定义模型输入的泄漏速率计算有所不同。在低于阻塞限制的压力下，泄漏速率（以及由此决定的，通过特定孔径的体积泄漏速率）受到存储压力的影响。而对于阻塞气体泄漏，泄漏速度则不受存储压力的影响。

2.2.7 单相液体泄漏（高挥发性）

高挥发性液体在单相泄漏情况下，尽管在环境条件下呈现为气体，但它们通过被冷却至低于沸点的温度（这种状态称为"过冷"）来保持液相。如果泄漏时的温度等于或低于该物质的正常沸点，那么这种泄漏就被视为单相泄漏，因此不会发生闪蒸现象。

图 2-4 为单相高挥发性液体泄漏，并在吸收周围环境和液面溢出的热量时逐渐挥发。随着物质的蒸发，液池的温度会随之降低。如前所述，由于泄漏的能量通常较低，因此从低温液体中形成气溶胶的可能性极小。在计算单相高挥发性液体的大气泄漏速率（即蒸气云的形成速率）时，通常假设物质会立即蒸发（关于模型输入计算，请参见第 4 章）。

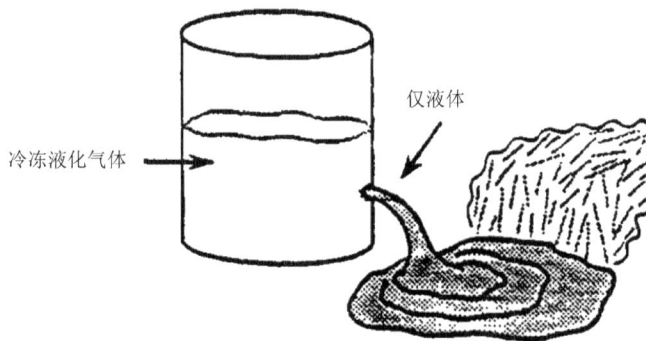

图 2-4 单相高挥发性液体泄漏

2.2.8 单相液体泄漏（低挥发性）

低挥发性单相液体泄漏是指在环境条件下为液体的物质泄漏，其不需要冷藏或加压来将物质保持为液体形式。图 2-5 为单相低挥发性液体泄漏。

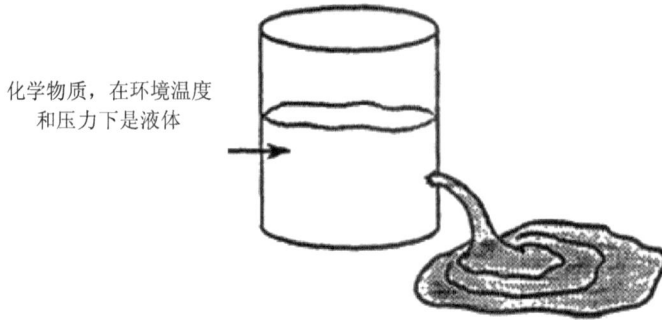

化学物质，在环境温度
和压力下是液体

图 2-5　单相低挥发性液体泄漏

低挥发性液体在泄漏时会在地面形成液池。液体从容器喷射到池中的速率取决于容器内孔上方液面的高度和泄漏孔径。大气扩散速率（蒸气云形成速率）主要受蒸发过程的影响。因此，液池面积、环境温度、风速以及泄漏液体的挥发性（饱和蒸气压）是决定大气扩散速率的关键因素。

为了确定低挥发性液体的大气扩散速率（蒸气云形成速率），需将计算得到的液体泄漏速率与大气中的扩散（挥发）速率进行比较，以便识别出速率的限制因素。第 4 章详细阐述了如何进行这样的比较，并确定用于模型输入的大气泄漏速率。

2.2.9　其他泄漏类别考虑因素

给定"泄漏情景"可以同时或按顺序地产生一种泄漏，符合前文所描述的多种泄漏类别。为定义术语"泄漏情景"，并说明如何形成多个泄漏类别，特提供以下示例情景。

> 一种在环境条件下表现为重质气体的化学物质，通常在压力下以液态储存。当从储罐底部引出的管道被切断，加压的液体便会从开口的管道中流出。在液体流经管道的过程中，其压力会降低，这可能导致管道内的液体在完全泄漏到大气中之前部分蒸发（绝热闪蒸）。一旦储罐内的液体全部泄漏完毕，剩余的压缩蒸气便会通过泄漏口排出。

图 2-6 为泄漏情景示例。由图 2-6 可知，这种类型的泄漏情景最初会导致两相加压液体泄漏。液体部分可能形成气溶胶、短时间液池，或两者组合。如果假设所有液体部分都形成气溶胶，则大气泄漏速率（蒸气云形成速率）等于液相和气相两者的质量排放率。如果假设所有液体部分都形成液池，则泄漏速率将是蒸气泄漏速率和液池蒸发速率的组合。如果假定部分形成气溶胶，则将使用这两种计算方法的组合。

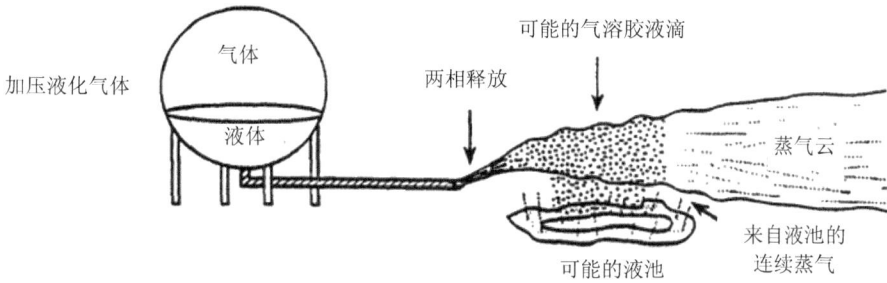

图 2-6　泄漏情景示例

　　需要注意的是，在进行建模研究时，假设两相加压液体泄漏产生的蒸气云形成速率等于气相和液体泄漏速率的总和。这一假设基于所有形成的液池会迅速蒸发，而这种立即蒸发的假设能够产生最大的蒸气云生成速率，通常会导致更为保守的建模结果。

　　当容器中的液体完全泄漏后，会出现第二种不同的泄漏情况。在两相或单相气体泄漏条件下（阻塞或非阻塞），剩余的压缩气相将从容器中排出。气体泄漏的具体类型和速率取决于容器内气体的初始压力。在实际情况中，随着气体的排出，容器内的压力会逐渐降低。然而，本指南采用初始压力来计算最大的泄漏速率，并假设在整个泄漏过程中这一泄漏速率保持不变。这种方法倾向于产生保守的建模结果。

　　对于涉及多种泄漏类型的重质气体建模分析，可能需要综合多个建模运行的结果。当多个泄漏类型同时发生时，可以通过累加每个泄漏类型的蒸气云生成速率来确定模型的输入参数。为了找到解释结果的最合理方法，可能需要单独考虑或综合考虑连续发生或相互重叠的泄漏类型。

　　表 2-1 为常见存储条件可能导致的泄漏类别。表中总结了确定初始泄漏类别的标准，并列出针对每种储存情况可能形成的后续泄漏发展类别。本指南选择的大多数泄漏情景都基于常见存储条件。

表 2-1　常见存储条件可能导致的泄漏类别

储存条件	初始泄漏类别	泄漏类别注意事项
液化气体 （加压）	两相加压液体 （孔位于液面以下）	泄漏的液相可以形成气溶胶液滴和/或液池，会非常迅速地蒸发。当液面低于泄漏孔高度时，或在所有液体从容器中泄漏后，会产生气相泄漏。气体泄漏可以是两相或单相，阻塞或非阻塞，这取决于泄漏压力
液化气体 （加压）	单相或两相气体 （孔位于液面以上）	如果发生冷凝，泄漏会是两相，阻塞或非阻塞。如果容器压力随时间下降，则后续泄漏类别可涉及从两相转变为单相，和/或从阻塞转变为非阻塞。然而，液体在容器中时，压力会保持相对恒定，除非容器中的蒸发导致大量液体冷却

储存条件	初始泄漏类别	泄漏类别注意事项
液化气体（冷冻）	单相、高挥发性	如果泄漏温度低于沸点，液体会保持单相。液体会形成一个短时间液池，从周围环境中吸收热量时就会蒸发掉。当物质液面下降到泄漏孔高度以下时，会发生蒸气泄漏。蒸气泄漏压力取决于容器内的液体温度，但通常低于冷凝和阻塞流压力
液化气体（冷冻）	两相液体（孔位于液面以下）	如果泄漏温度高于物质的沸点，则会发生两相泄漏。泄漏通常温和地闪蒸，因为泄漏温度通常接近沸腾温度。可能的后续泄漏类别与从加压容器中泄漏的两相液体相同
液化气体（冷冻）	单相气体（孔位于液面以上）	由于储存条件要求物质冷却到沸点以下，液体的蒸气压将小于一个大气压。因此，蒸气作为单相气体泄漏的速度相对较慢（只要液体保持冷却）。压力很可能低于冷凝或阻塞流条件下所需的最低压力。不会形成后续泄漏类别
压缩气体	单相或两相气体	冷凝取决于物质特性和储存压力。流动可能是阻塞或非阻塞。后续泄漏类别与从加压液化气体容器中泄漏的单相或两相气体相同。由于容器内没有液体，容器压力在泄漏过程会不断下降
液体（在环境温度下是液体）	单相、低挥发性液体	泄漏的液体将形成液池，根据物质的蒸气压以一定速率挥发。液体被排出后，会有少量气相从容器中泄漏

2.3 用于建模的泄漏情景选择

本指南介绍了 8 个泄漏情景，涵盖 2.2 节中所描述的每个泄漏类别。大多数情景都是从一个更大的通用列表中选择。该列表涵盖典型储存条件下每个选定物质的大多数泄漏类别可能性。

表 2-2 列出建模分析中涵盖的 8 个泄漏类别，以及可以为给定化学物质生成每个泄漏类别的一般泄漏情景。表 2-2 还包括每种物质的常压沸腾温度，以及每种物质的泄漏后状态和重质气体蒸气云危害的总结。

选择了几种"过程中"情景进行分析，不是所有的泄漏类型都能假定在储存条件下达到气液平衡（大多数储存都符合该假设）。此外，还选取了烟囱排放产生的废气流作为案例。废气流包含了有害物质、空气和水蒸气的混合物。选择这一场景的主要目的是为了阐释如何确定典型烟囱排放情景中的泄漏密度。

表 2-3 总结本指南中选择作为讨论示例的泄漏情景，描述泄漏情景，以及每个情景所代表的泄漏类别。环氧乙烷饱和气相管道泄漏情景适用于两个泄漏类别（阻塞和非阻塞两相气体泄漏）。虽然某些设定的泄漏情景可以产生多个泄漏类别，但每个情景只针对一个类别。2.2 节中描述的 8 个泄漏类别均包含在内，并为提供每个类别的模型输入确定示例。

表 2-2　选定化学物质的储存泄漏情景和泄漏后特性

泄漏类别	氨（无水和含水）	氯	氟化氢（无水和含水）	氯化氢（无水和含水）	环氧乙烷	二氧化硫
沸点（无水物质）	−33.4℃（28.1℉）	−34.6℃（−30.3℉）	19.4℃（66.9℉）	−85℃（−121℉）	10.6℃（50.1℉）	−10℃（14℉）
单相气体（阻塞或非阻塞）	1. 孔在液氨（无水）压力容器中液面以上；或者	1. 孔在储液容器中液面以上；或者	1. 孔在氟化氢（无水）压力容器中液面以上；或者	孔在加压氯化氢（无水）容器中	1. 孔在储液容器中液相线以上；或者	1. 孔在储液容器中液相线以上；或者
两相气体（阻塞或非阻塞）	2. 孔在氨（无水）蒸气容器中	2. 孔在蒸气储存容器中	2. 孔在氟化氢（无水）蒸气容器中		2. 孔在蒸气储存容器中	2. 孔在蒸气储存容器中
两相冷冻液体	孔在液氨（无水）冷冻液体储存容器中	不适用	孔在氟化氢（无水）冷冻液体储存容器中	不适用	不适用	不适用
单相高挥发性液体	孔在液氨（无水）冷冻液体储存容器中	不适用	孔在氟化氢（无水）加压液体储存容器中	不适用	不适用	不适用
两相加压液体	孔在液氨（无水）加压液体储存容器中液面以下，也可能形成液池	不适用	孔在氟化氢（无水）储存容器中液相线以下，也可能形成液池	不适用	孔在环氧乙烷加压液体储存容器中液面以下	孔在加压液体储存容器中液相线以下，也可能形成液池
单相低挥发性液体	孔在氨水（含水）箱上液面以下，形成液池	不适用	孔在氟化氢（含水）储罐液面以下，形成液池	孔在氯化氢（含水）容器中液面以下，形成液池	不适用	不适用
单相高挥发性液体	孔在液氨（无水）冷冻液体储存容器中	不适用	孔在氟化氢（无水）冷冻液体储存容器中	不适用	不适用	不适用

泄漏类别	氨（无水和含水）	氯	氟化氢（无水和含水）	氯化氢（无水和含水）	环氧乙烷	二氧化硫
泄漏后状态	气体，通常比空气轻。由于气溶胶的影响，可能比空气重；此外，也可能有短暂沸腾液体泄漏或氨水水溶液	气体（比空气重 2.5 倍）加上气溶胶。此外，也可能有短暂沸腾液体泄漏	比空气轻的气体，但由于氟化氢在低 P，T 下的自缔合以及气溶胶效应，可能比空气重。此外，也可能有短暂沸腾液体泄漏或氟化氢水溶液	气体（比空气重 1.3 倍）或氯化氢水溶液	气体（比空气重 1.5 倍）	气体（比空气重 2.2 倍）
泄漏后的危害和变化	有毒，易燃（但最低着火温度为 1 562℉，易燃浓度范围同窄，易燃浓度 16%～25%）。与水结合时具有反应性和腐蚀性	有毒但不易燃。与水分结合时产生腐蚀性（氯化氢形成）	有毒，有吸湿性。当与水结合时，热量演化并形成腐蚀性氢氟酸	有毒，不易燃，腐蚀性强	有毒，高度易燃	有毒，不燃物。与水结合形成亚硫酸（H_2SO_3）。也可以在有水的情况下还原氢（H_2），形成硫化氢（H_2S）。

不适用：物质在典型储存条件下不存在泄漏类别。

表 2-3　用于建模的描述性情景

化学物质	情景描述	插图
氯	储存环境温度下加压液化氯化物的容器底部管道破裂。产生初始两相加压液体泄漏	

化学物质	情景描述	插图
氟化氢，无水	爆破片破裂，将物质从加压的常温储存液态氟化氢的储罐蒸气中泄漏出来。产生初始单相气体泄漏（阻塞）	传输管　破裂盘　阻塞蒸气相氟化氢释放　氟化氢液体
氯化氢，无水	氯化氢吸收塔中供水中断。产生单相气体泄漏（非阻塞）	蒸气相氯化氢释放，夹带空气和水蒸气　塔式供水　吸收塔　氯化氢和空气

化学物质	情景描述	插图
氯化氢，含水	常压储罐罐侧开孔，储存 30%质量浓度的盐酸液体。导致单相低挥发性液体泄漏	环境温度下 30%重量饱和盐酸障碍区中含有低挥发性泄漏 液体泄漏
环氧乙烷	常压下储存液态环氧乙烷的深冷容器中有孔洞形成。由于孔洞低于液位，初始泄漏为单相高挥发性液体泄漏	冷冻环氧乙烷冷冻液体释放（立即蒸发）

化学物质	情景描述	插图
环氧乙烷	饱和蒸气相管道中有孔洞形成。此类泄漏导致两相气体泄漏。泄漏流率可以是阻塞型的，也可以是非阻塞型。此情景用于两个泄漏类别示例中	常温和常压下的环氧乙烷蒸气 ↑ 环氧乙烷管道 两相气体释放
二氧化硫	从存储液态 SO₂ 的容器底部外输管道中形成一个孔，因此，初始泄漏为两相冷冻液体泄漏	两相冷冻液体释放 处理 冷冻二氧化硫液体 来自储存容器

在实际的建模过程中，为特定物质选择泄漏场景并非易事。情景选择通常需要借助正式"危害分析研究"的结果。危害分析的目的是识别出满足一定发生概率预定标准的泄漏情景。将这些情景概率（可定性或定量确定）与后果分析的结果（通过影响建模得出）相结合的过程被称为"风险评估"。这一过程的最终结果提供了有价值的定性和/或定量数据，这些数据可以作为应急规划或其他危险管理决策（如是否投资于风险减缓措施）的依据。

2.4　建模提交审查中泄漏情景的验证

建模的首要步骤是合理地设定相应的泄漏情景。在提交的文件中，描述泄漏情景的详细程度可能会因应不同的法规要求而有很大差异。但至少应包含所有模型输入所需的储存、处理或运输条件的定义，以确保提交文件能够支持完整的模型输入验证。

本章旨在概述一些可用于检查和验证情景描述中定义的预泄漏条件的过程。此外，本章还包括一些用于确定初始泄漏类别的基本指导。但是，泄漏类别的最终确定应该使用 4.3 节中介绍的程序。

表 2-4 列出了建模选择每一种化学物质的典型储存条件。对于化学物质的泄漏，其储存相态和储量可以对照表 2-4 进行检查。虽然表 2-4 不能涵盖所有储存配置，但它允许建模工作的审阅者确定是否应该质疑所描述的条件或是否在正常条件的范围内。

从上述泄漏情景描述中可以看到，判断泄漏类别的最佳指标是化学物质的沸点。沸点决定了物质的预泄漏状态和潜在的泄漏类别。如果物质的沸点高于周围环境温度，那么它可以作为液体储存或加工，无须额外加压或冷凝。反之，如果物质的沸点低于环境温度，那么它通常处于气态，必须通过压缩或冷却来维持液相。对于加压液体的泄漏情况，可以通过比较物质的沸点和环境温度来进行初步的闪蒸评估。如果环境温度高于物质的沸点，在泄漏过程中可能会发生部分闪蒸现象。

物质的沸点评估是建模提交合理性的一个关键指标。例如，如果提交的泄漏情景是基于苯从处理容器底部（苯的正常沸点为 80.1℃或 176.1℉）的蒸气泄漏，那么在没有将苯加热至沸点以上或在真空操作的情况下，预泄漏条件是不可能实现的。用于建模研究的化学物质的沸点列于表 2-2。

物质的沸点是指其蒸气压与大气压相等的平衡温度。在任意特定的压力和温度条件下，三相（液相、气相和固相）之间的平衡关系可以通过三相图（P-T 图）来直观表示。对于主要涉及液-气平衡条件的储存场景，三相图提供了一种简便而精确的工具，用以验证预泄漏条件的合理性。为建模研究选择的每种化学物质的三相图见附录 B。

表 2-4　所选化学物质的典型储存量（无水）

储存容器	氨[8] 储量	氨[8] 储存相态*	氯[9] 储量	氯[9] 储存相态*	二氧化硫[10] 储量	二氧化硫[10] 储存相态*	环氧乙烷[11] 储量	环氧乙烷[11] 储存相态*	氟化氢[12] 储量	氟化氢[12] 储存相态*	氰化氢[11] 储量	氰化氢[11] 储存阶段*
气瓶	100磅, 150磅	L_p	100磅, 150磅	L_p	100磅, 150磅	L_p	176磅	L_p	150磅	L_p	150磅	G
吨桶	2 000磅	L_p	2000磅	L_p	2 000磅	L_p						
单一容器	26.5 t	L_p	16 t, 30 t, 55 t, 85 t, 90 t	L_p	20 t, 30 t, 40 t, 50 t	L_p	72.5 t (20 000加仑)	L_p	20~90 t	L_p		
油罐车	15~20 t	L_p	15~20 t	L_p	15~20 t	L_p			20~90 t	L_p		
平底载货船	600 t, 1 100 t	L_p	600 t, 1 100 t	L_p	600 t, 1 100 t	L_p						
固定式存储容器	25+t	L_p 或 L_R	25+t	L_p	25+t	L_p	25+t	L_p				

* 储存相态类型：L_p — 加压保持液相；L_R — 低温保持液相；G — 气体。注：1磅≈0.45 kg；25+t：25 t 以上。

下面示例说明了使用三相图检查预泄漏条件。

> 模型输入是基于无水氨在特定压力下储存为液态时的预泄漏条件进行计算的。在泄漏发生时，储存容器与系统分离，导致液氨在室温（设定为 30℃ 或 86℉）下与其蒸气达到平衡状态。在容器的蒸气空间形成孔洞时，会引发单相气体泄漏。作为模型输入，泄漏速率是基于储存压力 152 kPa（相当于 1.5 个大气压）来计算的。

图 2-7 为无水氨的三相图。为检验预泄漏条件的合理性，在设定泄漏温度为 30℃ 时，在液-气平衡线上设置一个点。图 2-7 为对应平衡压力为 11 个标准大气压，远高于示例中用于计算气相泄漏速率的 1.5 个大气压。由于气相泄漏速率随着储存压力的增加而增加，因此该实例分析对泄漏速率的预测不足，很可能低估了蒸气云的扩散影响。

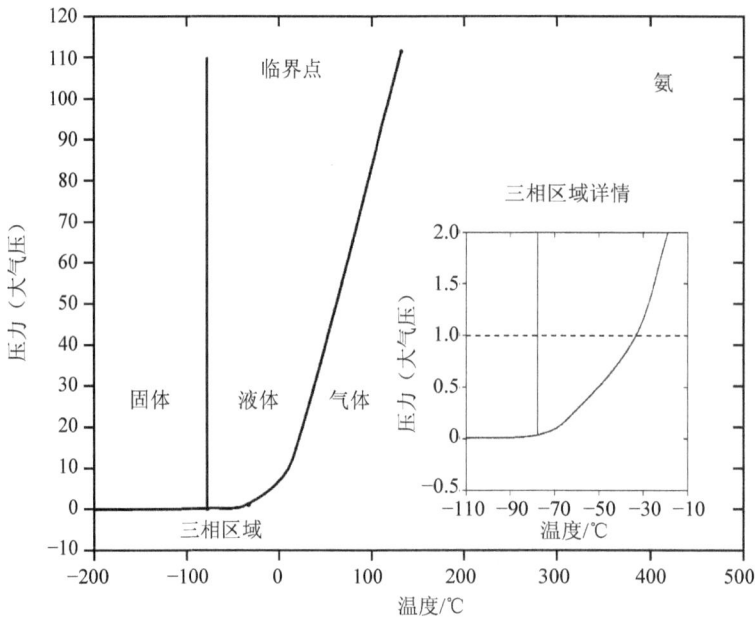

图 2-7　无水氨的三相图

三相图表示物质在不同阶段之间存在的平衡条件。此外，也可以用来标识只可能存在单一相态的区域。如果上述示例中提到的压力-温度组合是准确的，那么根据三相图，储存的氨应该完全以蒸气形式存在。因此，三相图不仅可以用于验证相态的准确性，还可以检查在气液平衡条件下压力和温度之间的一致性。

为了验证物质在气液平衡中的预泄漏条件，必须确定以下任意两个条件：①温度；②压力；③相态。在已知其中两个条件的情况下，就可以利用三相图确定第三个条件，如前面的示例所示。如果只有一个条件是已知的，那么可以利用图 2-8 中提供的方法，结合已知的参数直观地估算泄漏前物质的状态。图 2-8 和图 2-9 为当建模提交中只有部分信息可用时，用于检查预泄漏条件的逻辑。

只有当物质处于气液平衡状态时，三相图才能用来确定未知参数。对于储存在气相中（与其液体不平衡）的物质，只有在已知储存量的情况下，才能准确确定预泄漏条件。如果假设储存量等于容器的容量，则很有可能得出保守的泄漏速率估值。对于压缩气体，最大存储量的假设导致最大的储存压力，从而产生最大初始泄漏速率。这种最大储存量假设倾向于产生更保守的扩散气云影响评估，因为泄漏的持续时间也倾向于被最大化。图 2-8 和图 2-9 提供了一种方法来定义或直观估算压缩气体以及处于气液平衡状态物质的预泄漏条件。

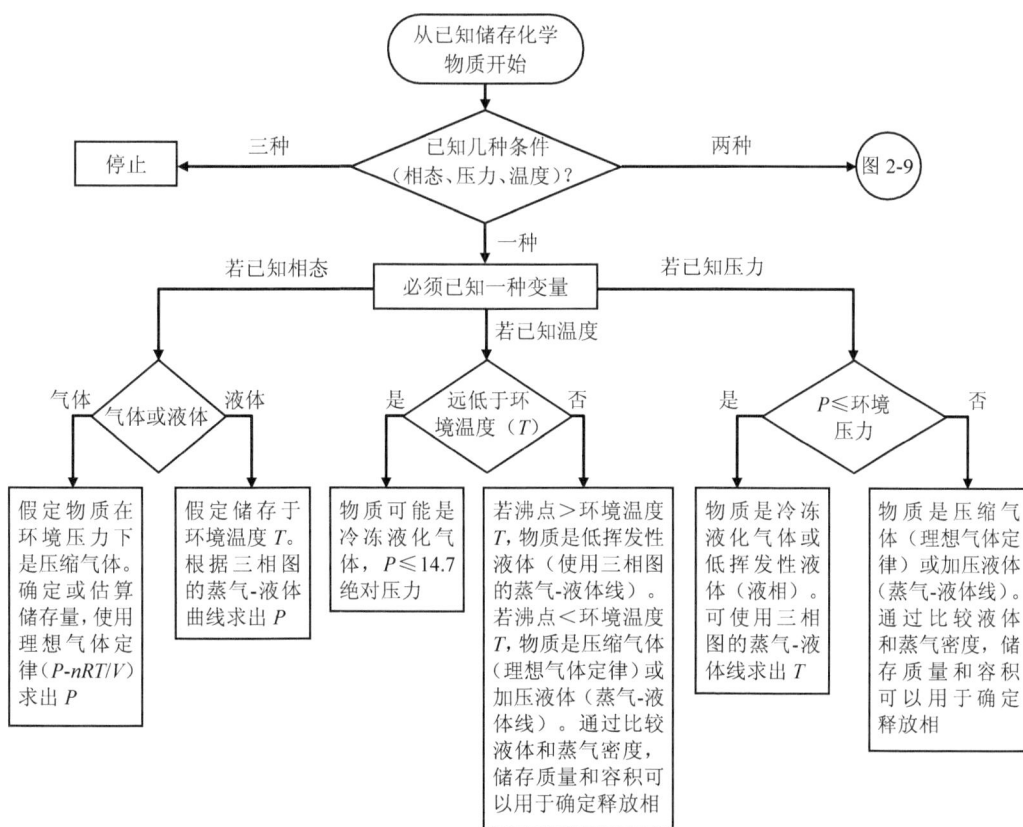

图 2-8　已知一个条件的预泄漏条件测定方法

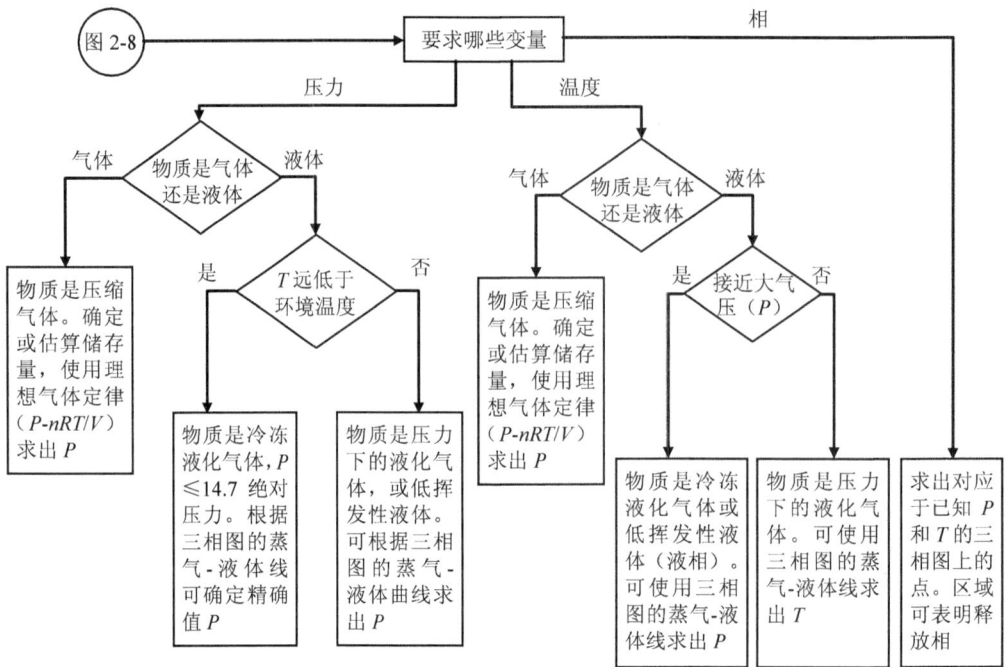

图 2-9　已知两个条件的预泄漏条件测定方法

　　图 2-8 和图 2-9 适用于物质处于气相或气液平衡状态的情况。在特定的泄漏过程中，物质可能在泄漏发生前已经达到平衡状态，也可能未达到平衡。对于特定的非平衡泄漏的情况，通常可以通过测量来获取压力和温度数据，或者根据容器的设计参数来估算这些值。例如，压力安全阀设计为在达到特定压力设定值时自动开启。如果要评估泄漏的后果，可以假设泄漏发生时的压力等于该安全阀的压力设定值。

　　在预泄漏条件得到验证后，可以较为容易地确定泄漏类别的特定组成成分。如前所述，物质的沸点能在特定的泄漏情景中提供预期泄漏类别的指示。进一步确定泄漏类别，特别是对于加压液体泄漏的闪蒸程度，也可以被验证。闪蒸图可以用来估算泄漏过程中大约有多少比例的液体会闪蒸成蒸气。通过使用以下示例，可以清晰地说明如何使用闪蒸图来进行这一估算。

　　待评估的模型是针对从加压液体储存容器底部泄漏氯的特定情况。情景描述中提到，存在一个应急收集池/污水池系统，该系统被假设能够在液氯蒸发形成液池之前，移除 90% 质量的泄漏液氯。储存温度被设定为 25℃（77℉）。

图 2-10 为氯的闪蒸，显示了液氯从容器中泄漏时立即蒸发的程度。根据设定的泄漏温度（25℃），有 20%的液氯在泄漏时会发生闪蒸。闪蒸产生的物质会迅速形成蒸气云，而不是形成液池。由图 2-10 可知，实际的闪蒸比例超过了示例情景中假设的 10%，即最终以重质气体蒸气云形式进入大气的比例。因此，示例情景中的假设可能导致对氯的大气排放率的严重低估，并且很可能低估了下风向蒸气云扩散的潜在影响。

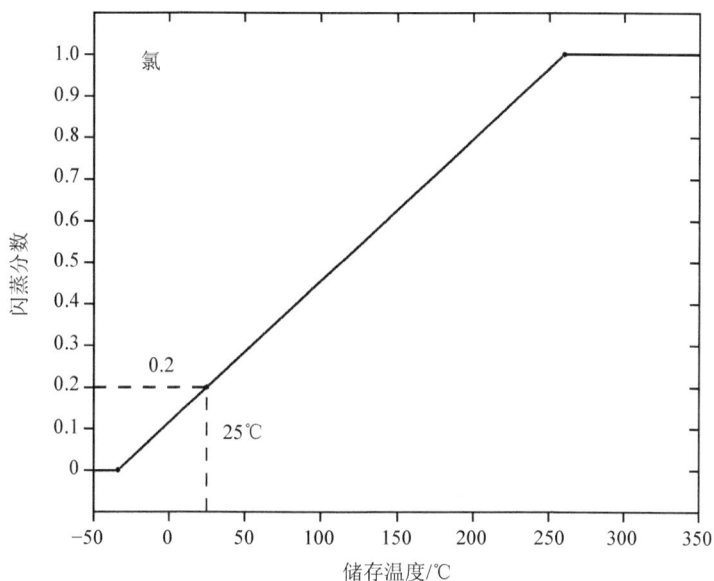

图 2-10 氯的闪蒸

本节中概述的程序提供了一种方法来估计给定泄漏情景的预泄漏条件，并提供了一种简单的测算方法。

第 3 章　模　型

本章简要介绍本指南中所阐述的 5 种模型，包括 ADAM、ALOHA、DEGADIS、HGSYSTEM、SLAB。

在使用模型之前，用户可通过该模型的使用方法参考和用户指南熟悉所选模型。本指南并不是用来替代给定模型的文件，提供的描述是为了让潜在用户了解那些他们可能不熟悉的模型的一般特性。

3.1　ADAM[13]

ADAM 是一种基于 PC 的扩散模型。它允许用户在泄漏后立即指定源项，或者从提供的源项选项中进行选择。但是，所选的源项必须是瞬时泄漏或稳定的连续泄漏；该模型不支持处理有限时间段内的泄漏事件。此外，ADAM 不适用于高架排放。ADAM 还内置了一种处理喷射流泄漏的算法，将喷射流视为在地面水平发生，并考虑了水平地面风的影响。

ADAM 包含一个化学物质数据库，用户必须从中选择模型运行的化学物质输入。数据库包含 8 种化学物质，但也有可能增加数据库，使其包含的化学物质超过最初的 8 种。用户提供的其他输入是关注等高线的浓度和平均时间。

ADAM 将生成一个单一的等高线图，展示气体云在指定浓度水平上的位置分布，并输出一个表格，其中包含云团经过的时间、云团的速度以及等高线的宽度等数据。ADAM 还能提供气体云的峰值浓度与距离的关系图。对于瞬时泄漏情况，峰值剂量可以作为在指定平均时间间隔内距离的函数来计算。在这两种情况下，ADAM 都会计算并提供等高线中心线的相关数据。然而，ADAM 无法提供特定点的浓度随时间变化的详细历程。

3.2　ALOHA[14]

ALOHA 是一种基于 PC 的菜单驱动模型，采用图形用户界面（GUI）。用户可以从 5 个菜单（"化学物质""位置数据""大气""源项""计算"）中选择模型运行的输入。泄漏类型可以从"源项"菜单中选择。有 3 种选择：①池蒸发；②液体或气体从容器中泄漏；③气体从破裂管道泄漏。如果用户已知化学物质作为气体进入大气的数量，以及其他信息（如气体温度），则不必输入泄漏类型。

如果所需的化学物质在数据库中，则只需指定名称；否则，需要从"化学物质"菜单中输入所有必要数据。

该模型的输出包括文本摘要、浓度大于用户指定浓度的"轮廓"图、特定位置浓度和剂量的时间序列图，以及泄漏位置的时间序列图。

ALOHA 还嵌入了 DEGADIS 的一个版本。ALOHA 的公式化几乎与独立的 DEGADIS 相同。然而，一些求解守恒方程的数值方法却不尽相同。另外，这两种模型的输出格式也有很大区别。ALOHA 重质气体模型的官方正式命名为"ALOHA-DEGADIS"。

3.3　DEGADIS[4]

DEGADIS 是一种基于 PC 的模型，可以应用于多种泄漏，包括气体和气溶胶泄漏，连续、瞬时、有限持续时间和随时间变化的泄漏，地面、低动量区域泄漏，以及地面或高架向上的烟囱喷射流泄漏。

对于气溶胶泄漏，用户须描述泄漏密度，因为模型本身无法描述。该模型仅模拟一组气象条件，不接受任何类型的实时气象数据。由于没有化学物质数据库，因此每次运行时，必须以交互方式或文件输入数据（包括化学特性）。假定地势平坦，不受阻碍。所需输入包括泄漏速率、泄漏面积和泄漏持续时间、化学特性、烟囱参数，以及标准气象数据。受体输入包括期望平均时间、受体的地上高度，以及受体之间的最大距离。

该模型是自动写入输出文件，不提供图形表示。该文件内容包括输入数据、羽流中线高度、摩尔分数、浓度、密度和每一顺风距离处的温度；每一指定顺风距离处的 σ_y 和 σ_z 值；在每一指定下风向距离用户指定受体高度处的两个指定浓度偏离中线距离，以及在有限时间内泄漏的浓度与时间历程。

3.4　HGSYSTEM[15]

HGSYSTEM 是一个基于 PC 的系统，由 7 个不同模型组成，每个模型代表不同泄漏类型。这 7 个模型包括：①容器中的氟化氢泄漏（HFSPILL）；②液池中的扩散/蒸发（EVAP）；③氟化氢的闪蒸（HFFLASH）；④喷射流，氟化氢的近场扩散（HFPLUME）；⑤喷射流，理想气体（羽流）的近场扩散；⑥地面重气体扩散（HEGADIS）；⑦高架无源扩散（PGPLUME）。在某些情况下，这些模型可以按顺序一起使用。也就是说，一个模型的输出可以用作另一个模型的输入。因为在任何特定情景中都可能涉及几个模型，所以建模可能很复杂。

HGSYSTEM 包含指导用户完成整个过程的文本。涉及液池蒸发的模型（以上第②点）需要最多的关于液体泄漏特性的输入。氟化氢建模（以上第③点和第④点）需要较少输入，因为模型本身中已经存在化学物质信息。喷射流建模，近场扩散（以上第⑤点）需要描述泄漏和环境条件。最后，对高架无源扩散（以上第⑦点）建模需要从近场模型输入，以及关于环境条件和扩散的选定数据。

对于这 7 个模型中的每一个模型，都需要详细输入气体的热特性、初始浓度和面积范围，以及环境条件和位置特征的完整描述。HEGADIS 是重气体大气扩散模式，应在指定源项模式后实施。有 3 种选择：①稳态；②有限持续时间；③瞬态。对于喷射流模型，喷射流可以在垂直方向上升和倾斜，但是，假设喷射流指向"顺风"。

PGPLUME 在输出时会生成源顺风向距离的表格，从而在垂直于传输方向的羽流垂直截面上报告摩尔浓度。作为一个适用于稳态或有限时间泄漏的模型，PGPLUME 不提供时间历程报告。HEGADIS 使用两种后处理算法来计算输出数据。HSPOST（用于稳态泄漏）算法用于确定任意点（x, y, z）的浓度。它还报告沿地面的点与羽流轴线对齐的点的浓度、几何参数和温度。此后处理程序也可以提供有限时间的泄漏计算表格或绘图的结果。HTPOST（用于瞬时泄漏）算法是 HEGADIS 瞬态版本中描述的时间序列浓度的平均值，此后处理程序可以在特定时间输出数据，或者用户可以指定特定点位，并获得该位置随时间变化的浓度序列。

3.5 SLAB[16]

SLAB 是一种基于 PC、比空气密度大的泄漏扩散模型。它可以应用于 4 种类型（地面蒸发池、高架水平射流、烟囱或高架垂直射流，以及瞬时体源）的泄漏。除液池以外，所有来源都可定性为气溶胶。该模型可以在一次运行中模拟多组气象条件，但不接受任何类型的实时气象数据。数据直接从外部文件输入到模型中。输入数据包括源类型、源属性、溢出属性、场属性和标准气象参数。SLAB 没有化学物质数据库，但用户指南中提供了一些化学特性。

该模型不生成任何类型的图形输出，而是自动将表格结果发送到打印文件。这些结果包括输入数据、瞬时空间平均云参数、时间平均云参数，以及在羽流中心线和 5 个偏离中线距离的 4 个用户指定高度与羽流高度处的时间平均浓度值。

第4章 模型输入

本章概述了危险空气污染物扩散模型所需的输入。概述包括决策过程的描述和确定模型输入所需的计算。模型的大部分输入是使用 EPA《工作手册》中描述的方法开发出来的。

本章旨在引导用户从泄漏的物理描述（称为可观察数据）到输入参数，这些参数为各种模型计算所需。4.1 节描述在泄漏地点执行输入计算所需的可观察数据。4.2 节列出为模型定义化学物质所需的数据。还描述可用于对化学混合物的数据进行近似处理的方法。4.3 节详细介绍用于确定给定情景的基本泄漏类别方法。4.4 节讨论连续泄漏和瞬时泄漏之间的区别。4.5 节提供一系列流程图，说明为模型计算的各种输入方法。所使用方法取决于给定情景的泄漏类别。4.6～4.13 节规定以下输入的计算方法：阻塞/非阻塞流（4.6 节）、泄漏速率（4.7 节）、泄漏温度（4.8 节）、蒸气分数（4.9 节）、初始浓度（4.10 节）、密度（4.11 节）、泄漏直径或面积（4.12 节）、泄漏浮力（4.13 节）。4.14～4.17 节讨论了其他输入注意事项，这些注意事项几乎不需要计算。其他输入包括泄漏高度、地面温度、平均时间和气象状态。4.18 节简要描述了模型输出问题。

定义情景时，首先要确定最能代表情景的泄漏类别，可能需要一系列计算。确定泄漏类别可通过假设和计算的过程来执行。例如，在确定泄漏是否是两相时，假设它是单相，对单相泄漏类别执行泄漏参数的计算，然后检查计算结果是否一致。如果计算结果不一致，泄漏就是两相类别。由于在确定泄漏类别前必须计算输入参数，因此本章包括计算的参数（如泄漏速率）和泄漏类别的子标题。4.6～4.13 节中提供的参数顺序不一定与计算顺序一致。每个泄漏类别都需要特定的计算顺序。如果需要事先计算，将在本章中注明。例如，4.7.2 节中"两相气体泄漏（非阻塞）"的泄漏速率计算要求事先计算焓（ΔH）和泄漏密度（ρ_{rel}）的变化。这些参数在 4.7.2 节的开头，以及详细说明这些计算的部分中列出。

4.1   可观察数据

准备任何空气泄漏模型所需输入的第一步是收集可观察数据。可观察数据是在泄漏前和泄漏时对泄漏的物理描述。就输入而言，有源项和非源项两种模型。

源项模型可以估计泄漏进入大气的气体状态条件。如果泄漏物是液体，源项模型计算液体从容器中的泄漏速率以及气体和气溶胶向大气中喷射的速率。如果泄漏物是气体，源项模型可以计算气体向大气中的喷射，以及由于膨胀冷却而形成的任何气溶胶。气体降压时会冷却，如果冷却足够，则气体可冷凝成液滴。除泄漏速率以外，还利用源项模型计算温度、初始浓度、初始密度等参数。

非源项模型是指不能基于储存条件计算泄漏条件的模型。这些模型需要用户自行提供泄漏条件的具体信息。因此，用户需要在模型之外独立完成这些计算工作。一旦用户提供了必要的泄漏条件数据，非源项模型便能够利用这些输入，通过扩散模型来预测泄漏可能造成的影响。

源项模型和非源项模型都需要用可观察数据进行计算。因此，唯一的区别在于用户或模型是否执行关于泄漏条件输入的计算。对于非源项模型和源项模型，均需要以下信息：化学物质、储存温度、储存压力、孔洞大小、孔上方容器内液体的深度、池的最大尺寸、气象条件。ADAM、ALOHA 和 HGSYSTEM（仅适用于氟化氢）模型包含源项模型。因此，许多输入值是由这些模型进行内部计算的。

本章的计算在很大程度上是为了向非源项模型提供输入。然而，对于某些源项模型，可能仍需要进行一些计算。例如，模型可能仍然需要某些泄漏类别的排放气体温度。

4.1.1   容器形状和大小

在本指南描述的模型中，允许有卧式气缸、立式气缸和球形容器 3 种一般形状的容器。然而，ADAM 模型只假设立式气缸。如果涉及球形容器，则可以通过假设一个直径等于球体直径的立式气缸来进行保守建模。

4.1.2   孔洞位置和方向

除了孔洞大小，源项模型还需要关于孔洞高度的信息，包括相对于地面和容器底部的信息。地面上的高度决定从容器中逸出的气体进入大气层的高度。容器底部的孔洞高度决定可以泄漏的液体量以及由于孔洞位置上方的液体深度引起的压力。

泄漏可以来自连接到容器的管道。由于管道的状况和大小，可能会出现一些阻力。

孔洞的垂直定向将决定泄漏是垂直泄漏、水平泄漏还是中间泄漏。孔洞的方位定向将决定泄漏的初始方向。一般来说，如果喷射流泄漏的方向与环境风方向相同，则预计顺风向的浓度会更高。喷射流速度和环境风速的矢量差越大，混合比例越高。例如，直接进入风中的喷射流将比在与风相同方向上泄漏的喷射流产生更多的湍流。当风速与喷射流出口速度相当时，情况尤其如此。

4.1.3 围堰

如果泄漏物是液体，则随着泄漏的继续，液体可能漫流。如果该地区有围堰或地形特征，形成的液池可能被限制为最大规模。这一最大尺寸将限制可供蒸发到大气中的泄漏物的表面积。一般来说，液池表面积越大，总泄漏速率就越大。此参数也用于低挥发性泄漏的《工作手册》计算。在《工作手册》中需要液池总面积。源项模型可以考虑围堰的形状（如圆形、矩形等）。

4.1.4 表面描述

对于液池，热量是从发生泄漏的表面传递过来的。至少需要地面温度来计算传热速率。更完整的计算将允许指定描述表面的其他参数（如导热系数、比热和孔隙度）。

4.1.5 太阳辐射

决定热量传递到液池的因素是太阳辐射。液池表面的直接日射量可能是重要能量来源。可以输入特定位置（纬度和经度）和一天中具体的时间，而不用输入直接辐射热值。然后，该模型可以估计太阳相对于溢出点的位置，从而估算辐射热值。有时还需要云透射系数来解释云层对太阳光的衰减。虽然严格来讲，这个参数应包括气象参数部分，但它几乎完全用于源项的计算。除了源项计算，其他气象参数也会影响排放物的传输和扩散。

4.2 化学物质数据要求

通常，某些化学物质的数据由模型提供。如果一种化学物质尚未进入模型的数据库，则必须添加该化学物质。最常需要的化学物质数据包括分子量、热容量、沸点、蒸发热、液体密度、蒸气压、临界值（温度、压力和体积）、焓。

源项中包括许多纯物质的数值，列出了描述一种化学物质的许多参数。还有一些方法可用于估算不常见纯物质的物理和化学性质。[①]

大多数可用数据适用于纯化学物质。通常化学混合物是关注物质。模型需要一组泄漏物质的化学物质数据。通过开发一种虚构或"虚拟化学物质"的参数来处理,一种化学混合物被当作一种纯化学物质。

对于气体或液体混合物,描述虚拟化学物质的气相或液相的参数是由使用混合物的各个组分及其摩尔或质量分数的参数组成。计算出的第一个虚拟化学物质参数通常是混合物的分子量。混合物的分子量是用各组分 I 的摩尔分数(f_i)或质量分数(w_i)以及各组分的分子量(M_i)来计算。用摩尔分数计算混合物的分子量(M)的公式:

$$M = \sum_c f_i M_i \tag{4-1}$$

用质量分数计算混合物分子量的公式:

$$M = \left(\sum_c \frac{w_i}{M_i} \right)^{-1} \tag{4-2}$$

质量分数和摩尔分数之间的关系:

$$w_i M = f_i M_i \tag{4-3}$$

一般来说,混合物的参数(P)是使用以下公式之一计算:

$$P = \sum_c f_i P_i \tag{4-4}$$

$$P = \sum_c w_i P_i \tag{4-5}$$

式(4-4)适用于以摩尔为单位(或没有摩尔或质量单位,如温度)的参数,式(4-5)适用于以质量为单位的参数。然而,蒸气压是一种特殊情况。混合物的蒸气压是各组分的蒸气压(与液体混合物平衡时)的总和。沸点定义为当混合物蒸气压等于 1 个大气压时的温度。

与液相混合物处于平衡状态的气相混合物可能不具有与液相混合物相同的组分比例。两相的化学物质特性参数应分别输入。液相参数对泄漏速率有影响,但对气相离开源后的扩散影响很小或根本没有影响。

[①] 《佩里化学工程师手册(第六版)》,Robert H. Perry 和 Don W. Green 编辑,麦格劳-希尔出版公司,纽约,1984 年(数据和估算方法);

《气体和液体的特性(第四版)》,Reid,Prausnitz 和 Poling,麦格劳-希尔出版公司,纽约,1987 年(数据和估算方法);

《纯化合物性质数据汇编表》,R.P. Danner 和 T.E. Daubert,美国化学工程师学会物理性质数据设计院,1985 年,纽约(数据);

《CRC 化学与物理手册(第 71 版)》,David R. Lide 编辑,CRC 出版社,佛罗里达州博卡拉顿,1990 年(数据)。

对于这些虚拟化学物质，有两种方法可以获得所需的热力学数据。在这两种方法中，描述液体混合物的数据将代表上述混合物的加权平均值。例如，混合物的沸点可以是各组分的分压之和等于 1 个大气压的温度。计算蒸气态热力学数据的第一种方法是采用上述加权平均值方案。在确定蒸气混合物中特定物质的浓度时，需要对模型计算的浓度进行修正，将其乘以摩尔分数（f_i）。在第二种方法中，描述蒸气态的数据必须是特定于关注化学物质。与液体混合物处于平衡状态的蒸气混合物，如果不是全部的话，也将是由液体中的许多组分组成。蒸气混合物的相对浓度（分压）将不同于液体混合物的相对浓度（分压）。蒸气压数据将只表示与液体混合物平衡的单个组分的蒸气压。

纯物质可以描述该物质的不同参数（如氟化氢），在高浓度时，单个分子可以形成低聚物（含有 2 个、3 个或 4 个单体的聚合物）。动态效应是增加泄漏的分子量。对于诸如氟化氢之类的化合物，可能需要有不同的数据集。一组参数可用于低浓度泄漏，另一组参数用于纯泄漏。在以前的工作中，有足够数据可以创建一个表格，将氟化氢的表观分子量与氟化氢气体的温度和浓度联系起来。这一表格已列入附录 B 中的氟化氢数据库。如该表所示，在纯浓度（100%）下，20℃的氟化氢的表观分子量为 51.6。但在 70℃以上，所有浓度的氟化氢均以单体形式存在，分子量为 20。

4.3　泄漏类别

确定泄漏影响的最重要部分可能是确定泄漏发生的方式。本指南中涉及的泄漏类别包括：两相气体（以气体和液体形式泄漏的阻塞或非阻塞气体）；两相液体（以气体和液体形式泄漏的液体）；单相气体（以气体形式泄漏的阻塞或非阻塞气体）；单相高挥发性液体（以气体形式泄漏的液体）；单相低挥发性液体（液体蒸发为气体）。

泄漏类别是根据化学物质的物理储存条件（气体或液体）和泄漏过程中的初始蒸发（单相或两相）对泄漏情景进行的分类。泄漏类别和化学物质决定模型进行模拟所需的参数。化学物质可以作为气体或液体储存。在压力下作为气体储存的化学物质以液态和气态两种形式进入大气。由于泄漏后膨胀冷却，可能形成液滴，这种悬浮相混合物称为气溶胶。沸点低于环境温度的化学物质，在环境温度下加压储存，或冷藏到低于沸点的温度，也可能在泄漏时形成气溶胶。

如果这种液体泄漏时没有形成气溶胶，则认为它是高挥发性液体。沸点高于环境温度的化学物质泄漏很可能形成液池，除非该化学物质是在高压下储存（高压泄漏的液体可能以液滴的形式排放）。液池将蒸发到大气中。鉴于所有其他条件都相同，挥发性较低或蒸气压较低的化学物质将比挥发性较高的化学物质蒸发更慢。

气溶胶的形成和归宿问题尚未得到明确答案。为了筛选，建议对于两相泄漏，假定泄漏中的所有液体都作为气溶胶夹带在蒸气相中。如上所述，气溶胶可由冷却而形成。当液体在高压下通过飞溅或撞击周围物体而出现，或过热储存出现时，也可能形成气溶胶。

图 4-1 为确定初始泄漏类别的步骤。在确定之前，必须知道储存相。图 2-8 可用于确定储存相。如本节介绍中所述，使用图 4-1 确定泄漏类别需要进行一些计算，这些计算在图 4-1 中括号引用部分进行了描述。确定泄漏类别所需的相同计算也可以用作所选泄漏类别的模型输入。流程图概述每个泄漏类别所需的计算，并给出每个泄漏类别的讨论。在图 4-1 中，初始问题是储存状态（气体或液体，可以从图 2-8 中确定）。

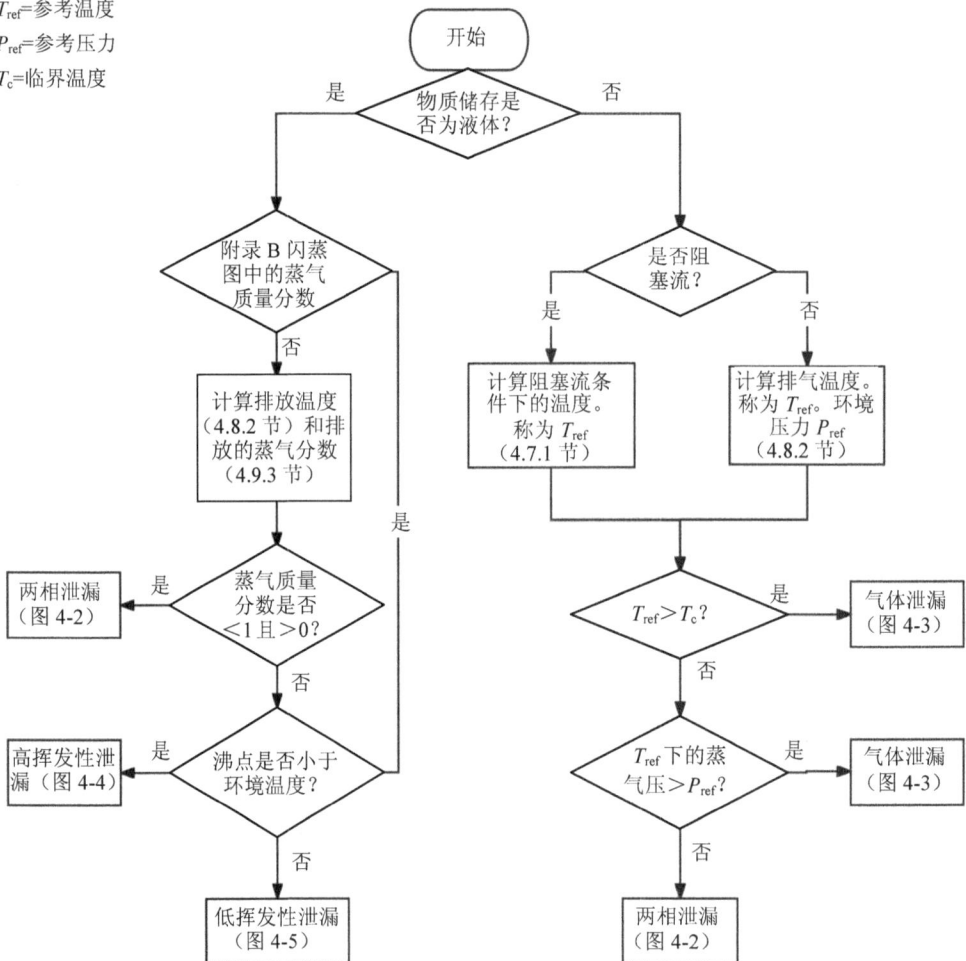

T_{ref}=参考温度
P_{ref}=参考压力
T_c=临界温度

图 4-1　确定初始泄漏类别

对于储存在气相中的物质，必须确定是否存在阻塞流。4.6 节中描述了确定是否存在阻塞流的计算方法。阻塞流可以限制泄漏速率。

下面必须确定指示孔处条件的参考温度（T_{ref}）和参考压力（P_{ref}）。确定参考温度和压力的方法取决于流量是否被阻塞。如果流量被阻塞，则必须确定在阻塞条件下的压力（P_*）和温度（T_*）。4.7.1 节对这一计算作了说明。然后，可以将 P_* 和 T_* 的值设定为参考值 P_{ref} 和 T_{ref}。如果流量未被阻塞，参考压力 P_{ref} 等于环境压力（P_a）。参考温度 T_{ref} 设定为 4.8.2 节中计算的非阻塞泄漏温度（T_{rel}）。

一旦确定参考温度和参考压力，它们就可以用来判断泄漏是否为两相（在泄漏过程中是否发生任何冷凝）。方法是执行两项检查，以确定泄漏是否为单相。如果两项检查均为否定，那么泄漏是两相。第一项检查是将参考温度与化学物质的临界温度进行比较。如果 $T_{ref} > T_c$，则泄漏是单相。如果不是，则执行第二次检查。在此次检查中，如果在 T_{ref} 下的化学物质蒸气压力（来自附录 B 中的数据）大于 P_{ref}，那么泄漏是单相。否则，泄漏是两相。

对于储存在液相中的物质，可如图 4-1 所示进行初步检查。该初步检查是确定泄漏是否可能导致闪蒸（两相泄漏）。用于确定附录 B 中闪蒸图的公式基于以下假设：排放出容器后的化学物质的温度等于沸点。

如果在参考附录 B 中的闪蒸图后仍不确定是否发生闪蒸，则必须对闪蒸分数进行计算。闪蒸分数（F_{rel}）的计算见 4.9.3 节。无论泄漏的是加压液体还是冷冻液体，计算方法都相同。当闪蒸发生时，泄漏温度（T_{rel}）是沸点。

如果没有发生闪蒸（$F_{rel}=0$），则需确定该化学物质的沸点泄漏的是高挥发性化学物质还是低挥发性化学物质。如果沸点低于环境温度，则应视为高挥发性泄漏。如果沸点高于环境温度，则假定为低挥发性泄漏。

4.4 连续或瞬时泄漏类别

对于源项模型，"瞬时"和"连续"通常描述化学物质从容器中流出的方式。对于非源项模型，"瞬时"和"连续"描述该化学物质进入大气的方式。在某些模型中，泄漏速率（从容器或进入大气）可以随时间变化。

所有模型都允许用户指定泄漏是瞬时还是连续。然而，如上所述，这些术语的解释取决于是否使用源项模型。如果某一特定模型为确定泄漏是连续的还是瞬时的提供指导，则应遵循该指导。

一些模型还允许有限的持续时间泄漏。有限持续时间泄漏是仅在有限时间段内存在的泄漏。也就是说，有限持续时间泄漏既不是瞬时的，也不是连续的。例如，如果安全阀打开，容器的全部内容物在 15 min 内泄漏，就会发生 15 min 的有限持续时间泄漏。如果模型允许有限持续时间泄漏，则应始终使用实际持续时间（而不是指定瞬时或连续泄漏）。

大多数模型没有考虑泄漏过程中的缓解措施（例如，在泄漏过程中打开自动或人工激活的截止阀）。在这种情况下，泄漏持续时间将限于从泄漏开始到关闭阀门的时间。如果实际泄漏时间与模型计算的泄漏时间有显著差异，则可以通过假设泄漏是瞬时的或使用有限泄漏持续时间模型来更好地模拟泄漏。

当气体从容器中泄漏时，它会迅速进入空气并可能形成气溶胶。液体泄漏可能是两次泄漏。第一次是液体从容器中泄漏。如果泄漏的液体完全闪蒸或所有液体悬浮为气溶胶，则只发生一次泄漏。但是，如果液体在地面上形成液池，则会发生第二次泄漏，即化学物质从液态转变为气态并释放到大气中的过程。

4.4.1 非源项模型

为了确定泄漏是否应该被认为是连续的或瞬时的，需要知道两个因素：①泄漏持续时间；②最近受体的位置，或者到最低浓度的最大距离。要确定类别，如果指定了关注浓度，则首先需要将泄漏模拟为连续泄漏。然后，将达到关注浓度的最大距离的行程时间与实际泄漏持续时间进行比较。如果仅关注受体位置，则它们与源的距离可以代替关注浓度的最大距离。

在实践中，最初应该假定为连续泄漏。然后将物质达到特定顺风距离所需的时间与实际排放持续时间进行比较。如果排放持续时间比物质到达顺风点所用的时间长，则可以认为泄漏是连续的。否则，视为瞬时泄漏。从泄漏位置到顺风距离（X）处的某一位置的行程时间（t_{trav}）可以用式（4-6）粗略估算：

$$t_{trav} = \frac{2X}{u} \tag{4-6}$$

式中：u —— 环境风速。

如果模型支持有限持续时间泄漏，那么还应该将泄漏的实际持续时间与研究中关注的平均水平时间进行对比。如果泄漏的持续时间少于关注的平均水平时间，那么使用瞬态模型能更精确地反映出平均浓度。例如，如果泄漏持续时间为 5 min，关注平均时间为 15 min，则采用有限持续时间模型来模拟以获得适当的平均浓度是非常关键的。

4.4.2 源项模型

源项模型通常使用"连续"和"瞬时"来描述物质如何从限制中逸出。如果模型对确定泄漏是连续的还是瞬时的有相应指导，则应遵循该模型。如果没有此类指导，则提供以下方法。

对于源项模型，一般的经验法则是，如果化学物质在不到 1 min 内逸出，则假定为瞬时泄漏。如果泄漏持续时间较长，则需要采用不同的方法来评估。该方法与液体经历的两种泄漏的泄漏速率有关。如果来自容器的泄漏速率比所形成液池的蒸发速率快得多，则可以假定从容器的排放是瞬时的。在这种情况下，会形成液池，而容器的排放只会使液池变得更深。气相进入大气的限制排放则主要通过蒸发过程实现。

如果来自容器的排放使得所形成液池的蒸发速率与容器的泄漏速率相同，则应认为泄漏是连续的。在这种情况下，如果来自容器的泄漏速率增加，液池大小也将增加。

4.5 泄漏类别特定计算

每个泄漏类别都需要一系列计算来确定初始、排放条件：速率、温度、蒸气/液体分数、浓度（空气、水蒸气和化学物质）、密度。

确定每个值的方法，甚至计算顺序，都随着泄漏类别的变化而变化。此外，在确定泄漏类别时可能需要进行特定计算，并将其用作模型输入。本节描述计算每个泄漏类别输入的总体流程。以下各节更详细地描述每个泄漏类别的输入计算。采用这些计算方法的《工作手册》[4] 按泄漏类别详细列出了计算结果。

确定模型输入的总体方法是首先使用图 4-1 来确定泄漏类别。其次，使用适当的流程图（图 4-2～图 4-5）进行与泄漏类别相关的计算。当与泄漏类别相关的计算完成后，应确定共同的输入需求，如图 4-6 所示。

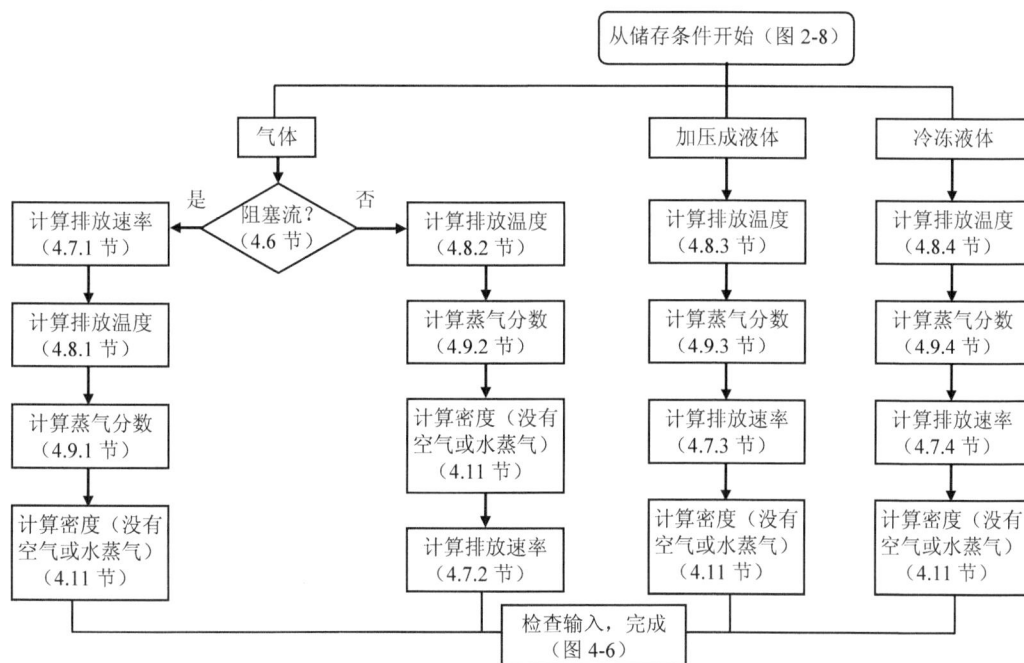

图 4-2 两相泄漏输入

```
                        ┌──────────────┐
                        │ 开始（图 4-1）│
                        └──────────────┘
                                │
    ┌──────────────┐   是  ╱─────────╲   否   ┌──────────────┐
    │  计算排放速率  │◄───────│ 阻塞流？ │──────►│  计算排放速率  │
    │  （4.7.5 节）  │        │（4.6 节）│        │  （4.7.6 节）  │
    └──────────────┘        ╲─────────╱        └──────────────┘
            │                                         │
            ▼                                         ▼
    ┌──────────────┐                          ┌──────────────┐
    │  计算排放温度  │                          │  计算排放温度  │
    │  （4.8.5 节）  │                          │  （4.8.6 节）  │
    └──────────────┘                          └──────────────┘
            │                                         │
            ▼                                         ▼
    ┌──────────────┐                          ┌──────────────┐
    │ 设定释放时的空 │                          │ 设定释放时的空 │
    │ 气和水蒸气质量 │                          │ 气和水蒸气质量 │
    │分数（4.10.1节）│                          │分数（4.10.1节）│
    └──────────────┘                          └──────────────┘
            │                                         │
            ▼                                         ▼
    ┌──────────────┐                          ┌──────────────┐
    │   计算密度    │                          │   计算密度    │
    │  （4.11 节）  │                          │  （4.11 节）  │
    └──────────────┘                          └──────────────┘
            │                                         │
            └──────────────────┬──────────────────────┘
                               ▼
                       ┌──────────────┐
                       │ 检查输入，完成 │
                       │ （图 4-6）    │
                       └──────────────┘
```

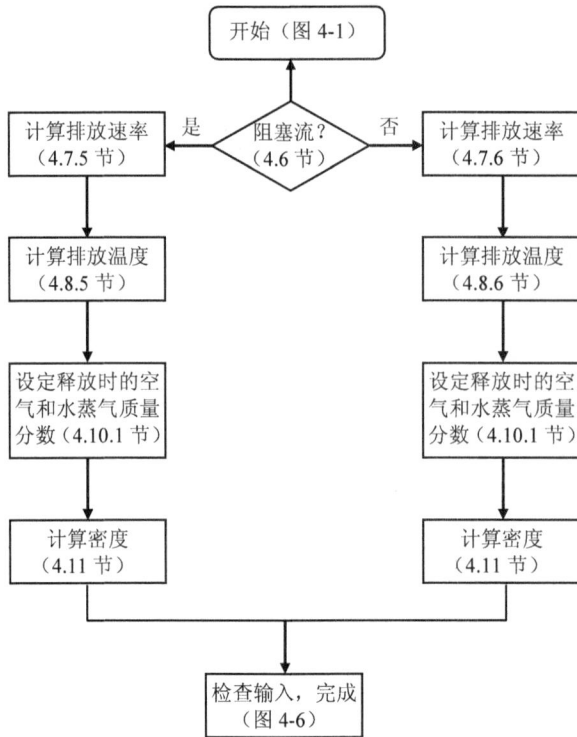

图 4-3　气体到气体泄漏输入

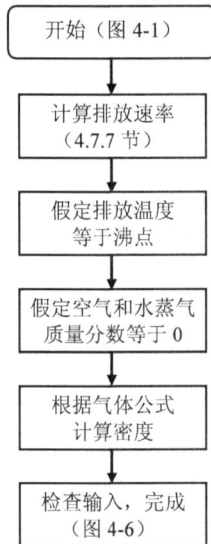

```
                ┌──────────────┐
                │ 开始（图 4-1）│
                └──────────────┘
                        │
                        ▼
                ┌──────────────┐
                │  计算排放速率  │
                │  （4.7.7 节）  │
                └──────────────┘
                        │
                        ▼
                ┌──────────────┐
                │ 假定排放温度   │
                │ 等于沸点      │
                └──────────────┘
                        │
                        ▼
                ┌──────────────┐
                │ 假定空气和水蒸气│
                │ 质量分数等于 0  │
                └──────────────┘
                        │
                        ▼
                ┌──────────────┐
                │ 根据气体公式   │
                │ 计算密度      │
                └──────────────┘
                        │
                        ▼
                ┌──────────────┐
                │ 检查输入，完成 │
                │ （图 4-6）    │
                └──────────────┘
```

图 4-4　高挥发性液体泄漏输入（非两相）

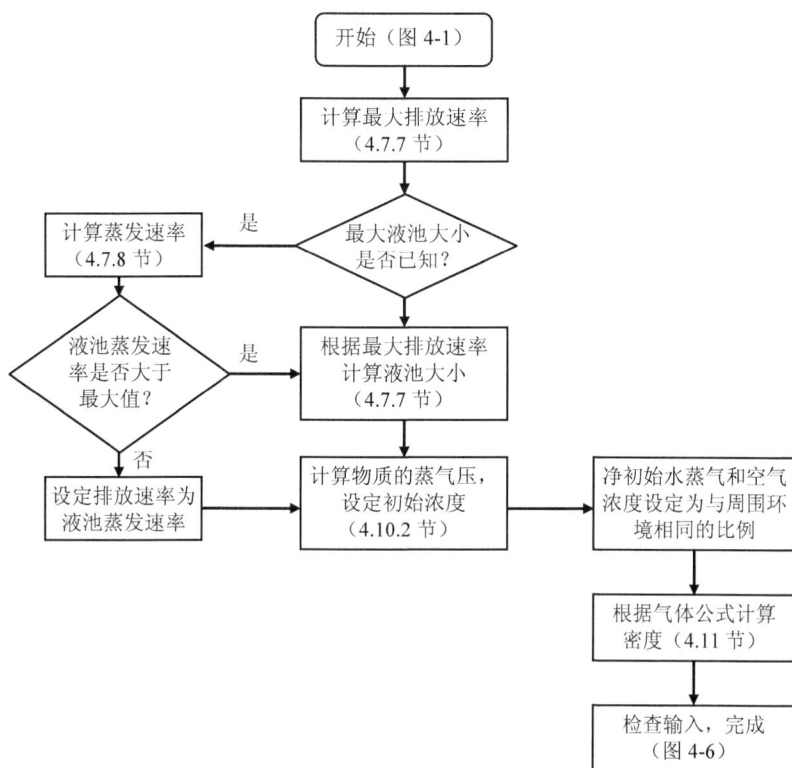

图 4-5 低挥发性液体泄漏输入

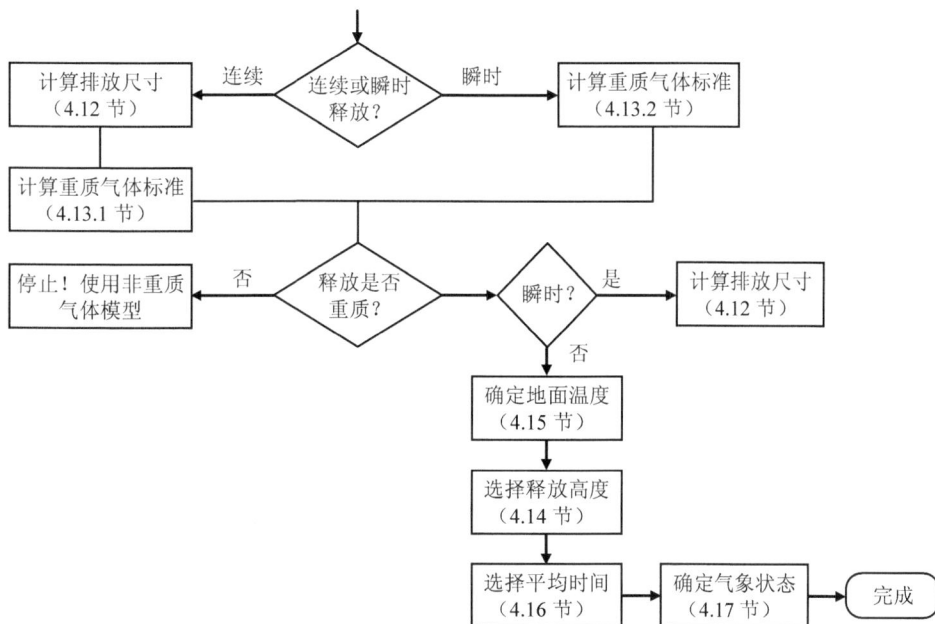

图 4-6 检查输入和完成

假定在各个泄漏类别的流程图中列出的计算完成之前，已经使用图 4-1 中给出的方法来确定泄漏类别。请注意，使用图 4-1 时，可能已经执行特定泄漏类别所需的某些计算。

4.5.1 两相泄漏（气体和液体）

计算两相泄漏输入所需步骤的流程如图 4-2 所示。由于膨胀冷却而使物质凝结，气体泄漏变成两相。流量可能被阻塞，这限制了泄漏速率和可能发生的冷凝量。

沸点低于环境温度的液体通常要么在加压条件下储存，要么被冷藏至低于其沸点的温度。在许多情况下，液体被储存在一种结合了压力和制冷的容器中。在这些情况下，建议对加压泄漏情况进行计算。由于液体在出口处喷射，加压泄漏可能会引起雾化现象，而仅靠制冷的泄漏则不太可能发生雾化。与没有气溶胶的情况相比，气溶胶的存在倾向于使排放的云层保持较长时间的冷却效果。云层应保持在沸点状态，直到所有的气溶胶完全蒸发。

4.5.2 单相气体

计算模型输入以模拟非冷凝气体泄漏所需步骤的流程如图 4-3 所示。泄漏可能出现阻塞流。如图 4-3 所示，对于阻塞流和非阻塞流，必须遵循不同的计算路径。虽然对于阻塞流和非阻塞流都计算了相同的量，但所用的计算方法是不同的。

4.5.3 单相高挥发性液体

图 4-4 为用于计算泄漏高挥发性液体的输入流程，该流程图没有决策分支。泄漏的物质假定为处于纯蒸气状态。利用理想气体定律可以计算出气体密度。

4.5.4 单相低挥发性液体

图 4-5 为用于计算低挥发性液体泄漏的输入流程。在这种情况下，进入大气的泄漏速率由液池大小控制。反之，液池大小可能受到液体离开容器的速率的限制，也可能受到障碍区或池滩容量的限制。

4.6 气体泄漏阻塞流的测定

气体可以在足够高的压力下储存，如果气体是通过孔洞而不是容器漏出，气体的逃逸速度可能达到声速。然而，无论物质储存的压力有多高，逃逸速度都不能大于声速。气体出口处的压力（P_*）通过式（4-7）计算：

$$\frac{p_*}{p_s} = \left(\frac{2}{\gamma+1}\right)^{\frac{\gamma}{(\gamma-1)}}$$　　　　　（4-7）

式中：γ——恒压比热与恒容比热之比；

　　　P_s——储存压力，Pa。

如果 $P_* \geqslant P_s$，则应考虑为临界流，流量被阻塞。如果 $P_* < P_s$，则为非临界流。对于本指南中的计算，P_* 的单位应该是帕斯卡（Pa）。海平面的标准大气压力为 101 325 Pa。

在决定用哪组公式计算泄漏速率和温度时，流量是否被阻塞很重要。在下面的内容中，气体泄漏的计算将被划分为临界流或阻塞流和亚临界流或非阻塞流的气体泄漏计算。

对于来自烟囱的气体，不需要这里给出计算。判断流量是否被阻塞一般假定了储存压力已知，但是对于烟囱泄漏，情况可能并非如此。烟囱泄漏体积速率可能更多地取决于泄漏温度或机械装置（如排气扇）。在这种情况下，未指定储存压力。通常，泄漏速率是通过测量、根据设计限制假定或根据排放因素估算。如果不知道温度，可以估算为环境温度。

4.7　泄漏速率

在计算过去发生的泄漏影响时，对模型的泄漏速率输入通常是已知的，从系统中丢失的质量和泄漏的持续时间通常是已知或可计算的；在设定或实时泄漏时，泄漏速率通常需要使用泄漏所涉及的容器的设计标准进行计算。

在本节讨论的其他参数之前，并不是先计算泄漏速率，为各种泄漏类别提供的输入计算流程图可作为正确计算顺序指南。如果需要事先计算，应将其与查找该计算的章节一起注明。

4.7.1　两相气体泄漏（阻塞）

需事先计算：

P_*——临界压力（Pa）（4.6 节）。

流程图参考图 4-2。

需要进行一系列计算来确定阻塞流的条件，然后可以使用描述这些条件的参数来计算泄漏速率。

第一个参数是与临界压力相对应的温度（T_*），可以由式（4-8）计算：

$$P_* = 101\,325\text{Pa}\exp\left[\frac{\lambda M}{R}\left(\frac{1}{T_b} - \frac{1}{T_*}\right)\right]$$　　　　　（4-8）

式中：M —— 分子量，kg/kmol；

λ —— T_b 下的蒸发热，J/kg；

R —— 气体常数，−8 314 J/（kmol·K）；

T_b —— 正常沸点，K；

T_* —— 阻塞条件下的温度，K。

阻塞流条件下的蒸气分数（F_*）可以由式（4-9）估算：

$$F_* = 1 + \frac{T_*}{M\lambda}\left[MC_p \ln\left(\frac{T_s}{T_*}\right) - R\ln\left(\frac{p_s}{p_*}\right)\right] \tag{4-9}$$

式中：C_p —— T_s 下的气体热容量，J/（kg·K）；

T_s —— 储存温度，K。

从储存条件到阻塞流条件的焓（ΔH_*）变化由式（4-10）得出：

$$\Delta H_* = C_p(T_s - T_*) + \lambda(1 - F_*) \tag{4-10}$$

在计算泄漏速率之前所需的最后一个阻塞流量参数是阻塞流条件下的密度（ρ_*），由式（4-11）得出：

$$\rho_* = \left[F_*\left(\frac{RT_*}{P_*M}\right) + \left(\frac{1 - F_*}{\rho_1}\right)\right]^{-1} \tag{4-11}$$

式中：ρ_1 —— T_b 下的液体密度，kg/m^3。

使用阻塞流量参数，泄漏速率可以计算为

$$E_* = A_o\rho_*\left[2 \times 0.85 \times \left(\frac{\Delta H_*}{1 + \dfrac{4fL_p}{D_p}}\right)\right]^{\frac{1}{2}} \tag{4-12}$$

式中：E —— 泄漏速率，kg/s；

A_o —— 孔面积，m^2；

f —— 0.004 5，估计，量纲一；

L_p —— 管长，m；

D_p —— 管径，m。

4.7.2　两相气体泄漏（非阻塞）

需事先计算：

ΔH_* —— 储存和泄漏条件之间焓的变化，J/kg（4.9.2 节）；

ρ_{rel} —— 泄漏温度下的密度，kg/m^3（4.11 节）。

流程图参考图 4-2。

计算非阻塞气体流量的泄漏速率所需的中间计算与阻塞流量所需的计算非常相似。如果出现阻塞流，计算在阻塞条件下进行。如果未出现阻塞流，计算在泄漏温度和环境压力下进行。

泄漏速率（E）由式（4-13）计算：

$$E = A_o \rho_{rel} \left[2 \times 0.85 \times \left(\frac{\Delta H}{1 + \frac{4fL_p}{D_p}} \right) \right]^{\frac{1}{2}} \tag{4-13}$$

式中：E——泄漏速率，kg/s；

A_o——孔面积，m^2；

f——0.004 5，估计，量纲一；

L_p——管长，m；

D_p——管径，m。

4.7.3 两相加压液体

需事先计算：无。流程图参考图 4-2。

加压液体的泄漏速率应考虑到可能发生泄漏的管道长度。如果管道长度为零（直接从储箱排放），则泄漏速率将根据不可压缩流量的标准孔口公式计算得出。如果管道长度大于建立平衡流所需的管道长度，则需要使用不同的公式（在本节中介绍）。管道越长，对化学物质流动的阻力就越大。忽略管道长度，泄漏速率将达到最大化。

对于管道长度小于平衡流所需管道长度（$L_p/L_e \leqslant 1$）的系统，其泄漏速率的表达式：

$$E = A_o \left(\frac{\lambda M P_s}{R T_s^2} \right) \left(\frac{T_s}{N C_{p1}} \right)^{\frac{1}{2}} \tag{4-14}$$

式中：E——泄漏速率，kg/s；

A_o——孔面积，m^2；

M——分子量，kg/kmol；

λ——T_b 下的蒸发热，J/kg；

R——气体常数，-8 314 J/（kmol·K）。

$$N = \frac{R(\lambda M P_s)^2}{2(P_s - P_a) \rho_1 C^2 (RT_s)^3 C_{p1}} + \frac{L_p}{L_e} \tag{4-15}$$

式中：T_s——储存温度，K；

P_s —— 储存压力，Pa；

C_{pl} —— T_s 下的液体热容量，J/（kg·K）；

P_a —— 环境压力，Pa；

ρ_1 —— T_b 下的液体密度，kg/m³；

T_b —— 正常沸点，K；

C —— 流量系数 0.6，量纲一；

L_p —— 管长，m；

L_0 —— 平衡流，m，所需的管道长度，假定为 0.1 m。

如果 $L_p/L_e > 1$，则表达式变为

$$E = A_oF\left(\frac{\lambda MP_s}{RT_s^2}\right)\left(\frac{T_s}{C_{pl}}\right)^{\frac{1}{2}} \tag{4-16}$$

式中：F —— 管道摩阻系数，由式（4-17）得出：

$$F^2 = \frac{1}{1+\dfrac{4fL_p}{D_p}} \tag{4-17}$$

式中：f —— 0.001 5，估计，量纲一；

D_p —— 管径，m。

4.7.4 两相冷冻液体

所需事先计算：无。流程图参考图 4-2。

冷冻液体的泄漏速率可通过式（4-18）计算：

$$E = A_o\left[2C^2\left(P_s - P_{sv}\right)\rho_1 + \frac{F^2}{C_{pl}T_s}\left(\frac{\lambda MP_s}{RT_s}\right)^2\right]^{\frac{1}{2}} \tag{4-18}$$

式中：E —— 泄漏速率，kg/s；

A_o —— 孔面积，m²；

M —— 分子量，kg/kmol；

λ —— T_b 下的蒸发热，J/kg；

R —— 气体常数，−8 314 J/（kmol·K）；

T_s —— 储存温度，K；

P_s —— 储存压力，Pa；

C_{pl} —— T_s 下的液体热容量，J/（kg·K）；

ρ_1 —— T_b 下的液体密度，kg/m^3；

T_b —— 正常沸点，K；

C —— 流量系数 0.6，量纲一；

P_{sv} —— T_s 下化学物质的蒸气压，Pa。

$$P_{sv} = 101\,325\,\mathrm{Pa}\exp\left[\frac{\lambda M}{R}\left(\frac{1}{T_b} - \frac{1}{T_s}\right)\right] \tag{4-19}$$

F —— 管道摩阻系数，由式（4-20）得出：

$$F^2 = \frac{1}{1 + \dfrac{4fL_p}{D_p}} \tag{4-20}$$

式中：f —— 0.001 5，估计，量纲一；

L_p —— 管长，m；

D_p —— 管径，m。

4.7.5　单相气体泄漏（阻塞）

需事先计算：无。流程图参考图 4-3。

泄漏速率的估算可以通过式（4-21）计算：

$$E = CA_o\left[P_s\rho_s\gamma\left(\frac{2}{\gamma+1}\right)^{\frac{(\gamma+1)}{(\gamma-1)}}\right]^{\frac{1}{2}} \tag{4-21}$$

式中：E —— 泄漏速率，kg/s；

A_o —— 孔面积，m^2；

P_s —— 储存压力，Pa；

ρ_s —— 储存密度，kg/m^3；

C —— 流量系数 0.75，量纲一；

γ —— 恒压比热与恒容比热的比率。

4.7.6　单相气体泄漏（非阻塞）

需事先计算：无。流程图参考图 4-3。

未冷凝的非阻塞气流的泄漏速率估算可通过式（4-22）计算：

$$E = KYA_o[2\rho_s(P_s - P_a)]^{\frac{1}{2}} \tag{4-22}$$

式中：E —— 泄漏速率，kg/s；

A_o —— 孔面积，m^2；

ρ_s —— 储存密度，kg/m^3；

P_s —— 储存压力，Pa；

P_a —— 环境压力，Pa。

$$K = \frac{C}{\sqrt{1-\beta^4}} \tag{4-23}$$

$$Y = 1 - \left(\frac{P_s - P_a}{P_s Y}\right)(0.41 + 0.35\beta^4) \tag{4-24}$$

式中：C —— 0.62；

β^2 —— A_C/A_1；

A_1 —— 气体容器在流动方向上的横截面积，m^2。

4.7.7 单相液体泄漏（高挥发性）

需事先计算：无。流程图参考图 4-4 和图 4-5。

高挥发性液体可具有其气相向空气中的泄漏速率范围。如果液体在泄漏后立即蒸发，则会出现最大的注入速率。但是，如果冷藏液体，则可能形成液池。在这种情况下，蒸气排放将来自直接从孔中发生的液体蒸发和从沸腾液池中蒸发的组合。由于本指南和《工作手册》中的计算仅使用计算器进行，并且本指南目的是为模型输入提供筛选或保守计算，因此假定最保守的情况，即液体立即蒸发。

计算高挥发性液体的泄漏速率需要两个步骤。计算的第一部分是估算泄漏液体的孔处的压力。使用式（4-25）完成：

$$P_h = \max(P_a,\ P_s) + \rho_s g H_1 \tag{4-25}$$

式中：P_h —— 孔处压力，Pa；

P_a —— 环境压力，Pa；

ρ_s —— 储存密度，kg/m^3；

g —— 重力加速度，9.806 m/s^2；

H_1 —— 孔与液面顶部之间的垂直距离，m；

P_s —— T_s 下化学物质的蒸气压，Pa。

$$P_s = 101\,325\,\text{Pa}\exp\left[\frac{\lambda M}{R}\left(\frac{1}{T_b} - \frac{1}{T_s}\right)\right] \tag{4-26}$$

式中：M —— 分子量，kg/kmol；

λ —— T_b 下的蒸发热，J/kg；

R —— 气体常数，$-8\,314$ J/（kmol·K）；

T_s —— 储存温度，K；

T_b —— 正常沸点，K。

在已知孔内压力值的情况下，可通过以下方法估算泄漏速率：

$$E = KA_o[2\rho_s(P_h - P_a)]^{\frac{1}{2}} \tag{4-27}$$

式中：A_o —— 孔面积，m^2。

$$K = \frac{C}{\sqrt{1-\beta^4}} \tag{4-28}$$

式中：C —— 0.65，量纲一。

β^2 —— A_o/A_1；

A_1 —— 气体容器在流动方向上的横截面积，m^2。

4.7.8　单相液体泄漏（低挥发性）

需事先计算：

E —— 孔中液体的泄漏速率，kg/s（4.7.7 节）；

T_{rel} —— 泄漏后液体的温度，K。

流程图参考图 4-5。

低挥发性情况下的泄漏速率计算与高挥发性情况下的泄漏速率的计算是一样的，即通过计算容器的液体泄漏速率开始计算。在高挥发性情况下，假定液体一出来就蒸发。然而，对于低挥发性的情况，要计算来自蒸发池（E_{pool}）的另一泄漏速率并将其与容器泄漏速率进行比较。

蒸发池泄漏速率可估算为

$$E_{pool} = 6.94 \times 10^{-7}[1 + 0.004\ 3(T_2 - 273.15)^{*2}]U_r^{0.75}A_p M \frac{P_v}{P_{vh}} \tag{4-29}$$

式中：E_{pool} —— 池泄漏速率，kg/s；

U_r —— 10 m 高度环境风速，m/s；

A_p —— 池面积，m^2；

M —— 分子量，kg/kmol；

T_2 —— T_{rel} 或 T_a，K；

T_a —— 环境温度，K。

$$[T_2-273.15]^* = 0,\ 若[T_2-273.15] < 0$$
$$= [T_2-273.15],\ 若[T_2-273.15] \geqslant 0;$$

P_{vh} —— T_2 下肼的蒸气压，Pa。

$$P_{vh} = \exp\left[76.8580 - \frac{7245.2}{T_2} - 8.22\ln(T_2) + 0.0061557 T_2\right] \quad (4\text{-}30)$$

P_v —— T_2 下化学物质的蒸气压，Pa；

$$P_v = 101325\,\text{Pa}\exp\left[\frac{\lambda M}{R}\left(\frac{1}{T_b} - \frac{1}{T_2}\right)\right] \quad (4\text{-}31)$$

λ —— T_b 下的蒸发热，J/kg；

T_b —— 正常沸点，K；

R —— 气体常数，-8314 J/（kmol·K）。

注意，T_2 可以是两个值中的任何一个。应该为 T_2 的每个值计算 E_{pool} 值，在随后计算中应该使用更高的 E_{pool} 值。正常情况下，较高的 T_2 值将提供最高的池泄漏速率。然而，也可能并不总是如此，因为肼的蒸气压被用作比例因子，并反向作用。

如果 $E_{pool} < E$，则池的蒸发决定物质进入大气的速率。在这种情况下，E_{pool} 和 A_p 应该用于计算泄漏速率和源尺寸。

如果 $E_{pool} > E$，则容器排放决定化学物质进入空气的速率。当化学物质被泄漏时，形成一个比 A_p 更小的池。形成池的蒸发等于 E。应使用 E_{pool} 的公式计算新池大小，但将 E_{pool} 值设定为 E。此新池大小应用作源大小。

4.8 泄漏温度

源项模型需要化学物质在泄漏前的储存温度。源项模型计算泄漏后的温度变化。非源项模型需要降压后的排放温度。需要外部计算来确定降压温度。

如果泄漏出来的物质比环境空气更冷，则其密度可以增加到足以使其成为一种重质气体，即使其分子量小于空气的分子量。如果泄漏出来的物质比环境空气温度高，其密度可能小于环境空气的密度，并且它将起到浮力泄漏的作用。当泄漏物顺风移动时，夹带环境空气以及羽流与表面的接触会改变羽流温度。夹带环境空气使羽流温度接近环境空气温度。与表面接触使羽流温度接近表面温度。

温度对泄漏有许多影响。例如，在实际泄漏中，加压气体最初通过小孔逸出。由于膨胀导致的冷却非常强，不仅空气中的水蒸气冷凝，而且冻结。孔洞被冰堵住，降低了流速。随着流速降低，冰会融化。一些液态水与逸出物质反应，在这种情况下，逸出物质形成一种酸。酸溶解容器壁，使孔变大。泄漏速率增加，冷却增加，并开始大量排放和低量排放的循环。这是一个极端情况，可能没有任何模型会考虑到这样详细的影响。然而，重要的是要认识到温度不仅对扩散，而且对源本身可能产生的一些影响。

4.8.1 两相气体泄漏（阻塞）

需事先计算：

F_{rel} —— 关注化学物质的闪蒸分数，量纲一（4.9.1 节）（作为检查）；

T_w —— 阻塞条件下的温度，K（4.7.1 节）；

F_* —— 阻塞条件下的蒸气质量分数，量纲一（4.7.1 节）。

流程图参考图 4-2。

请注意，在这种情况下，可能需要两个步骤的解决方案。此处使用 4.9.1 节中计算的 F_{rel} 值计算泄漏温度。第一次计算泄漏温度假定 $F_{rel}<1$。如果 4.9.1 节中的后续计算表明 F_{rel} 等于 1，则重新计算泄漏温度。

如果 $F_{rel}<1$，可以使用克劳修斯-克拉贝龙方程（Clausius-Clapeyron equation）估算泄漏温度：

$$P_a = 101\,325\,\text{Pa}\exp\left[\frac{\lambda M}{R}\left(\frac{1}{T_b}-\frac{1}{T_{rel}}\right)\right] \tag{4-32}$$

式中：T_{rel} —— 泄漏温度，K；

M —— 分子量，kg/kmol；

λ —— T_b 下的蒸发热，J/kg；

R —— 气体常数，$-8\,314$ J/（kmol·K）；

T_b —— 正常沸点，K；

P_a —— 环境压力，Pa。

如果 $F_{rel}\geqslant1$，则在以后的计算中应将其设定为 1，泄漏温度应使用式（4-33）计算：

$$T_{rel} = T_* + \frac{\lambda\left(1-F_*\right)}{C_{pl}} \tag{4-33}$$

式中：λ —— T_b 下的蒸发热，J/kg；

C_{pl} —— T_s 下的液体热容量，J/（kg·K）。

注意，C_{pl} 的值是在 T_s 下。附录 B 中的数据适用于固定温度下的 C_{pl}。考虑到筛选方法中的其他不确定因素，使用附录中的 C_{pl} 值而不是对温度进行校正，不会给结果增加显著误差。

4.8.2 两相气体泄漏（非阻塞）

需事先计算：无。流程图参考图 4-2。

可以使用克劳修斯-克拉贝龙方程估算泄漏温度：

$$P_a = 101\,325\text{Pa}\exp\left[\frac{\lambda M}{R}\left(\frac{1}{T_b}-\frac{1}{T_{rel}}\right)\right] \tag{4-34}$$

式中：T_{rel} —— 泄漏温度，K；

　　　M —— 分子量，kg/kmol；

　　　λ —— T_b 下的蒸发热，J/kg；

　　　R —— 气体常数，−8 314 J/（kmol·K）；

　　　T_b —— 正常沸点，K；

　　　P_a —— 环境压力，Pa。

4.8.3　两相加压液体

需事先计算：无。流程图参考图 4-2。

对于此泄漏类别，泄漏温度的计算方法与"两相气体泄漏（非阻塞）"的计算方法相同（4.8.2 节）。

4.8.4　两相冷冻液体

需事先计算：无。流程图参考图 4-2。

对于此泄漏类别，泄漏温度的计算方法与"两相气体泄漏（非阻塞）"的计算方法相同（4.8.2 节）。

4.8.5　单相气体泄漏（阻塞）

需事先计算：无。流程图参考图 4-3。

基于以两个步骤发生变化的假设来计算温度。第一步是泄漏进入阻塞流条件（绝热和可逆温度变化）。第二步发生在阻塞流条件和环境压力条件（绝热但不可逆）之间。用于估算排气温度的公式是：

$$T_{rel} = T_s\left[1-0.85\left(\frac{\gamma-1}{\gamma+1}\right)\right] \tag{4-35}$$

式中：T_{rel} —— 泄漏温度，K；

　　　T_s —— 储存温度，K；

　　　γ —— 恒压比热与恒容比热的比率。

4.8.6　单相气体泄漏（非阻塞）

需事先计算：

E —— 泄漏速率，kg/s（4.7.2 节）。

流程图参考图 4-3。

在非阻塞情况下，泄漏温度的计算取决于泄漏速率，其小于阻塞情况下的泄漏速率。使用式（4-36）：

$$T_{\text{rel}} = \frac{2T_s}{\left[1 + \sqrt{(1 + 4aT_s)}\right]} \tag{4-36}$$

$$a = \frac{1}{2C_p}\left(\frac{ER}{P_aMA_o}\right)^2 \tag{4-37}$$

式中：E —— 泄漏速率，kg/s；

　　　A_o —— 孔面积，m^2；

　　　P_a —— 环境压力，Pa；

　　　M —— 分子量，kg/kmol；

　　　R —— 气体常数，−8 314 J/（kmol·K）；

　　　C_p —— T_s 下的气体热容量，J/（kg·K）。

4.8.7　单相液体泄漏（高挥发性）

需事先计算：无。流程图参考图 4-4。

此泄漏类别是基于这样的假设，即液体一旦离开容器，就会蒸发。泄漏温度可以假定为化学物质的正常沸点。

4.8.8　单相液体泄漏（低挥发性）

需事先计算：无。流程图参考图 4-5。

此泄漏类别基于这样的假设：溢出的物质从池中蒸发。此化学物质的正常沸点高于环境温度。可以假设进入空气的泄漏温度与环境温度或储存温度相同，以较低者为准。这增强了比空气更重物质对扩散的影响。

实际上，由于蒸发导致冷却效应，蒸发池的温度可能低于环境温度。

这样的温度计算需要的不仅是简单的公式，还需要一个完整的蒸发液体模型。在计算泄漏速率时，许多模型假设温度与环境温度相同。这是一个保守假设，因为更高温度会导致更高的排放预测。总之，对于保守的方法，假设液体由于表面温度高而蒸发，但在较低温度下（环境温度或蒸发池温度较低）进入大气。

低挥发性液体泄漏应始终是连续的或持续时间有限的。蒸发是物质进入空气的主要方法，除非泄漏量很小，否则蒸发可能需要一段时间。如果低挥发性泄漏量小到足以快速蒸发到大气中，它可能小到可以忽略不计。

4.9 蒸气分数

对于两相泄漏类别来说，泄漏的蒸气分数是需要计算的。对于单相泄漏，假定所有物质都以气相进入空气，因为：①物质以蒸气状态储存，由于膨胀而冷却不足以造成冷凝；②泄漏物是一种高挥发性液体，在泄漏到环境时立即蒸发；③泄漏来自通过蒸发排入空气中的低挥发性液体。

由于两相泄漏是唯一表现出液体和蒸气混合物的类别，因此它们是唯一可以用此处计算方法进行计算的类别。对于所有其他情况，泄漏的蒸气分数（F_{rel}）应该设定为 1；也就是说，假定只有蒸气进入大气。

4.9.1 两相气体泄漏（阻塞）

需事先计算：

F_* —— 阻塞流条件下的蒸气分数，量纲一（4.7.1 节）；

T —— 阻塞流条件下的温度，K（4.7.1 节）；

T_{rel} —— 泄漏温度，K（4.8.1 节）。

流程图参考图 4-2。

在这种情况下，减压后的蒸气分数（F_{rel}）如下：

$$F_{rel} = F_* + \frac{C_{pl}(T_* - T_{rel})}{\lambda} \tag{4-38}$$

式中：C_{pl} —— T_s 下的液体热容量，J/（kg·K）；

λ —— T_b 下的蒸发热，J/kg。

如果 $F_{rel} > 1$，则将其设定为 1，并更正 4.8.1 节中的泄漏温度（T_{rel}）计算。

4.9.2 两相气体泄漏（非阻塞）

需事先计算：

T_{rel} —— 泄漏温度，K（4.8.2 节）。

流程图参考图 4-2。

对于非阻塞流，减压后的蒸气分数（F_{rel}）可以由式（4-39）估算：

$$F_{rel} = 1 + \frac{T_{rel}}{M\lambda}\left[MC_p \ln\left(\frac{T_s}{T_{rel}}\right) - R\ln\left(\frac{P_s}{P_a}\right)\right] \tag{4-39}$$

式中：M —— 分子量，kg/kmol；

λ —— T_b 下的蒸发热，J/kg；

R —— 气体常数，$-8\,314\,\text{J}/(\text{kmol·K})$；

T_s —— 储存温度，K；

C_p —— T_s 下的气体热容量，$\text{J}/(\text{kg·K})$；

P_s —— 储存压力，Pa；

P_a —— 环境压力，Pa。

该值还可用于计算从储存条件到环境条件的焓变化（ΔH）。焓的变化值由式（4-40）计算：

$$\Delta H = C_{pl}(T_s - T_{rel}) + \lambda(1 - F_{rel}) \tag{4-40}$$

4.9.3　两相加压液体

需事先计算：

T_{rel} —— 泄漏温度，K（4.8.2 节）。

流程图参考图 4-2。

泄漏后的蒸气分数（F_{rel}）如下：

$$F_{rel} = \frac{C_{pl}(T_s - T_{rel})}{\lambda} \tag{4-41}$$

式中：λ —— T_b 下的蒸发热，J/kg；

T_s —— 储存温度，K；

C_{pl} —— T_s 下的液体热容量，$\text{J}/(\text{kg·K})$。

4.9.4　两相冷冻液体

需事先计算：无。流程图参考图 4-2。

本泄漏类别采用与 4.9.3 节中给出的"两相加压液体"计算相同的蒸气分数计算方法。

4.10　初始浓度

初始浓度设定可以在顺风处看到的最大浓度的上限，因为最大浓度（考虑所有高度）不能随顺风距离增加。如果初始浓度足够低，也可能意味着不需要将排放物视为比空气浓度大的排放物。泄漏出的化学物质、空气和水蒸气的浓度用于确定泄漏的密度。浓度定义为

f_a —— 空气的摩尔分数；

f_w —— 水蒸气摩尔分数；

f_l —— 关注化学物质的摩尔分数。

唯一需要计算 f_a、f_w 和 f_i 值的泄漏类别是单相气体泄漏和低挥发性液体泄漏。在所有其他类别中，泄漏接近于化学物质的沸点。气体冷却到接近沸点时，就会发生冷凝，或者是液体蒸发或闪蒸。对于这些接近沸点的泄漏，保守假设是 f_i 是 1，f_a 和 f_w 都是 0。事实上，这是大多数模型中隐含的假设。

对于单相气体或低挥发性液体泄漏，关注化学物质在气相中，一般来说可以由多个物质组成。如果关注化学物质是混合物，则应按照 4.2 节中的描述创建其数据。已知这 3 种组分的任何两种摩尔浓度可决定第 3 种的浓度，因为：

$$f_a + f_w + f_i = 1 \tag{4-42}$$

通常需要测量各个组分以确定摩尔分数。水蒸气分数最容易估计或测量。如果泄漏的温度（T）已知（以开尔文为单位），并且小于约 370 K，则在 1 个大气压下的水蒸气的饱和摩尔分数（e_s）估计为：

$$\log e_s = 6.399\,4 - \frac{2\,353}{T} \tag{4-43}$$

e_s 值给出水蒸气的最大摩尔分数。在 298 K 下，e_s 约为 0.03。对于接近中等大气温度的泄漏，水蒸气的摩尔分数很小。然而，在能含量计算中，由于水蒸气相对于干燥空气有更大的净容量，所以存在的水蒸气量可能很大。如果相对湿度也已知，则水蒸气的摩尔分数可计算为

$$f_w = \left(\frac{\mathrm{RH}}{100}\right) e_s \tag{4-44}$$

式中：RH —— 相对湿度，%。

应注意的是，e_s 和 f_w 的这些公式仅对水蒸气和空气混合物严格有效。在混合物中加入一种化学物质会给估算带来误差。误差的大小和方向将取决于该化学物质。然而，对于输入筛选而言，这些公式已足够。

实际上，如果泄漏具有喷射相，其中排放物在膨胀，则将夹带一些空气。估算环境空气夹带量的计算超出了本数据筛选研究的范围。当存在不确定性时，应作出假设，使 f_i 尽可能接近 1。

4.10.1 单相气体泄漏

需事先计算：无。流程图参考图 4-3。

如果泄漏来自仅含有关注化学物质的容器，则泄漏应视为纯净。这意味着 f_i 的值是 1，而其他分数是 0。在大多数加压容器中，情况都是如此。烟囱泄漏是特殊情况。

烟囱泄漏最有可能包含这 3 个要素。如果一个液态水云明显地从烟囱中排放出来，则可以假设 f_w 等于 e_s。当水用作洗涤物质时，排放通常在泄漏点处水饱和。f_a 或 f_i 的值

必须通过测量来确定，或者从有关泄漏的信息中推断出来。下面给出这种推论的一个例子。保守假设是 f_a 等于 0；即烟囱泄漏的是未经空气稀释的化学物质。

从泄漏信息中推断的例子是，在建筑物内已知时间内发生已知数量的化学物质的泄漏。通风系统将溢出物质送到通风口。如果通风系统的体积流率（V_{rv}）（来自设计文件）和关注化学物质的体积泄漏速率（V_r）已知，则可从以下方面估算 f_i 值：

$$f_i = \frac{V_{ri}}{V_{rv}} \tag{4-45}$$

假定 f_w 值与容器内的湿度一致。换句话说，f_w 和 f_a 的值将按建筑物内空气中的相对比例（$1-f_i$）按比例计算。如果建筑物内水蒸气和空气的摩尔分数分别为 f_w 和 f_a，则 f_w 和 f_a 的值按式（4-46）和式（4-47）计算：

$$f_w = f_w' \left(1 - f_i\right) \tag{4-46}$$

$$f_a = f_a' \left(1 - f_i\right) \tag{4-47}$$

4.10.2 单相液体泄漏（低挥发性）

需事先计算：

T_{rel} —— 泄漏温度，K（4.8.8 节）。

流程图参考图 4-5。

此泄漏类别适用于蒸发液池。这种化学物质的沸点高于环境温度。直接在蒸发液池上方的化学物质的初始摩尔浓度可通过式（4-48）估算：

$$f_i = \frac{P_v}{P_a} \tag{4-48}$$

式中：P_v —— T_{rel} 下化学物质的蒸气压，Pa；

$\qquad P_a$ —— 环境压力，Pa。

对于未沸腾液体形成的池，f_i 的值小于 1。其余排放物可以假定包括空气和水蒸气，其比例与在环境空气中发现的相同，除非正在进行某种改变这些比例的过程。例如，如果在溢出过程中使用水喷雾，则可以假定 f_w 值等于 e_s 值，即水的饱和摩尔分数。

4.11 密度

需事先计算：

T_{rel} —— 泄漏温度，K（4.8 节）。

F_{rel} —— 关注化学物质的初始蒸气质量分数，量纲一（4.9 节）；

f_i —— 关注化学物质的初始摩尔分数，量纲一（4.10 节）；

f_w —— 空气的初始摩尔分数，量纲一（4.10 节）；和水蒸气的初始摩尔分数，量纲一（4.10 节）。

流程图参考图 4-6。

在本指南使用的模型中，DEGADIS 模型要求用户输入泄漏密度。DEGADIS 模型中该值的具体用法如下所述。云密度也用于确定是否将泄漏物视为稠密气体，如 4.13 节所述。对于空气、水蒸气和关注化学物质，每种成分的摩尔分数分别为 f_a、f_w 和 f_i。这些摩尔分数的描述和关系见 4.10 节。在计算初始泄漏的密度时，应考虑云与空气、水蒸气和关注化学物质区分。并应允许关注化学物质同时存在于液相和气相中。

关注化学物质可以是气溶胶形式（液滴和气相化学物质）。关注化学物质的液相和气相的初始区分是通过计算闪蒸分数来确定（4.9 节）。气态的两相泄漏分数为 F_{rel}，需要每个组分的密度来计算泄漏的总体密度。关注化学物质的密度可由式（4-49）得出：

$$\rho_i = \left[\frac{F_{rel}}{\rho_g} + \frac{(1 - F_{rel})}{\rho_l} \right]^{-1} \tag{4-49}$$

式中，可以计算气相的密度，假设是一种理想气体。

密度由式（4-50）得出：

$$\rho_g = \frac{P_a M_i}{R T_{rel}} \tag{4-50}$$

式中：P_a —— 环境压力，Pa；

$\quad R$ —— 气体常数，−8 314 J/（kmol·K）。

特定化学物质的液相密度见附录 B。

云中的空气和水蒸气的密度可以通过假设一种理想气体来确定。这些密度的计算式如下：

$$\rho_a = \frac{P_a M_a}{R T_e} \tag{4-51}$$

$$\rho_w = \frac{P_a M_w}{R T_e} \tag{4-52}$$

式中：M_a —— 空气分子量，kg/kmol；

$\quad M_w$ —— 水分子量，kg/kmol。

一旦确定单个组分的密度，泄漏云层的总体密度（ρ_{rel}）就可以通过式（4-53）来确定：

$$\rho_{rel} = \left(\frac{f_a M_a}{M_T \rho_a} + \frac{f_w M_w}{M_T \rho_w} + \frac{f_i M_i}{M_T \rho_i} \right)^{-1} \tag{4-53}$$

式中：M_T —— 泄漏的所有物质（空气、水蒸气和关注化学物质）的平均分子量，kg/kmol，
　　　由式（4-54）得出：

$$\rho_{rel} = \left(\frac{f_a M_a}{M_T \rho_a} + \frac{f_w M_w}{M_T \rho_w} + \frac{f_i M_i}{M_T \rho_i} \right)^{-1} \tag{4-54}$$

请注意，如果 f_a 和 f_w 都为 0（泄漏纯化学物质），则 f_i 等于 1。在这种情况下，ρ_{rel} 等于 ρ_1。

当泄漏中存在气溶胶时，DEGADIS 模型需要密度三重态。每个三重态包括：关注化学物质的摩尔分数（f_i）；关注化学物质的质量浓度（ρ_1）；混合物的质量密度（ρ_{mix}）。

在 DEGADIS 模型中，f_a 和 f_w 的值基于这些组分在环境空气中的相对比例。假设所有空气和水蒸气直接来自大气，而且没有一个来自化学物质源。DEGADIS 模型会提出各种空气和化学物质混合物的三重态时间表。由于温度、液体含量、蒸气含量和化学物质浓度随着空气夹带到泄漏状态下而变化，因此创建这样一个时间表并非是一个无关紧要的计算。

一种更简单的方法是在时间表中为模型提供两个三重态。第一个三重态将适用于泄漏中仅存在空气的情况（f_a 为 1 且 f_i 和 f_w 均为 0）。该三重态应为 0.0、0.0、ρ_a。因为这个三重态中没有污染物，所以进入这里的 ρ_a 应该是在环境温度 T_a，而不是泄漏温度 T_e。第二个三重态将适用于泄漏中不存在空气的情况（f_i 为 1 且 f_a 和 f_w 均为 0）。然后第二个三重态变为 1.0、ρ_{rel}、ρ_{rel}。DEGADIS 模型将对所有化学物质浓度线性插入空气污染物混合物。

4.12　泄漏直径或面积

源项模型通常需要泄漏的孔洞大小、烟囱直径或池区面积。非源项模型需要源大小，即任何膨胀发生后泄漏的大小。对于源项模型，输入要求从可观察项列表中完成。对于非源项模型，可能需要进行一些计算。

在液池蒸发的情况下，泄漏区域就是池的区域。这是因为进入大气的排放速度很低，并没有来自液体表面的蒸气膨胀。如果是喷射流泄漏，会发生一些膨胀，并应进行计算，以提供膨胀效应的估计。

有两种方法可以用来估计泄漏后的膨胀效应。一种适用于泄漏动量低的情况；另一种适用于高动量泄漏的情况（如喷射流）。

如果泄漏物是阻塞气体，则应更改非源项模型中使用的孔直径。在这种情况下，应使用高动量泄漏公式，但 ρ_s 值应替换为阻塞条件下的密度（ρ_*）。如果泄漏口未阻塞，且排出速度与环境风速相同或小于环境风速，则应采用低动量公式。对于连续泄漏，如

果排出速度未知，应使用这两个公式计算出的较小直径。使用较小直径将使 4.13.1 节中讨论的泄漏浮力标准最小化。泄漏直径越小，泄漏越有可能表现为比空气更高密度的泄漏物。

如果排出速度（u）未知，但已知泄漏速率（E）、容器中的密度（ρ_s）和孔或排放面积（A），则可以估算排出速度。如式（4-55）所示：

$$u = \frac{E}{A\rho_s} \qquad (4\text{-}55)$$

如果出现近似值，可以将排出速度与环境风速进行比较。蒸发池的排出速度可以忽略不计，无须估算。

瞬时泄漏通常与排出速度无关，应使用低动量公式。如果已知瞬时泄漏的泄漏体积，则泄漏直径可以假定为泄漏体积的球形或圆柱形等效直径。如果泄漏位于地面，则假设形成的云是圆柱形的（以地面为基础），高度等于直径。如果泄漏不是位于地面，假设形成的云是球形的。

4.12.1 低动量泄漏

需事先计算：

E —— 泄漏速率，kg/s（4.7 节）。

ρ_{rel} —— 泄漏密度，kg/m³（4.11 节）。

流程图参考图 4-6。

膨胀后的源直径可估算为：

$$D_{\text{rel}} = \sqrt{\frac{2}{U_r}\left(\frac{E}{\rho_{\text{rel}}}\right)} \qquad (4\text{-}56)$$

式中：D_{rel} —— 直径，m;

U_r —— 环境风速，m/s。

4.12.2 高动量泄漏

需事先计算：

ρ_{rel} —— 泄漏密度，kg/m³（4.11 节）。

流程图参考图 4-6。

膨胀后的直径可估算为

$$D_{\text{rel}} = D_s\sqrt{\frac{\rho_s}{\rho_{\text{rel}}}} \qquad (4\text{-}57)$$

式中：D_{rel} —— 直径，m；

D_s —— 孔或烟囱直径，m；

ρ_s —— 孔密度，kg/m^3。

4.13 泄漏浮力

本指南中讨论的模型可处理重质气体泄漏。如果可以认为泄漏物的密度不大于空气密度，则应采用标准的无源扩散模型或能够处理中性浮力泄漏物的模型。为了确定泄漏是否应该被认为比空气密度更大，将描述泄漏的理查森数与选定值进行比较。理查森数的公式以及计算取决于泄漏是瞬时的还是连续的。

4.13.1 连续泄漏

需事先计算：

E —— 泄漏速率，kg/s（4.7 节）；

ρ_{rel} —— 泄漏密度，kg/m^3（4.11 节）；

D_{rel} —— 泄漏直径，m（4.12 节）。

确定连续泄漏是否应被视为比空气密度大的标准（C_p）是：

$$C_p = \frac{U_r}{\left[\dfrac{g\left(\dfrac{E}{\rho_{rel}} \right)\left(\dfrac{\rho_{rel} - \rho_a}{\rho_a} \right)}{D_{rel}} \right]^{\frac{1}{3}}} \leqslant 6 \qquad (4\text{-}58)$$

式中：U_r —— 环境风速，m/s；

g —— 重力加速度，9.806 m/s^2；

ρ_a —— 空气密度，kg/m^3。

4.13.2 瞬时泄漏

需事先计算：

E —— 泄漏速率，kg/s（4.7 节）；

ρ_{rel} —— 泄漏密度，kg/m^3（4.11 节）。

确定瞬时泄漏是否应被视为比空气密度大的标准（C_p）是：

$$C_p = \left[\frac{g(E_t / \rho_{rel})^{\frac{1}{3}}}{U_r^2} \left(\frac{\rho_{rel} - \rho_a}{\rho_a} \right) \right]^{\frac{1}{2}} > 0.2 \qquad (4\text{-}59)$$

式中：U_r —— 环境风速，m/s；

$\quad\quad\ g$ —— 重力加速度，9.806 m/s^2；

$\quad\quad E_t$ —— 泄漏物质总量，kg；

$\quad\quad \rho_a$ —— 空气密度，kg/m^3。

E_t 值必须根据泄漏速率（E）和泄漏的持续时间计算，如式（4-60）所示：

$$E_t = E\Delta t \qquad (4\text{-}60)$$

式中：Δt —— 泄漏持续时间，s。

如果已知容器容积，也可计算 E_t 值：

$$E_t = \frac{V_t}{\rho_s} \qquad (4\text{-}61)$$

式中：V_t —— 容器总容积，m^3；

$\quad\quad \rho_s$ —— 储存密度，kg/m^3。

4.14　泄漏高度

泄漏高度表示排放物进入大气层的地面高度。对于带有蒸发池的液体泄漏，该高度应该是液体—空气界面的高度，通常位于地面。

4.15　地面温度

地面温度的适当输入值应该是来自常规现场测量的值。如果没有这类数据，地面温度可近似等于大多数应用中在标准高度处测量的环境温度。已有经验表明，由于这一参数的变化，预测模型浓度的灵敏度很小（如果有的话）。

4.16　平均时间

危险化学物质的泄漏通常持续时间较短，而关注浓度是短期平均值。有害气体泄漏的典型问题是最大短期浓度和最大剂量。许多危险性空气污染物模型旨在提供单位平均时间从 1 s 到 1 h 的浓度预测。相较之下，大多数标准污染物的监管模型的浓度估算基本平均时间为 1 h。

重质气体模型通常可以提供用户指定的平均时间为 1 h 或更短的浓度估计值。由于夹带环境空气，重质气体泄漏通常不会在行程时间超过 1 h 后仍保持显著重质。然而，气象数据的输入通常是基于每小时的平均值。为了确定适当的平均时间，用户应该检查泄漏持续时间和关注浓度水平（健康或其他参考水平）。

如果担心暴露在人群中的浓度，则应根据所选择的浓度限值确定平均时间。例如，"短期暴露限值"（STEL）的隐含时间间隔为 15 min，"立即危及生命和健康限值"（IDLH）的隐含间隔为 30 min，"应急响应规划指南"（ERPG）浓度具有 60 min 的隐含暴露时间。如果担心易燃性或爆炸可能性，则平均时间应为几秒，因为当瞬时浓度在化学物质的可燃极限内时，就可能燃烧。

为重质气体建模应用定义适当的平均时间十分复杂。较大的平均时间允许更多的羽流弯曲，因此平均浓度更低。因此，5 min 的整体平均浓度通常小于 1 min 的整体平均浓度，因为通常在 5 min 内比在 1 min 内发生更多的弯曲。因此，一些研究人员使用比泄漏持续时间短得多的平均时间（5～10 s），特别是当这些现场测量以较短平均时间进行时，模型预测与现场测量进行比较时更是如此。然而，与这些模型一起使用的气象数据输入（稳定性分类）基于较长持续时间，通常为 60 min。

与确定模型中使用的平均时间有关的时间尺度可指定为

t_{haz} —— 与评估危险有关的平均时间；

t_{rel} —— 污染物泄漏到大气中的持续时间；

t_{trav} —— 从泄漏点到受体的行程时间。

如果 t_a 是代表羽流弯曲影响的平均时间，那么推荐的 t_a 最大是 t_{haz}、t_{rel} 和 t_{trav} 的最小值（对于稳态或瞬态泄漏）；可以选择较小 t_a 值与现场观测值进行比较，或获得对顺风影响的保守估计。如果 $t_{a,t}$ 是考虑瞬态效应的平均时间（与稳态泄漏无关），则推荐 $t_{a,t}$ 为 t_{haz}。

当使用的平均时间小于要求的平均时间时，必须将输出转换为表示要求的平均时间。要从报告的平均浓度推断到要求的平均时间，将报告的平均浓度乘以实际平均时间与要求的平均时间的比率。这意味着要在要求的时间内找到平均浓度，可能需要在输出中找到更高的浓度。例如，如果泄漏持续时间为 500 s，且要求的平均时间为 1 000 s，则应使用 500 s 的平均时间。要将输出中报告的浓度转换为要求的平均时间内的浓度，每个报告的浓度必须乘以 0.5（500/1 000）s。这意味着，如果 1 000 s 的平均浓度为 1 ppm（1 ppm=10^{-6}），则必须搜索输出浓度为 2 ppm（1 ppm/0.5）。

用于确定影响的平均浓度的一种替代方法是剂量的使用。剂量是指某一点的总暴露量。通常以 ppm 为单位来表示。最简单的剂量（D）计算方法是：

$$D = \int_{t_0}^{t} C \mathrm{d}t \qquad (4\text{-}62)$$

式中：C—— 浓度，ppm；

t—— 时间，min；

t_0—— 泄漏开始的时间，min。

一些剂量表达式通过将浓度提高到一定的 N 次方［在式（4-62）中将 C 改变为 C^N］来增加化学物质的权重。在简单剂量计算中，N 的值为 1。当 N 不等于 1 时，剂量实际上应称为毒性负荷或其他名称，因为单位不再是 ppm。本指南中化学物质的 N 值为[18]：

种类	N
氨	2
氯	2
环氧乙烷	不详
氯化氢	1
氟化氢	1
二氧化硫	1

4.17　气象状态

上文所讨论的许多输入只是微弱依赖于气象条件。在物质被泄漏后，气象对物质的传输和扩散最为重要。许多泄漏可被视为具有两个独立的输入流：一个是源项的描述；另一个是泄漏时和泄漏后的气象条件。

4.17.1　风速和风向

风速用于确定：①羽流上升；②羽流稀释；③蒸发模型中的质量传递。在极轻微的风中，稠密气体倾向于在源附近形成"薄饼状"云，而稠密云可能不会非常深，直到出现顺风。在较高的风速下，空气混合的速率增加（向混合物中添加更多的能量），并且最大浓度可以降低。对于液池溢出的泄漏，高风速会增加蒸发速率，从而增加羽流源强度。然而，由于外部空气的夹带增加，高风速也会导致更多的稀释，这可能导致最大浓度降低。

空气扩散模型预测的浓度估计值随着风速的增加而减小。然而，大多数稠密气体模型对近距离风速增加不太敏感，其中重力效应占主导地位。顺风情况下，稠密气体模型和非稠密气体模型的反应更为相似。

如果用户希望评估过去事件的危害，应通过通常在标准 10 m 水平高度进行的现场测量获得风速。泄漏高度处的风速经常由模型采用幂律方程进行内部调整。EPA 文件[19]中载有现场气象数据收集指南。现场气象资料通常是每 1 h 平均一次。

风向用来粗略估计羽流的输送方向。输送方向在一段时间内的变化，即羽流弯曲，是估计该时期地面平均浓度的一个主要因素。对于响应分析，应根据现场或附近的测量值估算风向。对于规划分析，应选择风向以最大化潜在的场外影响。

风速和风向对喷射流泄漏有很大影响。在极端情况下，如果高速水平泄漏在环境风的顺风方向上，并且风速与泄漏速度相当，则泄漏与环境空气的混合相对最小。

4.17.2　稳定性等级

通常通过帕斯奎尔（Pasquill）评估稳定性条件。Gifford（PG）稳定性等级，其中 A 类代表极不稳定的条件，F 类代表中等稳定的条件。《空气质量模型指南》（修订版）[1]推荐了几种确定 PG 稳定性等级的方法。例如，在城市地区，稳定性等级通常被假定至少比农村地区更不稳定。随着指导文件的不断编制，可能会出现新的方法。

对于给定风速，稳定大气条件下的大气湍流水平比不稳定条件下的更小。大气稳定性对稠密气体扩散的影响（由于环境湍流水平的改变）可能与中性浮力泄漏的影响相似，但也可能小得多。与风速的情况一样，由于稳定性等级的变化，各种模型在浓度预测中表现出不同的灵敏度水平[20]。

对于规划分析，如果需要从模型中获得保守估计，则可能需要使用各种稳定性和风速组合进行一些精细模型模拟。如果泄漏位于地面并且不是向上的喷射流，则稳定性等级 F 很可能导致顺风最大的浓度影响。在所有其他情况下，将需要具有不同稳定性等级的多重模拟。

对于近场影响，稠密气体和喷射流的泄漏对稳定性等级只是微弱敏感。当泄漏变为中性浮力或非喷射流时，羽流受稳定性等级等大气条件的影响更大。

有关特定模型的稳定性效果的一些讨论，请参见第 8 章建模"最坏"情况。

4.17.3　地表粗糙度长度

原则上，地表粗糙度长度是流体流过的表面粗糙度的量度。对于均匀表面，其值有时近似为表面不规则的平均高度的 1/10。当地形包含任何障碍物（非均匀）时，必须确定有效粗糙度长度。表面粗糙度的典型值如表 4-1 所示。

增加地表粗糙度的总体效果是减缓羽流或云层的水平浮力引起的扩散，以及由于环境和羽流湍流而增强羽流与环境的混合[21]。与风速和稳定性等级的情况一样，不同模式在将地表粗糙度的影响纳入预测浓度方面表现出不同能力[22]。

表 4-1   选定地面凹型均匀分布的地表粗糙度的代表性值[21]

表面	地表粗糙度/m
冰	0.000 01
雪	0.000 05～0.000 1
沙	0.000 3
土壤	0.001～0.01
矮草	0.003～0.01
长草	0.04～0.10
农作物	0.04～0.20

由于稠密气体泄漏可能发生放在工业环境中，在这些环境中存在各种结构高度和形状很常见，因此一些用户在模型中输入较大的地表粗糙度值来解释这种障碍的存在。然而，这些较大的地表粗糙度值可以显著降低模型浓度。对于低位或地面上的泄漏，将表面粗糙度值增加 10 倍可能会导致浓度约降低 2 倍[22]。使用增强的粗糙度值来模拟工业环境中障碍物的影响还有待彻底测试和论证。对于需要从这些模型中获得保守估计的规划分析，使用泄漏附近最小粗糙度元素的表面粗糙度值可能最合适。如果没有关于地表粗糙度的信息，建议值为 0.01 m。

4.17.4   10 m 高度风速

稳定性等级和地表粗糙度长度也可以改变模型中假定的垂直风廓线。任何高度的风速都可以通过式（4-63）估算[23]：

$$u = u_1 \left(\frac{z}{z_1} \right)^p \tag{4-63}$$

式中：u —— 高度 z 处的风速，m/s；

u_1 —— 高度 z_1 处测得的风速，m/s；

p —— 稳定性与地表粗糙度相关指数。

p 的一些示例值在表 4-2 中给出。

表 4-2   风廓线指数的值作为稳定性等级和地表粗糙度的函数（z_0）[23]

稳定性/z_0	0.01 m	0.10 m	1.00 m	3.00 m
A	0.05	0.08	0.17	0.27
B	0.06	0.09	0.17	0.28
C	0.06	0.11	0.20	0.31
D	0.12	0.16	0.27	0.37

稳定性/z_0	0.01 m	0.10 m	1.00 m	3.00 m
E	0.34	0.32	0.38	0.47
F	0.53	0.54	0.61	0.69

稳定性等级确定需要 10 m 高度处的风速。但是，在式（4-63）中，稳定性等级用于计算 10 m 高度风速。10 m 高度风速计算完成后，应确定稳定性等级。

4.17.5 环境温度、相对湿度和压力

为了评估过去事件的后果，应使用代表泄漏时条件的输入参数。应从泄漏时的现场测量中获得这些参数中每个参数的适当输入值。收集这些数据的方法指南载于气象数据指导文件[19]。如果无法获得这些参数的现场数据，则可以使用附近的美国国家气象局（NWS）站的观测数据。

这些参数可能会对危险泄漏产生一些明显影响。例如，如果环境温度高于或低于某种化学物质的沸点，则将确定液体是否会闪蒸、沸腾或从风中蒸发。同样，相对湿度也会影响高架喷射流泄漏的动力学特性[15]。改变湿度会导致羽流在地面上的高度发生变化。通常情况下，模型对压力不那么敏感。由于压力用于确定泄漏标准（两相与单相泄漏），因此对于丹佛的泄漏而言，可能会出现模拟的一些变化，而不是海平面的泄漏。

4.18 输出定义

在运行模型时，通常是指定一组关注输出参数。基本参数是关注浓度和受体位置。每种化学物质的"应急响应规划指南"列于附录 B。附录中还列出一些"立即危及生命和健康限值"和"短期暴露限值"。受体位置需要根据具体情况确定。通常所有受体都在地面上。与泄漏地点的距离取决于是否正在研究现场或场外（或两者）影响。

模型预测可能需要许多输出，第 7 章讨论本指南中最常要求的输出和模型可用的输出。

第 5 章　泄漏类别模型输入开发示例

第 4 章介绍了确定有害空气污染物模拟模型输入的方法。本章将以第 2 章中描述的 8 种泄漏类别为例，解释模型输入要求。每个示例将给出一个泄漏情景，然后介绍如何建立输入。虽然单一泄漏情景实际上可能涉及多个泄漏类别，但本章针对每个泄漏情景仅介绍一个泄漏类别。如果一个情景涉及多个泄漏类别，那么每个类别都应该单独建模。对于特定泄漏类型，本章中介绍的输入并非要应用于每个模型中。对于特定模型，本指南第 6 章将给出每个泄漏类别实际使用的输入。

对于本章中介绍的所有示例，都提出了两个关键假设：首先，假设所有情景下的泄漏都发生在顺风向上。逆风泄漏会产生更多的湍流和混合，从而降低下风向的最大浓度。其次，假设泄漏发生在地面或近地面，这就使得泄漏物质比垂直泄漏更接近地面。

本章中提供的示例根据泄漏类别进行组织。如第 4 章所述，在确定泄漏类别之前，需要计算一些泄漏参数。确定泄漏类别通常是一个迭代过程。假设一种泄漏类别执行计算，并进行自洽性检查。如果自洽性检查结果显示不一致，则实际泄漏类别必定与假定泄漏不同。每个示例的泄漏类别确定将在 5.X.3 节中介绍（其中 X 代表 1~8）。

第 4 章详细讨论了为本章示例执行的计算。本章中的一些小节内容与第 4 章中的一些小节有关，5.X.N 节中的计算在 4.N.X 节中有所描述。例如，泄漏速率的计算在 4.7 节中进行了介绍。第一个示例泄漏情景中的泄漏速率计算在 5.1.7 节中给出，相应的计算方法在 4.7.1 节中有介绍。

5.1　两相气体泄漏（阻塞流）示例

相关示例情景如下。饱和气相环氧乙烷通过 3 in（1 in=0.025 4 m）管道从罐区输送到装置区。管内温度和压力分别为 86.9℉（303.67 K）和 2.0 个绝对大气压（202 650 Pa）。管道支撑在一个 12 ft（约 3.66 m，1 ft=0.304 8 m）以上的管道架上。假定该情景下的泄漏处管道长度为 0（管道越长，管道内化学物质流动阻力越大。因此，通过忽略管道长度，泄漏速率将最大化）。

管道法兰出现泄漏，其大小相当于直径 0.5 in（0.012 7 m）的圆孔。气相环氧乙烷泄漏继续发生，直到管道流在泄漏开始后 8 min 被人为切断。在整个泄漏过程中，管道内的压力和温度保持不变。环氧乙烷在泄漏点为气相（见 5.1.3 节进行测定）。在临界（阻塞流）条件下，物质通过泄漏口流动（见 5.1.3 节）。由于膨胀冷却，部分物质在进入大气时凝结，从而形成两相泄漏。图 5-1 为两相气体泄漏（阻塞流）。

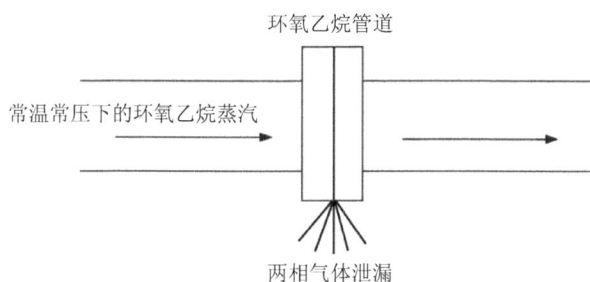

图 5-1　两相气体泄漏（阻塞流）

泄漏发生时的气象条件如下：

- 东北风速 12 mile/h（1 mile=1 609.344 m）；
- 温度 57.2℉；
- 相对湿度 62%；
- 压力为 1 个大气压（海平面）；
- 3/8 云量；
- 午后不久泄漏；
- 测量高度为 15 ft。

最近的公共边界距离泄漏点 200 m。

模型输入汇总见表 5-1。以下各节将介绍如何开发这些输入值。

5.1.1　可观测数据

可观测数据输入在情景描述中列出，表 5-2 汇总了这一信息。

5.1.2　化学数据要求

环氧乙烷的数据见附录 B。

5.1.3　泄漏类别

本节将介绍为本示例确定泄漏类别所需的计算。可参考图 4-1 的流程图。

请注意，确定泄漏类别的过程中所做的一些假设与泄漏情景描述有冲突。还要注意，确定泄漏类别所需的许多计算对于其他模型输入也是必需的。本指南不会在一节中介绍所有计算，而将在每个计算中提及相对应的部分。

表 5-1 "两相阻塞流泄漏示例"的输入汇总

化学数据（5.1.2 节）	见附录 B
泄漏类型（5.1.3 节）	两相阻塞流
连续或瞬时泄漏类别（5.1.4 节）	连续
泄漏速率（5.1.7 节）	0.063 40 kg/s
泄漏温度（5.1.8 节）	283.85 K（T_b）
蒸汽分数（5.1.9 节）	F_{rel} = 0.986 7
初始浓度（5.1.10 节）	f_a = 0.0 f_w = 0.0 f_i = 1.0
密度（5.1.11 节）	ρ_{rel} = 1.916 kg/m^3 $\rho_{a'}$ = 1.220 kg/m^3（在环境温度下）
泄漏直径或面积（5.1.12 节）	直径 = 0.013 47 m（阻塞点） 直径 = 0.017 25 m（膨胀）
泄漏浮力（5.1.13 节）	C_p = 2.435 < 6（使用重质气体模型）
泄漏高度（5.1.14 节）	3.66 m
地面温度（5.1.15 节）	与环境温度相同
平均时间（5.1.16 节）	5 s
气象条件（5.1.17 节）	风速和风向 45°@ 12 mile/h（5.37 m/s） 测量高度 = 15 ft（4.57 m） 速度 @ 10 m = 5.63 m/s 稳定性等级 C 地表粗糙度 Z_0 = 0.01 m 环境温度、相对湿度和压力 温度 = 57.2℉（287.52 K） 相对湿度 = 62% 压力 = 1 个大气压（101 325 Pa）
输出定义（5.1.18 节）	爆炸下限（3%）和爆炸上限（100%）浓度 最小关注距离 = 200 m
可观测数据（5.1.1 节）	见表 5-2

表 5-2　"两相阻塞流泄漏示例"可观测数据汇总

泄漏描述	物质：环氧乙烷 容器：水平管道 直径：3 in（0.076 2 m） 温度：87℉（303.67 K） 压力：2.0 个大气压（绝对）（2.026 5×10⁵ Pa）
泄漏位置	内径：0.5 in（0.012 7 m） 孔面积：$1.267×10^{-4}$ m² 孔高度：12 ft（3.66 m） 持续时间：8 min 最近边界：656.2 ft（200 m）
气象条件	温度 = 57.2℉（287.52 K） 相对湿度 = 62% 压力 = 1 个大气压（101 325 Pa）； 风速 = 12 mile/h（5.37 m/s） 风向 = 东北（45°） 测量高度 = 15 ft（4.57 m） 地表粗糙度 = 0.01 m 云量 = 3/8 时间 = 午后不久

管中的环氧乙烷为气相。要选择泄漏类别，必须确定泄漏是否为阻塞流泄漏，以及气体是否冷却到足以发生冷凝的程度。

当出口处的压力（P_*）计算结果高于环境压力（P_a）时，泄漏流就是阻塞流（见 5.1.6 节）。在确定泄漏类别时，首先假设泄漏为单相泄漏。阻塞流条件下的温度值（T_*）由式（5-1）估算：

$$T_* = T_s\left(\frac{2}{\gamma+1}\right)$$
$$= (303.67\ \text{K})\left(\frac{2}{1.212\ 6+1}\right) \qquad (5\text{-}1)$$
$$= 274.5\ \text{K}$$

因此，在本示例中，T_*值小于附录 B 给出的环氧乙烷的临界温度 469.2 K。根据附录中环氧乙烷的蒸汽压公式，温度 T_*条件下的压力为 70 211 Pa。由于该蒸汽压小于 P_*，因此泄漏类别为两相气体泄漏。使用的计算方法如图 4-2 的流程图所示。

5.1.4　连续或瞬时泄漏类别

在该示例中，泄漏持续时间（t_d）为 8 min。这代表关闭阀门或以其他方式终止泄漏之前所经过的时间。

对于非源项模型，要确定泄漏源应表征为连续泄漏还是有限泄漏，必须将 t_d 值与羽流到受体的扩散时间或扩散到关注浓度达到最大下风向距离的时间进行比较。根据 4.4 节中给出的 t_{trav} 求值公式，本示例的平流时间为 74 s。该平流时间使用 12 mile/h（5.37 m/s）的风速和 200 m 的距离计算得出。由于泄漏持续时间比到达关注下风向点所需的时间长，因此该泄漏视为连续泄漏。

对于源项模型，t_d 值也足够长，可以将该泄漏视为适用于大多数受体的连续泄漏。

5.1.5 特定泄漏类别的计算

图 4-2 和图 4-6 给出了计算两相气体泄漏（阻塞流）输入的流程图。

5.1.6 确定是否为阻塞流泄漏

要确定泄漏流是阻塞流还是非阻塞流（见 4.6 节），必须使用式（5-2）估算出口压力（P_*）：

$$\frac{P_*}{P_s} = \left(\frac{2}{\gamma+1}\right)^{\frac{\gamma}{(\gamma-1)}} \tag{5-2}$$

式中：γ —— 恒压比热与恒容比热的比率，1 077.96 J/（kg·K）/888.96 J/（kg·K）=1.212 6。

$$P_* = (2.026\ 5\times10^5\ \text{Pa})\left(\frac{2}{1.212\ 6+1}\right)^{\frac{1.212\ 6}{(1.212\ 6-1)}} \tag{5-3}$$
$$= 1.138\ 9\times10^5\ \text{Pa}$$

由于 $P_* > P_a$（$1.013\ 25\times10^5$ Pa），因此泄漏流为阻塞流。

5.1.7 泄漏速率

如 4.7.1 节所述，需要若干参数来计算该泄漏类别的泄漏速率，包括阻塞流的温度（T_*）、蒸汽分数（F_*）、焓变（ΔH_*）和密度（ρ_*）。第一个参数通过式（5-4）求解来计算：

$$P_* = 101\ 325\ \text{Pa}\exp\left[\frac{\lambda M}{R}\left(\frac{1}{T_b}-\frac{1}{T_*}\right)\right] \tag{5-4}$$

$$1.138\ 9\times10^5\ \text{Pa} = 101\ 325\ \text{Pa}\exp\left[\frac{\left(5.690\ 0\times10^5\ \text{J/kg}\right)\left(44.053\ \text{kg/kmol}\right)}{8\ 314\ \text{J/(kmol}\cdot\text{K)}}\left(\frac{1}{283.85\ \text{K}}-\frac{1}{T_*}\right)\right]$$

$$\tag{5-5}$$

由此得出 T_* 为 287.01 K。

F_* 值由式（5-6）估算：

$$F_* = 1 + \frac{T_*}{M\lambda}\left[MC_p\ln\left(\frac{T_s}{T_*}\right) - R\ln\left(\frac{P_s}{P_*}\right)\right] \tag{5-6}$$

$$F_* = 1 + \frac{287.01\,\text{K}}{(44.053\,\text{kg/kmol})\ (5.690\,0\times10^5\,\text{J/kg})}$$

$$\left\{(44.053\,\text{kg/kmol})\ [1\,077.96\,\text{J/(kg}\cdot\text{K)}]\ln\left(\frac{303.67\,\text{K}}{287.01\,\text{K}}\right) - \right. \tag{5-7}$$

$$\left.[8\,314\,\text{J/(kmol}\cdot\text{K)}]\ln\left(\frac{2.026\,5\times10^5\,\text{Pa}}{1.138\,9\times10^5\,\text{Pa}}\right)\right\}$$

$$= 0.975\,8$$

从储存条件到阻塞条件的焓变化计算如下：

$$\Delta H_* = C_p(T_s - T_*) + \lambda(1 - F_*) \tag{5-8}$$

$$\Delta H_* = [1\,077.96\,\text{J/(kg}\cdot\text{K)}]\ (303.67\,\text{K} - 287.01\,\text{K}) +$$

$$(5.690\,0\times10^5\,\text{J/kg})\ (1 - 0.975\,8) \tag{5-9}$$

$$= 3.172\,9\times10^4\,\text{J/kg}$$

阻塞流的排放密度由式（5-10）得出：

$$\rho_* = \left[F_*\left(\frac{RT_*}{P_*M}\right) + \left(\frac{1-F_*}{\rho_1}\right)\right]^{-1} \tag{5-10}$$

$$\rho_* = \left\{(0.975\,8)\left[\frac{(8\,314\,\text{J/kmol}\cdot\text{K})(287.01\,\text{K})}{(1.138\,9\times10^5\,\text{Pa})(44.053\,\text{kg/kmol})}\right] + \left(\frac{1-0.975\,8}{882.67\,\text{kg/m}^3}\right)\right\}^{-1} \tag{5-11}$$

$$= 2.154\,6\,\text{kg/m}^3$$

最后，阻塞流的泄漏速率是：

$$E = A_o\rho_*\left\{2\times0.85\times\left[\frac{\Delta H_*}{\left(1+\dfrac{4fL_p}{D_p}\right)}\right]\right\}^{\frac{1}{2}} \tag{5-12}$$

因此，使用零长度管道（L_p）给出保守估计：

$$E = (1.267 \times 10^{-4}\,\text{m}^2)\ (2.154\,6\,\text{kg}/\text{m}^3) \left[2(0.85) \left(\frac{3.172\,9 \times 10^4\,\text{J/kg}}{\left(1 + \dfrac{(40.0045)(0.0\,\text{m})}{0.076\,2\,\text{m}}\right)} \right) \right]^{\frac{1}{2}} \quad (5\text{-}13)$$

$$=0.063\,40\,\text{kg/s}$$

5.1.8 泄漏温度

该泄漏类别的泄漏温度计算见 4.8.1 节。第一次尝试计算泄漏温度时，应该假设 F_{rel} 值小于 1。如果稍后的计算 F_{rel} 值大于 1，则必须修改 T_{rel} 值。泄漏温度由式（5-14）计算：

$$P_a = 101\,325\,\text{Pa}\exp\left[\frac{\lambda M}{R}\left(\frac{1}{T_b} - \frac{1}{T_{rel}}\right)\right] \quad (5\text{-}14)$$

因此，

$$101\,325\,\text{Pa} = 101\,325\,\text{Pa}\ \exp\left[\frac{(5.690\,0 \times 10^5\,\text{J/kg})(44.053\,\text{kg/kmol})}{8\,314\,\text{J}/(\text{kmol}\cdot\text{K})}\left(\frac{1}{283.85\,\text{K}} - \frac{1}{T_{rel}}\right)\right]$$
$$(5\text{-}15)$$

由于本示例中的压力为 1 个大气压，因此泄漏温度为沸点。因此，T_{rel} 为 283.85 K。

5.1.9 蒸汽分数

根据 4.9.1 节，蒸汽分数可由式（5-16）计算：

$$F_{rel} = F_* + \frac{C_{pl}\left(T_* - T_{rel}\right)}{\lambda} \quad (5\text{-}16)$$

因此，

$$F_{rel} = 0.975\,8 + \frac{[1\,971.56\,\text{J}/(\text{kg}\cdot\text{K})](287.01\,\text{K} - 283.85\,\text{K})}{5.690\,0 \times 10^5\,\text{J/kg}} \quad (5\text{-}17)$$
$$=0.986\,7$$

由于 F_{rel} 值介于 0~1，因此不需要重新计算 T_{rel}。

5.1.10 初始浓度

由于这是两相流泄漏，因此可以安全地假设泄漏物质处于气液平衡状态。由于泄漏温度处于沸点，气体压力为 1 个大气压。这意味着这次泄漏中只泄漏了环氧乙烷。因此，在这一假设下，浓度水平（见 4.10 节）为：f_a=0.0；f_w=0.0；f_l=1.0。

5.1.11　密度

泄漏以环氧乙烷气溶胶和蒸汽开始。假定水蒸气摩尔分数为零。大气中水蒸气成分的密度也假定为可以忽略不计。如 4.11 节所述，当存在气溶胶时，DEGADIS 模型将需要计算 2 个密度值，一个是纯净空气密度；另一个是气溶胶和气体混合物密度。在纯净空气情况下，需要计算环境温度下的空气（包括水蒸气）密度。假设气体为一种理想气体：

$$\rho_a = \frac{P_a M_a}{R T_a}$$

$$= \frac{(101\,325\,\text{Pa})\,(28.9\,\text{kg}\,/\,\text{kmol})}{8\,314\,\text{J}\,/\,(\text{kmol}\cdot\text{K})\,(287.52\,\text{K})} \tag{5-18}$$

$$= 1.225\,\text{kg/m}^3$$

与此相类似，水蒸气密度计算如下：

$$\rho_w = \frac{P_a M_w}{R T_a} = \frac{(101\,325\,\text{Pa})\,(18.02\,\text{kg}\,/\,\text{kmol})}{8\,314\,\text{J}\,/\,(\text{kmol}\cdot\text{K})\,(287.52\,\text{K})} \tag{5-19}$$

$$= 0.763\,8\,\text{kg/m}^3$$

环境水蒸气（f_w'）和空气（f_a'）的摩尔分数如下：

$$f_w' = \left(\frac{\text{RH}}{100}\right) 10^{\left(6.399\,4 - \frac{2\,353}{T_a}\right)}$$

$$= \left(\frac{62}{100}\right) 10^{\left(6.399\,4 - \frac{2\,353}{287.52\,\text{K}}\right)} \tag{5-20}$$

$$= 0.010\,19$$

$$f_a' = 1 - f_w' = 1 - 0.010\,19 = 0.989\,8 \tag{5-21}$$

环境大气中空气和水蒸气的表观分子量为

$$M_T' = f_a' M_a + f_w' M_w$$

$$= (0.989\,8)(28.9\,\text{kg}\,/\,\text{kmol}) + (0.010\,19)(18.02\,\text{kg}\,/\,\text{kmol}) \tag{5-22}$$

$$= 28.79\,\text{kg/kmol}$$

最后，环境密度 ρ_a' 如下：

$$\rho_a' = \left(\frac{f_a' M_a}{M_T' \rho_a} + \frac{f_w' M_w}{M_T' \rho_w}\right)^{-1}$$

$$= \left[\frac{(0.989\,8)\,(28.9\,\text{kg}\,/\,\text{kmol})}{(28.79\,\text{kg}\,/\,\text{kmol})\,(1.225\,\text{kg}\,/\,\text{m}^3)} + \frac{(0.010\,19)\,(18.02\,\text{kg}\,/\,\text{kmol})}{(28.79\,\text{kg}\,/\,\text{kmol})\,(0.7638\,\text{kg}\,/\,\text{m}^3)}\right]^{-1} \tag{5-23}$$

$$= 1.220\,\text{kg/m}^3$$

在气溶胶和蒸汽混合物情况下，需要计算泄漏初始部分的气溶胶/蒸汽混合物密度（ρ_i）。要计算ρ_i，必须已知蒸汽密度（ρ_g）和液体密度（ρ_1）。计算中使用的温度为泄漏温度，本示例中为环氧乙烷的沸点。假设气体为一种理想气体，ρ_g计算如下：

$$\rho_g = \frac{P_a M_i}{RT_e} = \frac{(101\,325\,\text{Pa})\ (44.053\,\text{kg}/\text{kmol})}{8\,314\,\text{J}/(\text{kmol}\cdot\text{K})\ (283.85\,\text{K})} \tag{5-24}$$

$$= 1.891\,\text{kg}/\text{m}^3$$

沸点处的液体密度在附录 B 中为 $882.67\,\text{kg}/\text{m}^3$。然后，4.11 节中的总气溶胶/蒸汽混合物密度为

$$\rho_i = \left[\frac{F_{rel}}{\rho_g} + \frac{(1-F_{rel})}{\rho_1}\right]^{-1} \tag{5-25}$$

$$\rho_i = \left[\frac{0.986\,7}{1.891\,\text{kg}/\text{m}^3} + \frac{(1-0.986\,7)}{882.70\,\text{kg}/\text{m}^3}\right]^{-1} \tag{5-26}$$

$$= 1.916\,\text{kg}/\text{m}^3$$

如 5.1.10 节所述，泄漏物是纯环氧乙烷。也就是说，f_a 和 f_w 均为 0。因此，泄漏密度（ρ_{rel}）等于环氧乙烷密度（ρ_i）。

5.1.12 泄漏直径或面积

泄漏直径可以用计算膨胀尺寸的高动量公式（4.12.2 节）来计算。由于泄漏为阻塞流泄漏，因此需要考虑两种泄漏直径，至于使用哪种泄漏直径则取决于模型。首先，考虑的是在阻塞流条件下的泄漏直径，该直径将取代需要输入孔洞大小的模型中的实际孔洞大小。如果采用实际孔洞大小，计算出的出口速度将大于声波速度。由高动量公式得出的阻塞点泄漏直径如下：

$$D_{rel} = D_s \sqrt{\frac{\rho_s}{\rho_{rel}}}$$

$$= 0.012\,7\text{m}\sqrt{\frac{2.154\,6\,\text{kg}/\text{m}^3}{1.916\,\text{kg}/\text{m}^3}} \tag{5-27}$$

$$= 0.013\,47\,\text{m}$$

第二种泄漏直径使用储存密度而非阻塞流密度计算。该泄漏直径适用于需要泄漏后膨胀尺寸的模型。要计算这种泄漏直径，需要罐内气体密度（ρ_s）。假设气体为一种理想气体：

$$\rho_s = \frac{p_s M_i}{RT_s} = \frac{(2.026\,5\times10^5\,\text{Pa})\ (44.053\,\text{kg}/\text{kmol})}{8\,314\,\text{J}/(\text{kmol}\cdot\text{K})\ (303.67\,\text{K})} \tag{5-28}$$

$$= 3.536\,\text{kg}/\text{m}^3$$

膨胀后的泄漏直径为

$$D_{rel} = D_s \sqrt{\frac{\rho_s}{\rho_{rel}}}$$

$$= 0.012\,7\,\text{m}\sqrt{\frac{3.536\,\text{kg}/\text{m}^3}{1.916\,\text{kg}/\text{m}^3}} \tag{5-29}$$

$$=0.017\,25\,\text{m}$$

5.1.13　泄漏浮力

泄漏浮力用于确定是否应使用重质气体模型，而不是中性浮力模型或轻质气体模型。如果ρ_{rel}小于或等于ρ_a，则泄漏不应视为重质气体泄漏。在本示例中，ρ_{rel}为 1.916 kg/m³，ρ_a为 1.220 kg/m³。由于ρ_{rel}大于ρ_a，应计算出重气体标准来确定是否应将其视为重质气体。

4.13.1 节中的公式可用于计算重气体标准，因为该泄漏被认为是一种连续泄漏（5.1.4 节）。5.1.12 节中更大的D_{rel}将用于得出最大标准。标准（C_p）由式（5-30）得出：

$$C_p = \frac{U_r}{\left[\dfrac{g(E/\rho_{rel})}{D_{rel}}\left(\dfrac{\rho_{rel}-\rho_a}{\rho_a}\right)\right]^{\frac{1}{3}}}$$

$$= (5.37\,\text{m}/\text{s})\left[\frac{(9.806\,\text{m}/\text{s}^2)\quad(0.063\,40\,\text{kg}/\text{s}\div1.916\,\text{kg}/\text{m}^3)}{0.017\,25\,\text{m}}\right. \tag{5-30}$$

$$\left.\left(\frac{1.916\,\text{kg}/\text{m}^3-1.220\,\text{kg}/\text{m}^3}{1.220\,\text{kg}/\text{m}^3}\right)\right]^{-\frac{1}{3}}$$

$$=2.435$$

由于$C_p < 6$，因此应采用重质气体模型。

5.1.14　泄漏高度

泄漏法兰距离地面 12 ft（3.66 m）。形成的气体和液滴都假定从这一高度进入大气中。

5.1.15　地面温度

没有关于地面温度的直接信息。因此，假定地面温度等于环境温度，即 87℉ 或 303.67 K。

5.1.16　平均时间

平均时间设定为 5 s，以便于比较模型预测浓度与爆炸下限和上限值。

5.1.17 气象条件

风速和风向。假定风速和风向可从现场气象设备获得，或者基于现场的平均条件。风速为 12 mile/h（5.37 m/s）。风向为东北方向（45°），测量高度为 15 ft（4.57 m）。要确定最大的扩散气象条件，可能需要结合多个风速和多种稳定性等级。

稳定性等级。稳定性等级没有明确给出。但是，可根据《工作手册》3.1.2 节中介绍的方法基于所提供的信息估计稳定性等级。在此示例中，有 3/8 的云覆盖，并且泄漏发生在午后不久。这些条件表明日照强烈。《工作手册》表 3-2 中估算：10 m 高处风速大于 5.37 m/s（假设风速随高度增加）在强日照条件下的稳定性等级为 C。

表面粗糙度长度。为了与总图规划用值保持一致，假定表面粗糙度为 0.01 m。

10 m 高度处风速。鉴于先前对表面粗糙度、稳定性等级和 15 ft 高度处风速的估计，可以使用 4.17.3 节中的公式估算 10 m 高度处的风速：

$$u = u_1 \left(\frac{z}{z_1} \right)^p$$

$$= 5.37 \, \text{m/s} \left(\frac{10.0 \, \text{m}}{4.57 \, \text{m}} \right)^{0.06} \tag{5-31}$$

$$= 5.63 \, \text{m/s}$$

10 m 高度处风速仍显示稳定性等级为 "C"。

环境温度、相对湿度和压力。假设环境温度、相对湿度和压力均可从现场设备获得。可观测数据见表 5-2。

5.1.18 输出定义

输出浓度应为爆炸下限（3%）和爆炸上限（100%）。要预测的实际影响值列于第 7 章。第 7 章中提到的设定点假定为泄漏下风向 200 m 处的场地边界。

5.2 两相气体泄漏（非阻塞流）示例

在本示例中，前一个示例中描述的 3 in 环氧乙烷管道的压力值为 1.58 个绝对大气压（160 094 Pa），管内的环氧乙烷在 71.6℉（295.16 K）条件下为饱和蒸汽。

管道法兰出现泄漏，其大小相当于直径 0.5 in（0.012 7 m）的圆孔。与上例一样，泄漏距离地面 12 ft 高（3.66 m）。气相环氧乙烷泄漏持续发生，直到管道流在泄漏开始后 8 min 被人为切断。在整个泄漏过程中，管内压力和温度保持不变。如下所示，环氧乙烷在泄漏点处于蒸汽相。通过开口的物质流是在次临界（非阻塞流）条件下进行。泄漏发生后，气体会发生膨胀，然后冷却，导致部分物质在进入大气后出现冷凝，从而形成两相泄漏。由于泄漏过程与前面的示例相同，因此，图 5-1 也可用于表示该泄漏情景。

泄漏发生时的气象条件如下：西南风速 6 mile/h；温度 74℉；相对湿度 37%；压力为 1 个大气压（海平面）；5/8 云量；清晨泄漏；测量高度为 20 ft。

最近公共边界距离泄漏点 300 m。

模型输入汇总于表 5-3。以下各节将描述如何计算特定输入值。

表 5-3　"两相非阻塞流泄漏示例"的输入汇总

化学数据（5.2.2 节）	见附录 B
泄漏类型（5.2.3 节）	两相非阻塞流
连续或瞬时泄漏类别（5.2.4 节）	连续
泄漏速率（5.2.7 节）	0.050 3 kg/s
泄漏温度（5.2.8 节）	283.85 K（T_b）
蒸汽分数（5.2.9 节）	$F_{rel}=0.977\,9$
初始浓度（5.2.10 节）	$f_a=0.0$ $f_w=0.0$ $f_i=1.0$
密度（5.2.11 节）	$\rho_{rel}=1.933\,6$ kg/m^3 $\rho_a'=1.183$ kg/m^3（在环境温度下）
泄漏直径或面积（5.2.12 节）	直径= 0.015 48 m
泄漏浮力（5.2.13 节）	$C_p=1.226<6$（使用重质气体模型）
泄漏高度（5.2.14 节）	3.66 m
地面温度（5.2.15 节）	与环境温度相同
平均时间（5.2.16 节）	5 s
气象条件（5.2.17 节）	风速和风向 225°@2.68 m/s 测量高度= 20 ft（6.10 m） 速度@ 10 m= 5.63 m/s 稳定性等级 C 表面粗糙度长度 $Z_0=0.01$ m 环境温度、相对湿度和压力 温度=74℉（296.48 K） 相对湿度 37% 压力=1 个大气压（101 325 Pa）
输出定义（5.2.18 节）	爆炸下限（3%）和爆炸上限（100%）浓度 最小关注距离= 300 m
可观测数据（5.2.1 节）	见表 5-4

5.2.1 可观测数据

情景描述中介绍了这些可观测数据，数据汇总见表 5-4。

表 5-4 两相非阻塞流泄漏示例可观测数据汇总

泄漏描述	物质：环氧乙烷 容器：水平管 直径：3 in（0.076 2 m） 温度：71.6℉（295.16 K） 压力：1.58 个标准大气压（绝对）（1.600 9×10⁵ Pa）
孔位	内径：0.5 in（0.012 7 m） 孔面积：1.267×10⁻⁴ m² 孔高度：12 ft（3.66 m）
持续时间	8 min
最近边界	984 ft（300 m）
气象条件	温度：74℉（296.48 K） 相对湿度：37% 压力：1 个大气压（101 325 Pa） 风速：6 mile/h（2.68 m/s） 风向：西北（225°） 测量高度：20 ft（6.10 m） 表面粗糙度：0.01 m 云量：3/8 时间：清晨

5.2.2 化学数据要求

环氧乙烷数据见附录 B。

5.2.3 泄漏类别

本节将描述确定本示例泄漏类别所需的计算，可参考图 4-1 的流程图。

注意确定泄漏类别的过程中所做的一些假设与 5.2.1 节中的泄漏情景描述有冲突。还要注意，确定泄漏类别所需的许多计算对于其他模型输入也是必需的。指南不会在一节中介绍所有这些计算，而是在每个计算中提及相对应的章。

管中的环氧乙烷为气相。要选择泄漏类别，必须确定泄漏是阻塞流还是非阻塞流泄漏，以及气体是否冷却到足以发生冷凝的程度。

如果出口处压力（P_*）计算结果低于环境压力（P_a），则泄漏流为非阻塞流（见 5.2.6 节）。在确定泄漏类别时，首先假设泄漏为单相泄漏。需要泄漏温度（T_{rel}），以便将在该温度下的蒸汽压与环境温度下的蒸气压进行比较。4.8.6 节给出了单相气体泄漏（非阻塞流）的公式，如式（5-32）所示：

$$T_{rel} = \frac{2T_s}{\left[1 + \sqrt{(1 + 4aT_s)}\right]} \tag{5-32}$$

其中：

$$a = \frac{1}{2C_p}\left(\frac{ER}{P_a MA_o}\right)^2 \tag{5-33}$$

需要泄漏速率来计算温度。泄漏速率计算见 4.7.6 节。泄漏速率所需的表达式如下：

$$E = KYA_o[2\rho_s(P_s - P_a)]^{\frac{1}{2}} \tag{5-34}$$

$$K = \frac{C}{\sqrt{1 - \beta^4}} \tag{5-35}$$

$$Y = 1 - \left(\frac{P_s - P_a}{P_s Y}\right)(0.41 + 0.35\beta^4) \tag{5-36}$$

β 是孔洞大小与含有环氧乙烷容量的面积之比的平方根。本示例中的孔洞大小为 $1.267 \times 10^{-4} m^2$。含有环氧乙烷容量的管道表面积是管道长度乘以管道周长。情景描述中未给出管道长度。第一个泄漏类别示例（见 5.1 节）假设管道长度为 0，从而使泄漏速率最大化。从图 5-1 中可以看出，管道长度远大于管道宽度。因此，管道表面积比孔洞面积大得多，这导致 β 被假定为 0。使用 4.7.6 节中的常数、5.2.6 节中的 γ 值（1.212 6）及附录 B 中的环氧乙烷数据，可得出以下结论：

$$K = C = 0.62 \tag{5-37}$$

$$Y = 1 - \left(\frac{P_s - P_a}{P_s\gamma}\right) \times 0.41$$

$$= 1 - \left[\frac{1.600\,9 \times 10^5\,Pa - 1.013\,25 \times 10^5\,Pa}{(1.600\,9 \times 10^5\,Pa)(1.212\,6)}\right] \times 0.41 \tag{5-38}$$

$$= 0.875\,9$$

$$E = KYA_o[2\rho_s(P_s - P_a)]^{\frac{1}{2}}$$

$$= (0.62)\ (0.875\,9)\ (1.267 \times 10^{-4}\,m^2)[2(2.873\,kg/m^3)\ (1.600\,9 \times 10^5\,Pa - 1.013\,25 \times 10^5\,Pa] \tag{5-39}$$

$$= 0.040\,0\,kg/s$$

$$a = \frac{1}{2C_p}\left(\frac{ER}{P_a MA_o}\right)^2$$

$$= \frac{1}{2\left[1\,077.96\,\mathrm{J/(kg\cdot K)}\right]}\left[\frac{(0.0400\,\mathrm{kg/s})\left[8314\,\mathrm{J/(kmol\cdot K)}\right]}{(1.013\,25\times10^5\,\mathrm{Pa})\ (44.053\,\mathrm{kg/kmol})\ (1.267\times10^{-4}\,\mathrm{m}^2)}\right]^2 \tag{5-40}$$

$$= 1.604\times10^{-4}\,\mathrm{K}^{-1}$$

$$T_{\mathrm{rel}} = \frac{2T_s}{\left[1+\sqrt{(1+4aT_s)}\right]}$$

$$= \frac{2(295.16\,\mathrm{K})}{\left[1+\sqrt{1+4(1.604\times10^{-4}\,\mathrm{K}^{-1})\ (295.16\,\mathrm{K})}\right]} \tag{5-41}$$

$$= 282.4\,\mathrm{K}$$

T_{rel} 值低于附录 B 中给出的环氧乙烷的临界温度（469.15 K），也低于环氧乙烷的正常沸点（283.85 K）。环氧乙烷在大气压下为 T_{rel}。这意味着环氧乙烷蒸汽压低于环境压力。因此，从图 4-1 来看，泄漏类别一定是两相气体泄漏。使用图 4-2 的流程图来计算其余输入。

5.2.4　连续或瞬时泄漏类别

在该示例中，泄漏持续时间（t_d）是 8 min，这是指关闭阀门或以其他方式缓解泄漏之前经过的时间。

对于非源项模型，必须将 t_d 值与到达受体的扩散时间或关注浓度达到最大下风向距离的时间进行比较。使用 4.4 节中计算 t_{trav} 的公式，假设风速为 6 mile/h（2.68 m/s），距离为 300 m，平流时间计算为 223.8 s。由于泄漏持续时间比到达关注下风向点所需的时间长，因此该泄漏视为连续泄漏。

对于源项模型，t_d 值也足够长，可以将该泄漏视为适用于大多数受体的连续泄漏。

5.2.5　特定泄漏类别计算

图 4-2 和图 4-6 给出了计算两相气体泄漏（非阻塞流）输入的流程图。

5.2.6　确定是否为阻塞流泄漏

如 4.6 节所述，要确定泄漏流是阻塞流还是非阻塞流，必须使用式（5-42）估算出口压力（P_*）：

$$\frac{P_*}{P_{\mathrm{s}}} = \left(\frac{2}{\gamma + 1} \right)^{\frac{\gamma}{(\gamma-1)}} \tag{5-42}$$

在本示例中，出口压力（P_*）计算如下：

$$P_* = (1.600\,9 \times 10^5\,\mathrm{Pa}) \left(\frac{2}{1.212\,6 + 1} \right)^{\frac{1.212\,6}{(1.212\,6-1)}} \tag{5-43}$$

$$= 8.997 \times 10^4\,\mathrm{Pa}$$

式中：γ—— 恒压比热与恒容比热的比率 [1 077.96 J/（kg·K）/888.96 J/（kg·K）]＝1.212 6。

由于 $P_* < P_{\mathrm{a}}$（1.013 25×10^5 Pa），因此泄漏流为非阻塞流。

5.2.7　泄漏速率

如 4.7.2 节所述，要计算泄漏速率，必须已知两个参数：泄漏过程的焓变化（ΔH，5.2.9 节）和泄漏密度（ρ_{rel}，5.2.11 节）。一旦已知这两个参数，就可以使用式（5-44）计算泄漏速率：

$$E = A_{\mathrm{o}} \rho_{\mathrm{rel}} \left[2(0.85) \left(\frac{\Delta H}{1 + \dfrac{4fL_{\mathrm{p}}}{D_{\mathrm{p}}}} \right) \right]^{\frac{1}{2}} \tag{5-44}$$

在本示例中，管道长度为 0：

$$E = (1.267 \times 10^{-4}\,\mathrm{m^2})\ \ (1.933\,6\,\mathrm{kg/m^3}) \left\{ 2(0.85) \left[\frac{2.476\,7 \times 10^4\,\mathrm{J/kg}}{1 + \dfrac{4(0.004\,5)\ \ (0.0\,\mathrm{m})}{D_{\mathrm{p}}}} \right] \right\}^{\frac{1}{2}} \tag{5-45}$$

$$= 0.050\,3\,\mathrm{kg/s}$$

5.2.8　泄漏温度

如 4.8.2 节所述，泄漏温度（T_{rel}）根据克劳修斯-克拉贝龙方程计算：

$$P_{\mathrm{rel}} = 101\,325\,\mathrm{Pa}\exp\left[\frac{\lambda M}{R} \left(\frac{1}{T_{\mathrm{b}}} - \frac{1}{T_{\mathrm{rel}}} \right) \right] \tag{5-46}$$

在本示例中，

$$101\,325\,\text{Pa} = 101\,325\,\text{Pa}\exp\left[\frac{(5.690\,0\times10^5\,\text{J/kg})\quad(44.053\,\text{kg/kmol})}{8\,314\,\text{J/(kmol}\cdot\text{K})}\left(\frac{1}{283.85\,\text{K}}-\frac{1}{T_{\text{rel}}}\right)\right]$$

（5-47）

由于泄漏后压力是 1 个大气压，因此泄漏温度是沸点。P_{rel} 等于大气压力（101 325 Pa），意味着指数必须为 0。只有当 T_{rel} 等于 T_{b} 时，指数才为 0。因此，T_{rel} 为 283.85 K。否则，必须重新编写公式来求解 T_{rel}。

5.2.9 蒸汽分数

如 4.9.2 节所述，可以通过式（5-48）计算蒸汽分数：

$$F_{\text{rel}} = 1 + \frac{T_{\text{rel}}}{M\lambda}\left[MC_{\text{p}}\ln\left(\frac{T_{\text{s}}}{T_{\text{rel}}}\right) - R\ln\left(\frac{P_{\text{s}}}{P_{\text{a}}}\right)\right]$$

（5-48）

在本示例中，

$$F_{\text{rel}} = 1 + \frac{283.85\,\text{K}}{(44.053\,\text{kg/kmol})\quad(5.690\,0\times10^5\,\text{J/kg})}$$

$$\left[(44.053\,\text{kg/kmol})\,[1\,077.96\,\text{J/(kg}\cdot\text{K})]\ln\left(\frac{295.16\,\text{K}}{283.85\,\text{K}}\right)-\right.$$

（5-49）

$$\left.[8314\text{J/(kmol}\cdot\text{K})]\ln\left(\frac{1.600\,9\times10^5\,\text{Pa}}{1.0132\,5\times10^5\,\text{Pa}}\right)\right]$$

$$= 0.977\,9$$

既然已知 F_{rel} 和 T_{rel} 的值，也可以计算泄漏过程的焓变化。焓（ΔH）变化计算公式如式（5-50）所示：

$$\Delta H = C_{\text{p}}(T_{\text{s}} - T_{\text{rel}}) + \lambda(1 - F_{\text{rel}})$$

$$= [1\,077.96\,\text{J/(kg}\cdot\text{K})](295.16\,\text{K} - 283.85\,\text{K}) + (5.690\,0\times10^5\text{J/kg})\quad(1 - 0.9779)$$ （5-50）

$$= 2.476\,7\times10^4\,\text{J/kg}$$

5.2.10 初始浓度

由于泄漏为两相泄漏，因此可以安全地假定泄漏的所有物质都是环氧乙烷。因此，浓度值（4.10 节所述）如下：$f_{\text{a}}=0.0$；$f_{\text{w}}=0.0$；$f_{\text{l}}=1.0$。

5.2.11 密度

泄漏以气溶胶和蒸汽混合物开始。假定水蒸气摩尔分数为 0。大气中水蒸气成分的密度也假定为可以忽略不计。如 4.11 节所述，当存在气溶胶时，DEGADIS 模型将需要计算 2 个密度值，一个是纯净空气密度；另一个是气溶胶和蒸汽混合物密度。在纯净空气情况下，需要计算环境温度下的空气密度（ρ_*）。假设气体为一种理想气体：

$$\rho_a = \frac{P_a M_a}{R T_a} = \frac{(101\,325\,\text{Pa})\ (28.9\,\text{kg}/\text{kmol})}{8\,314\,\text{J}/(\text{kmol}\cdot\text{K})\ (296.48\,\text{K})} \tag{5-51}$$
$$= 1.188\,\text{kg}/\text{m}^3$$

与此相类似，水蒸气密度（ρ_w）计算如下：

$$\rho_w = \frac{p_s M_w}{R T_a} = \frac{(101\,325\,\text{Pa})\ (18.02\,\text{kg}/\text{kmol})}{8\,314\,\text{J}/(\text{kmol}\cdot\text{K})\ (296.48\,\text{K})} \tag{5-52}$$
$$= 0.740\,7\,\text{kg}/\text{m}^3$$

环境水蒸气（f_w'）和空气（f_a'）的摩尔分数计算如下：

$$f_w' = \left(\frac{\text{RH}}{100}\right) 10^{\left(6.399\,4 - \frac{2\,353}{T_a}\right)}$$
$$= \left(\frac{37}{100}\right) 10^{\left(6.399\,4 - \frac{2\,353}{296.48\,\text{K}}\right)} \tag{5-53}$$
$$= 0.010\,74$$

和

$$f_a' = 1 - f_w' = 1 - 0.010\,74 = 0.989\,3 \tag{5-54}$$

环境大气中空气和水蒸气的表观分子量（M_T'）为

$$M_T' = f_a' M_a + f_w' M_w$$
$$= (0.989\,3)\ (28.9\,\text{kg}/\text{kmol}) + (0.010\,74)\ (18.02\,\text{kg}/\text{kmol}) \tag{5-55}$$
$$= 28.78\,\text{kg}/\text{kmol}$$

最后，环境密度（ρ_a'）计算如下：

$$\rho_a' = \left(\frac{f_a' M_a}{M_T' \rho_a} + \frac{f_w' M_w}{M_T' \rho_w}\right)^{-1} \tag{5-56}$$

$$\rho_a' = \left(\frac{(0.989\,3)\ (28.9\,\text{kg}/\text{kmol})}{(28.78\,\text{kg}/\text{kmol})\ (1.188\,\text{kg}/\text{m}^3)} + \frac{(0.010\,74)\ (18.02\,\text{kg}/\text{kmol})}{(28.78\,\text{kg}/\text{kmol})\ (0.740\,7\,\text{kg}/\text{m}^3)}\right)^{-1}$$
$$= 1.183\,\text{kg}/\text{m}^3$$

$$\tag{5-57}$$

气溶胶和气相混合物情况下，需要计算泄漏初始部分的气溶胶/气相混合物密度。要计算气溶胶/气相混合物密度（ρ_i），必须已知蒸汽密度和液体密度。计算中使用的温度为泄漏温度，本示例中为环氧乙烷的沸点。假设气体为一种理想气体，蒸汽密度（ρ_g）计算如下：

$$\rho_g = \frac{P_a M_i}{RT_c} = \frac{(101\,325\,\text{Pa})\ (44.053\,\text{kg}/\text{kmol})}{8314\,\text{J}/(\text{kmol}\cdot\text{K})\ (283.85\,\text{K})} \tag{5-58}$$
$$= 1.891\,\text{kg}/\text{m}^3$$

沸点的液体密度在附录 B 中给出为 882.70 kg/m³。计算总气溶胶/气相混合物密度的公式如下（见 4.11 节）：

$$\rho_i = \left[\frac{F_{\text{rel}}}{\rho_g} + \frac{(1-F_{\text{rel}})}{\rho_1}\right]^{-1} \tag{5-59}$$

或者

$$\rho_i = \left(\frac{0.977\,9}{1.891\,\text{kg}/\text{m}^3} + \frac{(1-0.977\,9)}{882.70\,\text{kg}/\text{m}^3}\right)^{-1} \tag{5-60}$$
$$= 1.933\,6\,\text{kg}/\text{m}^3$$

由于泄漏的是纯环氧乙烷（f_a 和 f_w 均为 0），因此泄漏密度（ρ_{rel}）等于环氧乙烷密度（ρ_i）。

5.2.12　泄漏直径或面积

泄漏直径的计算方法见 4.12 节。由于这不是阻塞流泄漏，因此需要估算出口速度。要估算出口速度，需要罐内气体密度（ρ_s）。假设气体为一种理想气体：

$$\rho_s = \frac{P_s M_i}{RT_s} = \frac{(1.600\,9\times10^5\,\text{Pa})\ (44.053\,\text{kg}/\text{kmol})}{8\,314\,\text{J}/(\text{kmol}\cdot\text{K})\ (295.16\,\text{K})} \tag{5-61}$$
$$= 2.874\,\text{kg}/\text{m}^3$$

然后，出口速度可以估算为

$$u = \frac{E}{A\rho_s}$$
$$= \frac{0.050\,3\,\text{kg}/\text{s}}{(1.267\times10^{-4}\,\text{m}^2)\ (2.874\,\text{kg}/\text{m}^3)} \tag{5-62}$$
$$= 138\,\text{m}/\text{s}$$

在如此高的泄漏速度下，可以使用 4.12.2 节中给出的高动量公式计算泄漏直径。由高动量公式得出的泄漏直径是：

$$D_{rel} = D_s \sqrt{\frac{\rho_s}{\rho_{rel}}}$$

$$= 0.012\,7\text{ m}\sqrt{\frac{2.874\text{ kg / m}^3}{1.933\,6\text{ kg / m}^3}} \tag{5-63}$$

$$= 0.015\,48\text{ m}$$

5.2.13　泄漏浮力

泄漏浮力用于确定是否使用重质气体模型，而不是中性浮力模型或正浮力模型。如果 ρ_{rel} 小于或等于 $\rho_a{}'$，则泄漏不应视为重质气体泄漏。在本示例中，ρ_{rel} 为 1.934 kg/m³，$\rho_a{}'$ 为 1.183 kg/m³。由于 ρ_{rel} 大于 $\rho_a{}'$，下一步采用重气体标准来确定该泄漏是否应视为重质气体泄漏。

由于该泄漏视为连续泄漏（5.2.4 节），因此重气体标准计算应使用 4.13.1 节中给出的公式。标准（C_p）计算如下：

$$C_p = \frac{U_r}{\left[\dfrac{g(E/\rho_{rel})}{D_{rel}}\left(\dfrac{\rho_{rel}-\rho_a}{\rho_a}\right)\right]^{\frac{1}{3}}} \tag{5-64}$$

$$C_p = (2.68\text{ m / s})\left[\frac{(9.806\text{ m / s}^2)\quad(0.050\,3\text{ kg / s}/1.933\,6\text{ kg / m}^3)}{0.015\,48\text{ m}}\right.$$

$$\left.\left(\frac{1.933\,6\text{ kg / m}^3 - 1.183\text{ kg / m}^3}{1.183\text{ kg / m}^3}\right)\right]^{-\frac{1}{3}} \tag{5-65}$$

$$= 1.226$$

由于 $C_p < 6$，因此应采用重质气体模型。

5.2.14　泄漏高度

泄漏法兰距离地面 12 ft（3.66 m）。形成的气体和液滴假定从这一高度进入大气。

5.2.15　地面温度

没有关于地面温度的直接信息。因此，假定地面温度等于环境温度，即 74℉ 或 295.16 K。

5.2.16　平均时间

平均时间设定为 5 s。选择该平均时间是为了便于比较模型预测浓度与爆炸下限和上限值。

5.2.17 气象条件

风速和风向。假定风速和风向可从现场气象设备获得，或采用现场的平均条件。风速为 6 mile/h（2.68 m/s）。风向为西南方向（225°）。测量高度为 12 ft（6.10 m）。要确定最大扩散气象条件，可能需要多个风速以及多个稳定性等级。

稳定性等级。稳定性等级没有明确给出，但可以根据《工作手册》3.1.2 节中描述的方法从所提供信息中估计稳定性等级。在本示例中，有 5/8 的云覆盖，并且泄漏发生在清晨。这些条件表明日照量少。《工作手册》中表 3-2 所示，在日照量较少的情况下，10 m 高度处风速在 2~5 m/s 的稳定性等级为 "C"。此示例中的测量高度略高于 6 m。

表面粗糙度长度。为了与规划建模建议值保持一致，表面粗糙度假定为 0.01 m。

10 m 高度处风速。使用表面粗糙度、稳定性等级和 6.1 m 高度处的风速可以估算 10 m 高度处的风速。使用 4.17.3 节给出的公式，假定稳定性等级为 "C"，预测 10 m 高度处的风速（u）为

$$
\begin{aligned}
u &= u_1 \left(\frac{h}{z_1} \right)^p \\
&= (2.68 \text{ m/s}) \left(\frac{10 \text{ m}}{6.1 \text{ m}} \right)^{0.06} \\
&= 2.76 \text{ m/s}
\end{aligned}
\tag{5-66}
$$

该风速在稳定性等级 "C" 条件的风速范围之内。

环境温度、相对湿度和压力。假设环境温度、相对湿度和压力均可从现场设备获得。可观测数据见表 5-4。

5.2.18 输出定义

生成输出的适当浓度是附录 B 环氧乙烷数据表中给出的 LEL（爆炸下限）和 UEL（爆炸上限）浓度。要预测的实际影响值列于第 7 章。

5.3 两相加压液体示例

在本示例中，氯用于化工厂冷却水的生物防治。使用 1 t 桶容器将氯输送到冷却塔池中（图 5-2）。该吨桶是一个加压的常温储罐（70℉），包含液相和气相氯。氯的蒸汽压（6.86 个绝对大气压）迫使其通过储罐下阀连接到输送集管中。储存压力可以根据附录 B 中提供的氯的三相点图来确定。一个长 1 m、直径 3/8 in 的软管截面用于将氯输送到

输送集管中。在日常维护期间，该管道在输送集管处被意外切断。管道距离地面 2 m。

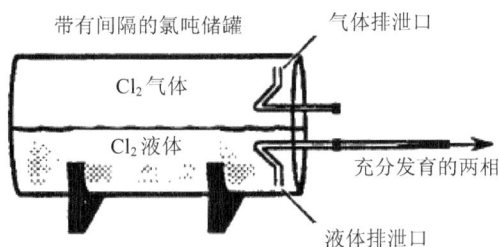

图 5-2　两相加压液体

在事故发生时，该储罐装有 500 lb（1 lb≈0.453 6 kg）液相氯。当液氯泄漏时，其压力下降，一些液体在管内闪蒸（绝热）。是否发生闪蒸（两相流）可通过附录 B 中给出的氯的闪蒸图确定。氯在充分发展的两相流条件下发生水平泄漏。由于泄漏稍微远离储罐，因此管内蒸发的冷却效果不会导致罐内氯的冷却。

两相泄漏持续到罐内液位下降到低于通向液体排泄口（出口管）的液位，此时，罐内仍有 30 lb 液氯。在液位达到液体排泄口的液位之后，氯在泄漏过程中以气相形式排放出来。储罐和管道尺寸示意图如图 5-2 所示。

发生泄漏的气象条件如下：

- 南风风速 10 mile/h；
- 温度 70℉；
- 相对湿度 50%；
- 压力为 1 个大气压（海平面）；
- 4/8 云量；
- 上午 10 时左右发生泄漏；
- 测量高度为 10 m。

假设最近公共边界距离泄漏点 100 m。表 5-5 汇总了模型输入数据。以下各节将介绍如何设定输入值。

表 5-5　"两相加压液体泄漏示例"的输入汇总

化学数据（5.2.2 节）	见附录 B
泄漏类型（5.3.3 节）	两相
连续或瞬时泄漏类别（5.3.4 节）	连续
泄漏速率（5.3.7 节）	0.317 0 kg/s
泄漏温度（5.3.8 节）	239.09 K（T_b）
蒸汽分数（5.3.9 节）	F_{rel}=0.177 9

初始浓度（5.3.10 节）	$f_a=0.0$ $f_w = 0.0$ $f_i =1.0$
密度（5.3.11 节）	$\rho_{rel} = 20.11 \text{ kg/m}^3$ $\rho_a' = 1.191 \text{ kg/m}^3$（在环境温度下）
泄漏直径或面积（5.3.12 节）	直径=0.062 01 m
泄漏浮力（5.3.13 节）	C_p=1.311＜6（使用重质气体模型）
泄漏高度（5.3.14 节）	2 m
地面温度（5.3.15 节）	与环境温度相同
平均时间（5.3.16 节）	15 min
气象条件（5.3.17 节）	风速和风向 180° @ 10 mile/h（4.47 m/s） 测量高度=10 m 速度@ 10 m= 4.47 m/s 稳定性等级 C 地表粗糙度长度 $Z_0 = 0.01$ m 环境温度、相对湿度和压力 温度= 70℉（294.3 K） 相对湿度50% 压力= 1 个大气压（101 325 Pa）
输出定义（5.3.18 节）	短期暴露限值 最小关注距离= 100 m
可观测数据（5.3.1 节）	见表 5-6

5.3.1 可观测数据

可观测数据在泄漏情景描述中给出。情景描述中的信息汇总见表 5-6。对于为规划目的所做的建模，孔洞面向方向应假定为与风向相同。这可确保模型预测泄漏物质扩散的最大地面影响。

表 5-6 两相加压液体泄漏示例可观测数据汇总

泄漏描述	物质：氯 容器：卧式气瓶 直径：30 in（0.762 m） 长度：81.5 in（2.07 m） 体积：33.34 ft³（0.944 m³） 总液体：500 lb 液体排泄口下方的液体：30 lb 温度：70℉（294.3 K）

泄漏描述	压力：6.86 个标准大气压（绝对）（6.95×10⁵ Pa） 孔位：连接管 长度：3.281 in（1 m） 外径：3/8 in（0.009 525 m） 内径：0.277 0 in（0.007 036 m） 管高：6.562 ft（2 m） 最近边界：328.1 ft（100 m）
气象条件	温度：70℉（294.3 K） 相对湿度：50% 压力：1 个大气压（101 325 Pa）； 风速：10 mile/h（4.47 m/s） 风向：南（180°） 测量高度：32.81 ft（10 m） 地表粗糙度：0.01 m 云量：4/8 时间：上午 10 时左右

5.3.2 化学数据要求

纯氯的化学数据载于附录 B。

5.3.3 泄漏类别

本节将描述为本示例确定泄漏类别所需进行的计算。图 4-1 的流程图可提供指导。确定泄漏类别所需的许多计算对于其他模型输入也是必需的。我们不会在一节中介绍所有这些计算，而是在每个计算中提及对应的章节部分。

该情景下会发生 3 种泄漏。第一种是从储罐中逸出的两相液体泄漏；第二种是储罐剩余液体发生蒸发的恒速泄漏；第三种是罐内压力下降到 1 个大气压时，从储罐泄漏的速率递减的气相泄漏。只有第一种泄漏是两相流泄漏，因此本节仅对其进行介绍。发生的第二种和第三种泄漏类型是具有不同泄漏速率的气体泄漏。

初始泄漏类别使用图 4-1 中的流程图来确定。氯以液体形式储存。如附录 B 中的闪蒸图所示，当氯以液体形式储存时，可能会发生闪蒸。因此，需要使用 F_{rel} 值来最终决定泄漏类别。但是，要计算 F_{rel}，需要已知 T_{rel} 值。该值通过求解 4.8.2 节中的公式得到：

$$P_a = 101\,325\ \text{Pa} \exp\left[\frac{\lambda M}{R}\left(\frac{1}{T_b} - \frac{1}{T_{rel}}\right)\right] \tag{5-67}$$

在本示例中：

$$P_a = 101\,325\ \text{Pa} \exp\left[\frac{(2.878 \times 10^5\,\text{J/kg})\ (70.914\,\text{kg/kmol})}{8314\,\text{J/(kmol·K)}}\left(\frac{1}{239.09\,\text{K}} - \frac{1}{T_{rel}}\right)\right] \tag{5-68}$$

将 P_a 设定为 1 个大气压（101 325 Pa），因此 T_{rel} 值为 239.09 K（沸点）。

在计算得到 T_{rel} 值之后，可通过式（5-69）计算 F_{rel} 值（见 4.9.3 节）：

$$
\begin{aligned}
F_{rel} &= \frac{C_{pl}(T_s - T_{rel})}{\lambda} \\
&= \frac{[927.13\,\text{J}/(\text{kg}\cdot\text{K})]\,(294.3\,\text{K} - 239.09\,\text{K})}{2.878\times10^5\,\text{J}/\text{kg}} \\
&= 0.177\,9
\end{aligned}
\tag{5-69}
$$

由于 F_{rel} 介于 0～1，根据图 4-1 的流程图，该泄漏为两相泄漏。现在可以使用图 4-2 的流程图来确定模型输入。

5.3.4　连续或瞬时泄漏类别

在本示例中，泄漏速率为 0.317 0 kg/s（见 5.3.8 节）。两相泄漏的持续时间是指液体从储罐中泄漏所需的时间。储罐中有 500 lb 的液体，但液体停止泄漏后仍有 30 lb 的液体残留。因此，泄漏持续时间（t_d）计算如下：

$$
t_d = \frac{(500-30)\,\text{lbs}\left(\dfrac{0.453\,6\,\text{kg}}{\text{lb}}\right)}{0.317\,0\,\dfrac{\text{kg}}{\text{s}}}
\tag{5-70}
$$

$$= 673\,\text{s}$$

$$= 11.2\,\text{min}$$

对于非源项模型，必须将 t_d 值与到达受体的平流时间或关注浓度达到最大下风向距离的时间进行比较。根据 4.4 节给出的 t_{trav} 求解公式，假设风速为 10 mile/h（4.47 m/s），距离为 100 m，平流时间为 44.7 s。由于泄漏持续时间长于物质达到关注下风向点所需的时间，因此泄漏视为连续泄漏。

对于源项模型，t_d 值也足够长，可以将该泄漏视为适用于大多数受体的连续泄漏。

请注意，最初应假定泄漏为连续泄漏，直到可以将泄漏持续时间（根据泄漏速率计算）与到关注受体的行程时间相比较，如 4.3 节所述。

5.3.5　特定泄漏类别计算

图 4-2 和图 4-6 给出了计算两相加压液体泄漏输入的流程图。

5.3.6　确定是否为阻塞流泄漏

由于这是液体泄漏，因此不需要进行这种测定。

5.3.7　泄漏速率

如 4.7.3 节所述，要计算泄漏速率，首先要比较 L_p/L_e 与 1 的比率。在本示例中，L_p 值为 1 m，L_e 值为 0.1 m。由于比率为 10，因此必须计算管道摩阻系数（F）。由式（5-71）得出：

$$
\begin{aligned}
F^2 &= \frac{1}{\left(1+\dfrac{4fL_p}{D_p}\right)} \\
&= \frac{1}{\left[1+\dfrac{(4)\ (0.001\,5)\ (1\,\mathrm{m})}{0.007\,036\,\mathrm{m}}\right]} \\
&= 0.539\,7
\end{aligned}
\tag{5-71}
$$

$$
F = 0.734\,7 \tag{5-72}
$$

然后，泄漏速率可由式（5-73）计算：

$$
E = A_o F\left(\frac{\lambda M P_s}{R T_s^2}\right)\left(\frac{T_s}{C_{pl}}\right)^{\frac{1}{2}} \tag{5-73}
$$

$$
\begin{aligned}
E &= (3.888\times10^{-5}\,\mathrm{m}^2)\ (0.7347) \\
&\left[\frac{(2.878\times10^5\,\mathrm{J/kg})\ (70.91\,\mathrm{kg/kmol})\ (6.951\times10^5\,\mathrm{Pa})}{8\,314\,\mathrm{J/(kmol\cdot K)}\ (294.3\,\mathrm{K})^2}\right] \\
&\left(\frac{294.3\,\mathrm{K}}{927.13\,\mathrm{J/(kg\cdot K)}}\right)^{\frac{1}{2}} \\
&= 0.3170\,\mathrm{kg/s}
\end{aligned}
\tag{5-74}
$$

5.3.8　泄漏温度

T_{rel} 值已在 5.3.3 节中确定泄漏类别时计算过，其值为 239.09 K。

5.3.9　蒸汽分数

F_{rel} 值已在 5.3.3 节中确定泄漏类别时计算过，其值为 0.177 9。

5.3.10　初始浓度

由于这是两相流，因此可以安全地假设仅排放氯。根据这一假设，初始浓度（见 4.10 节）如下：$f_a = 0.0$；$f_w = 0.0$；$f_l = 1.0$。

5.3.11 密度

泄漏以氯气溶胶和蒸汽开始。假定水蒸气摩尔分数为 0。大气中水蒸气成分的密度也假定为可以忽略不计。如 4.11 节所述，当存在气溶胶时，DEGADIS 模型将需要计算两个密度值，一个是纯净空气密度；另一个是氯气溶胶和蒸汽混合物密度。在纯净空气情况下，需要计算环境温度下的空气密度。假设气体为一种理想气体：

$$
\begin{aligned}
\rho_a &= \frac{P_a M_a}{R T_a} \\
&= \frac{(101\,325\,\text{Pa})\ (28.9\,\text{kg}/\text{kmol})}{8\,314\,\text{J}/(\text{kmol}\cdot\text{K})\ (294.3\,\text{K})} \\
&= 1.197\,\text{kg}/\text{m}^3
\end{aligned}
\tag{5-75}
$$

水蒸气密度计算如下：

$$
\begin{aligned}
\rho_w &= \frac{P_a M_w}{R T_a} \\
&= \frac{(101\,325\,\text{Pa})\ (18.02\,\text{kg}/\text{kmol})}{8\,314\,\text{J}/(\text{kmol}\cdot\text{K})\ (294.3\,\text{K})} \\
&= 0.746\,2\,\text{kg}/\text{m}^3
\end{aligned}
\tag{5-76}
$$

环境水蒸气（f_w'）和空气（f_a'）的摩尔分数计算如下：

$$
f_w' = \left(\frac{\text{RH}}{100}\right) 10^{\left(6.399\,4 - \frac{2\,353}{T_a}\right)}
\tag{5-77}
$$

$$
\begin{aligned}
f_w' &= \left(\frac{50}{100}\right) 10^{\left(6.399\,4 - \frac{2\,353}{294.3\,\text{K}}\right)} \\
&= 0.012\,68
\end{aligned}
\tag{5-78}
$$

和

$$
f_a' = 1 - f_w' = 1 - 0.012\,68 = 0.987\,3
\tag{5-79}
$$

环境大气中空气和水蒸气的表观分子量计算如下：

$$
\begin{aligned}
M_T &= f_a M_a + f_w M_w \\
&= (0.987\,3)\ (28.9\,\text{kg}/\text{kmol}) + (0.012\,68)\ (18.02\,\text{kg}/\text{kmol}) \\
&= 28.76\,\text{kg}/\text{kmol}
\end{aligned}
\tag{5-80}
$$

环境密度（ρ_a'）计算如下：

$$\rho_a' = \left(\frac{f_a' M_a}{M_T' \rho_a} + \frac{f_w' M_w}{M_T' \rho_w}\right)^{-1}$$

$$= \left[\frac{(0.987\,3)\ (28.9\,\text{kg}/\text{kmol})}{(28.76\,\text{kg}/\text{kmol})\ (1.197\,\text{kg}/\text{m}^3)} + \right.$$ (5-81)

$$\left.\frac{(0.012\,68)\ (18.02\,\text{kg}/\text{kmol})}{(28.76\,\text{kg}/\text{kmol})\ (0.746\,2\,\text{kg}/\text{m}^3)}\right]^{-1}$$

$$= 1.191\,\text{kg}/\text{m}^3$$

气溶胶和气相混合物情况下，需要计算泄漏初始部分的氯气溶胶/气相混合物密度。要计算气溶胶/气相混合物密度（ρ_i），必须已知蒸汽密度和液体密度。计算中使用的温度为泄漏温度，本示例中为氯的沸点。假设气体为一种理想气体，氯气密度（ρ_g）计算如下：

$$\rho_g = \frac{P_a M_i}{RT_e}$$

$$= \frac{(101\,325\,\text{Pa})\ (70.914\,\text{kg}/\text{kmol})}{8\,314\,\text{J}/(\text{kmol}\cdot\text{K})\ (239.09\,\text{K})}$$ (5-82)

$$= 3.615\,\text{kg}/\text{m}^3$$

沸点的氯液密度在附录 B 中给出为 1 562 kg/m³。使用 4.11 节给出的公式，整体氯密度计算如下：

$$\rho_i = \left[\frac{F_{rel}}{\rho_g} + \frac{(1-F_{rel})}{\rho_1}\right]^{-1}$$ (5-83)

$$\rho_i = \left[\frac{0.177\,9}{3.615\,\text{kg}/\text{m}^3} + \frac{(1-0.177\,9)}{1\,562\,\text{kg}/\text{m}^3}\right]^{-1}$$ (5-84)

$$= 20.11\,\text{kg}/\text{m}^3$$

由于泄漏的是纯氯，泄漏密度（ρ_{rel}）等于氯密度（ρ_i）。

5.3.12　泄漏直径或面积

孔洞直径为 0.277 0 in（0.007 936 m），孔洞面积为 4.946×10^{-5} m²。由于储存相是液体，储存密度（ρ_s）为液体密度，1 562 kg/m³（见附录 B）。然后可以估算出口速度（见4.12 节）：

$$u = \frac{E}{A\rho_s}$$

$$= \frac{0.317\,0\,\text{kg}/\text{s}}{(4.964\times10^{-5}\,\text{m}^2)\ (1\,562\,\text{kg}/\text{m}^3)} \tag{5-85}$$

$$= 4.09\,\text{m}/\text{s}$$

在如此高的排放速度下，可以使用 4.12.2 节中的高动量公式计算泄漏直径，为此需要已知罐内密度。

使用高动量公式计算泄漏直径：

$$D_{rel} = D_s\sqrt{\frac{\rho_s}{\rho_{rel}}}$$

$$= 0.007\,036\,\text{m}\sqrt{\frac{1\,562\,\text{kg}/\text{m}^3}{20.11\,\text{kg}/\text{m}^3}} \tag{5-86}$$

$$= 0.062\,01\,\text{m}$$

5.3.13　泄漏浮力

泄漏浮力用于确定是否应使用重质气体模型，而不是中性浮力模型或轻质气体模型。第一步是比较ρ_{rel}和ρ_a'。如果ρ_{rel}小于或等于ρ_a'，则该泄漏不应视为重质气体泄漏。在本示例中，ρ_{rel}为 20.11 kg/m³，ρ_a为 1.191 kg/m³。由于ρ_{rel}大于ρ_a'，下一步是采用重气体标准。

由于这视为是一种连续泄漏（5.3.4 节），重气体标准计算应使用 4.13.1 节中给出的公式。标准（C_p）由式（5-87）得出：

$$C_p = \frac{U_r}{\left[\dfrac{g(E/\rho_{rel})}{D_{rel}}\left(\dfrac{\rho_{rel}-\rho_a}{\rho_a}\right)\right]^{\frac{1}{3}}}$$

$$= (4.47\,\text{m}/\text{s})\left[\frac{(9.806\,\text{m}/\text{s}^2)\ (0.317\,0\,\text{kg}/\text{s}/20.11\,\text{kg}/\text{m}^3)}{0.062\,01\,\text{m}}\right. \tag{5-87}$$

$$\left.\left(\frac{20.11\,\text{kg}/\text{m}^3-1.191\,\text{kg}/\text{m}^3}{1.191\,\text{kg}/\text{m}^3}\right)\right]^{-\frac{1}{3}}$$

$$= 1.311$$

由于$C_p<6$，因此应采用重质气体模型。

5.3.14　泄漏高度

被切断的管道距离地面 2 m。由于泄漏物质立即闪蒸，并且假定所有液体形成气溶胶呈悬浮状态，因此假定泄漏高度与液体离开储罐系统的高度相同，即 2 m。

5.3.15　地面温度

没有关于地面温度的直接信息。因此，假定地面温度等于环境温度，即 70℉ 或 294.1 K。

5.3.16　平均时间

平均时间设定为 15 min，以便于比较模型预测浓度与 STEL（短期暴露限值）浓度。

5.3.17　气象条件

风速和风向。假定风速和风向可从现场气象设备获得，或采用现场的平均条件。风速为 10 mile/h（4.47 m/s）。风向为向南方向（180°）。测量高度为 10 m。要确定最大扩散气象条件，可能需要多个风速以及多个稳定性等级。

稳定性等级。稳定性等级没有明确给出；但是，可以根据《工作手册》3.1.2 节介绍的方法从所提供信息中估计稳定性等级。在本示例中，有 4/8 的云覆盖，并且泄漏发生在上午 10 时左右，表明日照适中。根据《工作手册》中表 3-3，在中度日照条件下，10 m 高度处风速为 4.47 m/s 的稳定性等级估计为 "B" 或 "C"。该模拟使用稳定性等级 "C"。

地表粗糙度长度。为了与规划建模建议值保持一致，地表粗糙度假定为 0.01 m。

10 m 高度处风速。由于给出了 10 m 高度处的风速，因此没有必要使用稳定性等级和地表粗糙度来估算这一值。

环境温度、相对湿度和压力。假设环境温度、相对湿度和压力均可从现场设备获得。可观测数据见表 5-6。

5.3.18　输出定义

生成输出需要设定的适当浓度是附录 B 氯数据表中给出的 STEL（短期暴露限值）浓度。要预测的实际影响值列于第 7 章。

5.4　两相冷冻液体示例

在本示例中，加工储罐中装有液态二氧化硫，冷却至其饱和压力以下的温度。储存温度为 122℉（50℃，323.15 K），储存压力为 15 个绝对大气压（1.52×10⁶ Pa）。参考附录 B 中的二氧化硫三相点图，这种温度和压力条件将使得二氧化硫置于图中"仅液体"区域。

在直径为 2 in（0.05 m）的管道中形成一个孔，将过冷的二氧化硫从储罐中输送到加工区域。孔洞直径为 0.5 in（1.3×10⁻² m），位于储罐下端 6.6 ft（2.0 m）处。泄漏发生时，储罐中含有 14 520 lb（6 586 kg）液态二氧化硫。泄漏发生时将切断储罐进料，但是，泄漏会继续发生，直到储罐中原来含有的二氧化硫全部泄漏殆尽为止。由于泄漏距离储罐很远，在泄漏过程中，罐内温度和压力将保持不变。

二氧化硫以液体形式泄漏出来。然而，由于经过过冷和加压处理，二氧化硫在发生泄漏后很快就会蒸发。因此，该泄漏视为气体泄漏，其泄漏速率等于储罐液体泄漏速率。泄漏过程示意图如图 5-3 所示。

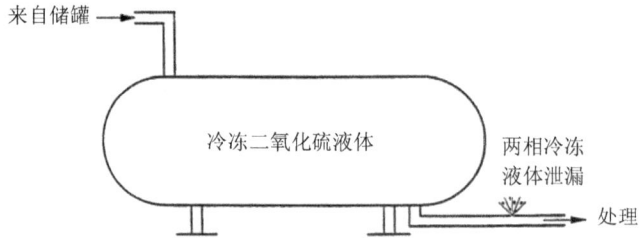

图 5-3　两相冷冻液体

气象条件如下：
- 东北风速 7 mile/h；
- 温度 64.4℉；
- 相对湿度 42%；
- 压力为 1 个大气压（海平面）；
- 稳定性等级假定为"E"；
- 测量高度为 6 m。

最近公共边界距离泄漏点 80 m。

模型输入汇总见表 5-7。以下各节将介绍如何开发输入值。

表 5-7　"两相冷冻液体泄漏示例"的输入汇总

化学数据（5.4.2 节）	见附录 B
泄漏类型（5.4.3 节）	两相
连续或瞬时泄漏类别（5.4.4 节）	连续
泄漏速率（5.4.7 节）	4.154 kg/s

泄漏温度（5.4.8 节）	263.15 K（T_b）
蒸汽分数（5.4.9 节）	$F_{rel} = 0.214\ 0$
初始浓度（5.4.10 节）	f_a=0.0 f_w=0.0 f_i=1.0
密度（5.4.11 节）	ρ_{rel} =13.76 kg/m³ $\rho_a{}'$ = 1.206 kg/m³（在环境温度下）
泄漏直径或面积（5.4.12 节）	直径=0.130 8 m
泄漏浮力（5.4.13 节）	C_p = 0.506 8＜6（使用重质气体模型）
泄漏高度（5.4.14 节）	0.304 9 m
地面温度（5.4.15 节）	与环境温度相同
平均时间（5.4.16 节）	15 min
气象条件（5.4.17 节）	风速和风向 45°@ 7 mile/h（3.13 m/s） 测量高度=6 m 速度@10 m= 3.72 m/s 稳定性等级 E 地表粗糙度长度 Z_0 = 0.01 m 环境温度、相对湿度和压力 温度= 64.4℉（291.15 K） 相对湿度=42% 压力 = 1 个大气压（101 325 Pa）
输出定义（5.4.18 节）	短期暴露限值（STEL） 最小关注距离= 80 m
可观测数据（5.4.1 节）	见表 5-8

5.4.1 可观测数据

可观测数据在情景描述中列出。表 5-8 汇总了情景描述中提供的信息。出于规划目的，应该假设孔面向方向与风向相同。这可确保泄漏物质的最大地面影响。

表 5-8 "两相加压液体泄漏示例"的可观测数据汇总

泄漏描述	物质：二氧化硫 容器：卧式气缸 直径：4 in（1.220 m） 长度：12 in（3.659 m） 体积：150.8 ft³（4.277 m³） 总 SO_2 容量：14 520 lb（6 586 kg）温度：122℉（323.15 K） 压力：15 个标准大气压（绝对）（1.52×10⁶ Pa）

泄漏描述	孔位：连接管 长度：6.562 in（2 m） 内径：0.50 in（0.012 7 m） 面积：1.267×10^{-4} m 管高：1 ft（0.304 9 m） 最近边界：262.5 ft（80 m）
气象条件	温度：64.4℉（291.15 K） 相对湿度：42% 压力：1 个大气压（101 325 Pa） 风速：7 mile/h（3.13 m/s） 风向：东北（45°） 测量高度：19.68 ft（6 m） 地表粗糙度：0.01 m 稳定性等级：E

5.4.2 化学数据要求

二氧化硫的化学数据载于附录 B。

5.4.3 泄漏类别

本节将描述为本示例确定泄漏类别所需的计算。图 4-1 的流程图可提供指导。确定泄漏类别所需的许多计算对于其他模型输入也是必需的。我们不会在一节中介绍所有这些计算，而将在每个计算中提及对应的节部分。

该情景下会发生两种泄漏：第一种是从储罐中逸出的两相液体泄漏；第二种是罐内压力下降到 1 个大气压时，从储罐泄漏的速率递减的气相泄漏。所有液体都将从储罐中逸出。只有第一种泄漏是两相流泄漏，因此本节仅对其进行介绍。第二种泄漏类别是具有不同泄漏速率的气体泄漏，需要单独建模。

初始泄漏类别使用图 4-1 的流程图来确定。因此，需要使用 F_{rel} 值来确定最终的泄漏类别。但是，要计算 F_{rel}，需要已知 T_{rel} 值。T_{rel} 值通过求解 4.8.2 节的公式得出：

$$P_a = 101\,325\ \text{Pa} \exp\left[\frac{\lambda M}{R}\left(\frac{1}{T_b} - \frac{1}{T_{rel}}\right)\right] \tag{5-88}$$

$$P_a = 101\,325\ \text{Pa} \exp\left[\frac{(3.887\,4 \times 10^5\,\text{J/kg})\ (64.06\,\text{kg/kmol})}{8\,314\,\text{J/(kmol·K)}}\left(\frac{1}{263.15\,\text{K}} - \frac{1}{T_{rel}}\right)\right] \tag{5-89}$$

将 p_a 设定为 1 个大气压（101 325 Pa），得出 T_{rel} 值为 263.15 K（沸点，T_b）。

在计算出 T_{rel} 值之后，可以通过以下公式求解 F_{rel} 值（见 4.9.3 节）：

$$F_{rel} = \frac{C_{pl}(T_s - T_{rel})}{\lambda}$$

$$= \frac{1\,386.32\,J/(kg \cdot K)\ (323.15\,K - 263.15\,K)}{3.887\,4 \times 10^5\,J/kg}$$ 　　（5-90）

$$= 0.214\,0$$

由于 F_{rel} 介于 0～1，根据图 4-1 的流程图，该泄漏为两相泄漏。现在可以使用图 4-2 中的流程图来确定模型输入。

5.4.4　连续或瞬时泄漏类别

在本示例中，泄漏速率为 4.154 kg/s（见 5.4.8 节）。两相泄漏的持续时间是指液体从储罐中逸出所需的时间。储罐中装有 6 586 kg 液体，所有液体都泄漏殆尽。因此，泄漏持续时间（t_d）计算如下：

$$t_d = \frac{6\,586\,kg}{4.154\,\frac{kg}{s}}$$

$$= 1\,585\,s$$ 　　（5-91）

$$= 26.4\,min$$

对于非源项模型，必须将 t_d 值与到达受体的平流时间或关注浓度达到最大下风向距离的时间进行比较。使用 4.4 节中求解 t_{trav} 的公式，假设风速为 7 mile/h（3.13 m/s），距离为 80 m，平流时间为 51.1 s。由于泄漏持续时间比物质到达关注下风向点所需的时间长，因此这种泄漏视为连续泄漏。

对于源项模型，t_d 值也足够长，可以将该泄漏视为适用于大多数受体的连续泄漏。

5.4.5　特定泄漏类别计算

图 4-2 和图 4-6 给出了计算两相冷冻液体泄漏输入的流程图。

5.4.6　确定是否为阻塞流泄漏

由于这是液体泄漏，因此不需要进行这种测定。

5.4.7　泄漏速率

如 4.7.4 节所示，在估算泄漏速率之前，必须计算 P_{sv} 和 F 参数。这些参数的计算公式如下：

$$P_{sv} = 101\,325\,\text{Pa}\,\exp\left[\frac{\lambda M}{R}\left(\frac{1}{T_b} - \frac{1}{T_s}\right)\right]$$
$$= 101\,325\,\text{Pa}\,\exp\left[\frac{(3.887\,4\times10^5\,\text{J/kg})\quad(64.06\,\text{kg/kmol})}{8\,314\,\text{J/(kmol}\cdot\text{K)}}\right.$$
$$\left.\left(\frac{1}{263.15\,\text{K}} - \frac{1}{323.15\,\text{K}}\right)\right] \tag{5-92}$$
$$= 8.386\times10^5\,\text{Pa}$$

$$F^2 = \frac{1}{\left(1 + \dfrac{4fL_p}{D_p}\right)}$$
$$= \frac{1}{\left(1 + \dfrac{(4)\quad(0.001\,5)\quad(2\,\text{m})}{0.050\,8}\right)} \tag{5-93}$$
$$= 0.808\,9$$

$$F = 0.899\,4 \tag{5-94}$$

然后使用这些参数计算出泄漏速率：

$$E = A_o\left[2C^2(P_s - P_{sv})\,\rho_1 + \frac{F^2}{C_{pl}T_s}\left(\frac{\lambda MP_s}{RT_s}\right)^2\right]^{\frac{1}{2}}$$
$$= (1.267\times10^{-4}\,\text{m}^2)\left\{(2)\quad(0.6)^2\left[(1.519\,9\times10^6\,\text{Pa}) - (8.386\times10^5\,\text{Pa})\right]\right.$$
$$(1\,460.4\,\text{kg/m}^3) + \frac{(0.808\,9)}{1\,386.32\,\text{J/(kg}\cdot\text{K)}\quad(323.15\,\text{K})} \tag{5-95}$$
$$\left.\left[\frac{(3.887\,4\times10^5\,\text{J/kg})\quad(64.06\,\text{kg/kmol})\quad(1.519\,9\times10^6\,\text{Pa})}{8\,314\,\text{J/(kmol}\cdot\text{K)}\quad(323.15\,\text{K})}\right]^2\right\}^{\frac{1}{2}}$$
$$= 4.154\,\text{kg/s}$$

5.4.8 泄漏温度

T_{rel} 值已在 5.4.3 节中确定泄漏类别时计算过，其值为 263.15 K。

5.4.9 蒸汽分数

F_{rel} 值已在 5.4.3 节中确定泄漏类别时计算过，其值为 0.214 0。

5.4.10　初始浓度

由于该泄漏为两相流泄漏，因此可以安全地假定泄漏的所有物质都是二氧化硫。根据这一假设，初始浓度（见 4.10 节）如下：$f_a = 0.0$；$f_w = 0.0$；$f_l = 1.0$。

5.4.11　密度

泄漏以二氧化硫气溶胶和蒸汽开始。假定水蒸气摩尔分数为 0。大气中水蒸气成分的密度也假定为可以忽略不计。如 4.11 节所述，当存在气溶胶时，DEGADIS 模型将需要计算两个密度值，一个是纯净空气密度；另一个是二氧化硫气溶胶和蒸汽混合物密度。在纯净空气情况下，需要计算环境温度下的空气密度。假设气体为一种理想气体：

$$
\begin{aligned}
\rho_a &= \frac{P_a M_a}{R T_a} \\
&= \frac{(101\,325\ \text{Pa})\ (28.9\ \text{kg}/\text{kmol})}{8\,314\ \text{J}/(\text{kmol}\cdot\text{K})\ (291.15\ \text{K})} \\
&= 1.210\ \text{kg}/\text{m}^3
\end{aligned}
\tag{5-96}
$$

与此相类似，水蒸气密度计算如下：

$$
\begin{aligned}
\rho_w &= \frac{(101\,325\ \text{Pa})\ (18.02\ \text{kg}/\text{kmol})}{8\,314\ \text{J}/(\text{kmol}\cdot\text{K})\ (291.15\ \text{K})} \\
&= 0.754\,3\ \text{kg}/\text{m}^3
\end{aligned}
\tag{5-97}
$$

环境水蒸气（f_w'）和空气（f_a'）的摩尔分数计算如下：

$$
\begin{aligned}
f_w' &= \left(\frac{\text{RH}}{100}\right)10^{\left(6.399\,4-\frac{2\,353}{T_a}\right)} \\
&= \left(\frac{42}{100}\right)10^{\left(6.399\,4-\frac{2\,353}{291.15\ \text{K}}\right)} \\
&= 0.008\,73
\end{aligned}
\tag{5-98}
$$

$$
f_a' = 1 - f_w' = 1 - 0.008\,73 = 0.991\,3
\tag{5-99}
$$

环境大气中空气和水蒸气的表观分子量计算如下：

$$
\begin{aligned}
M_T' &= f_a' M_a + f_w' M_w \\
&= (0.991\,3)\ (28.9\ \text{kg}/\text{kmol}) + (0.008\,73)\ (18.02\ \text{kg}/\text{kmol}) \\
&= 28.81\ \text{kg}/\text{kmol}
\end{aligned}
\tag{5-100}
$$

最后，环境密度 ρ_a' 计算如下：

$$\begin{aligned}
\rho_a' &= \left(\frac{f_a' M_a}{M_T' \rho_a} + \frac{f_w' M_w}{M_T' \rho_w} \right)^{-1} \\
&= \left[\frac{(0.9913)\ (28.9\,kg/kmol)}{(28.81\,kg/kmol)\ (1.210\,kg/m^3)} + \frac{(0.008\,73)\ (18.02\,kg/kmol)}{(28.81\,kg/kmol)\ (0.754\,3\,kg)} \right] \\
&= 1.206\,kg/m^3
\end{aligned} \tag{5-101}$$

气溶胶和气相混合物情况下，需要计算泄漏初始部分的二氧化硫气溶胶/气相混合物密度。要计算气溶胶/气相混合物密度（ρ_i），必须已知二氧化硫气相密度和液体密度。计算中使用的温度为泄漏温度，本示例中为二氧化硫的沸点。假设气体为一种理想气体，二氧化硫气体密度（ρ_g）计算如下：

$$\begin{aligned}
\rho_g &= \frac{P_a M_i}{R T_{rel}} \\
&= \frac{(101\,325\,Pa)\ (64.06\,kg/kmol)}{8\,314\,J/(kmol \cdot K)\ (263.15\,K)} \\
&= 2.966\,8\,kg/m^3
\end{aligned} \tag{5-102}$$

沸点的二氧化硫液体密度在附录 B 中给出，为 1 460.4 kg/m³。总二氧化硫密度计算如下：

$$\rho_i = \left[\frac{F_{rel}}{\rho_g} + \frac{(1 - F_{rel})}{\rho_l} \right]^{-1} \tag{5-103}$$

$$\begin{aligned}
\rho_i &= \left[\frac{0.214\,0}{2.966\,8\,kg/m^3} + \frac{(1 - 0.214\,0)}{1\,460.4\,kg/m^3} \right]^{-1} \\
&= 13.761\,kg/m^3
\end{aligned} \tag{5-104}$$

由于泄漏的是纯二氧化硫，因此泄漏密度（ρ_{rel}）等于二氧化硫密度（ρ_i）。

5.4.12 泄漏直径或面积

由于储存相是液体，储存密度（ρ_s）为液体密度，或 1 460.4 kg/m³（见附录 B）。然后可以估算出口速度（见 4.12 节）：

$$\begin{aligned}
u &= \frac{E}{A \rho_s} \\
&= \frac{4.154\,kg/s}{(1.267 \times 10^{-4}\,m^2)\ (1\,460.4\,kg/m^3)} \\
&= 22.5\,m/s
\end{aligned} \tag{5-105}$$

在如此高的泄漏速度下，可以使用 4.12.2 节中的高动量公式计算泄漏直径。该公式需要已知罐内密度。

使用高动量公式计算泄漏直径：

$$D_{rel} = D_s \sqrt{\frac{\rho_s}{\rho_{rel}}} \tag{5-106}$$

$$D_{rel} = 0.012\,7\,\text{m} \sqrt{\frac{1\,460.4\,\text{kg}/\text{m}^3}{13.761\,\text{kg}/\text{m}^3}} \tag{5-107}$$

$$= 0.130\,8\,\text{m}$$

5.4.13 泄漏浮力

泄漏浮力用于确定是否应使用重质气体模型，而不是中性浮力模型或正浮力模型。第一步是比较 ρ_{rel} 和 ρ_a'。如果 ρ_{rel} 小于或等于 ρ_a'，则该泄漏不应视为重质气体泄漏。在本示例中，ρ_{rel} 为 13.76 kg/m^3，ρ_a' 为 1.206 kg/m^3。由于 ρ_{rel} 大于 ρ_a'，因此下一步采用重气体标准。

由于这视为是一种连续泄漏（5.4.4 节），重气体标准计算应使用 4.13.1 节中给出的公式。标准（C_p）由式（5-108）计算得出：

$$C_p = \frac{U_r}{\left[\frac{g(E/\rho_{rel})}{D_{rel}} \left(\frac{\rho_{rel} - \rho_a}{\rho_a} \right) \right]^{\frac{1}{3}}}$$

$$= (3.13\,\text{m}/\text{s}) \left[\frac{(9.806\,\text{m}/\text{s}^2) \times (4.154\,\text{kg}/\text{s} \div 13.76\,\text{kg}/\text{m}^3)}{0.130\,8\,\text{m}} \left(\frac{13.76\,\text{kg}/\text{m}^3 - 1.206\,\text{kg}/\text{m}^3}{1.206\,\text{kg}/\text{m}^3} \right) \right]^{\frac{1}{3}}$$

$$= 0.506\,8$$

$$\tag{5-108}$$

由于 $C_p < 6$，因此应采用重质气体模型。

5.4.14 泄漏高度

被切断的管道距离地面 1 ft（0.304 9 m）。由于泄漏物质立即闪蒸，并且假定所有液体以气溶胶形式呈悬浮状态，因此假定泄漏高度与液体离开储罐系统的高度相同，即 0.304 9 m。

5.4.15 地面温度

没有关于地面温度的直接信息。因此，假定地面温度等于环境温度，即 291.15 K。

5.4.16 平均时间

平均时间设定为 15 min，以便于比较模型预测浓度与 STEL（短期暴露限值）浓度。

5.4.17 气象条件

风速和风向。假定风速和风向可从现场气象设备获得，或采用现场的平均条件。风速为 7 mile/h（3.13 m/s）。风向为东北方向（45°）。测量高度为 6 m。要确定最大扩散气象条件，可能需要多个风速以及多个稳定性等级。

稳定性等级。假定该模拟用于规划目的。因此，稳定性等级设定为"E"。

地表粗糙度长度。为了与规划建模建议值保持一致，地表粗糙度假定为 0.01 m。

10 m 高度处风速。根据地表粗糙度、稳定性等级和 6 m 高度处风速，可估算 10 m 高度处风速。使用 4.17.3 节中给出的公式，并假定稳定性等级为"E"，10 m 处的预测风速（u）为

$$
\begin{aligned}
u &= u_1 \left(\frac{h}{z_1}\right)^P \\
&= (3.13 \text{ m/s}) \left(\frac{10 \text{ m}}{6 \text{ m}}\right)^{0.34} \\
&= 3.72 \text{ m/s}
\end{aligned}
\tag{5-109}
$$

环境温度、相对湿度和压力。假设环境温度、相对湿度和压力均可从现场设备获得。可观测数据见表 5-8。

5.4.18 输出定义

生成输出时要设定的适当浓度是附录 B 二氧化硫数据表中给出的 STEL（短期暴露限值）浓度。预测的实际影响值列于第 7 章。

5.5 单相气体泄漏（阻塞流）示例

在本示例中，无水氟化氢储罐内装有液相和气相氟化氢。轨道车将通过柔性传输线填充储罐，这时储罐内会出现超压/超温情况，激活储罐蒸汽空间内的爆破片。然后爆破片通过内径为 2.5 in 的 13.1 ft（4 m）管道被输送到远处。

发生泄漏时，储罐内的氟化氢达到爆破片设定压力，远高于氟化氢的饱和压力。在激活爆破片后，罐内压力会立即下降到泄漏压力，即 2.01 个绝对大气压（2.04×10⁵ Pa）。罐内液体在 165℉（347.0 K）条件下保持过冷。罐内温度和压力条件在整个泄漏过程中

保持不变。但是，管道加热增加了流出物的膨松度。管内温度为 365 K，这是泄漏物进入空气中的温度。从激活爆破片开始切断泄漏 45 s。在泄漏过程中，氟化氢仅以蒸汽形式泄漏，管内临界（阻塞流）条件下出现蒸汽流。图 5-4 给出了这一泄漏过程的示意图。

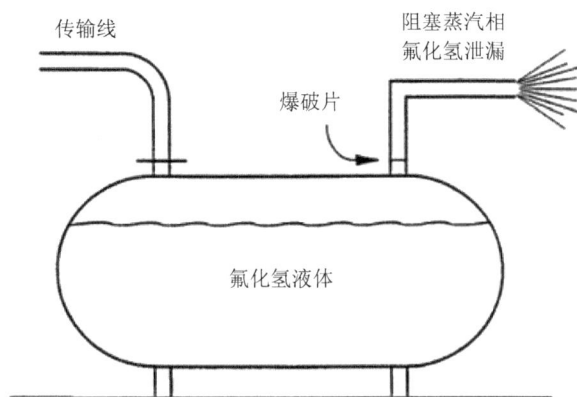

图 5-4　单相气体泄漏（阻塞流）

泄漏发生时的气象条件如下：

- 西北风速 14 mile/h；
- 温度 71.6℉；
- 相对湿度 45%；
- 压力为 1 个大气压（海平面）；
- 7/8 云量；
- 傍晚泄漏；
- 测量高度为 20 ft。

最近公共边界距离泄漏点 200 m。表 5-9 汇总了模型输入。以下各节将介绍如何开发输入值。

表 5-9　"单相阻塞气体泄漏示例"的输入汇总

化学数据（5.5.2 节）	见附录 B
泄漏类型（5.5.3 节）	单相阻塞流
连续或瞬时泄漏类别（5.5.4 节）	瞬时泄漏
泄漏速率（5.5.7 节）	0.851 3 kg/s
泄漏温度（5.5.8 节）	313.6 K
蒸汽分数（5.5.9 节）	$F_{rel}=1.00$（没有闪蒸，但全部质量都以蒸汽形式排出）

初始浓度（5.5.10 节）	f_a=0.0 f_w=0.0 f_i=1.0
密度（5.5.11 节）	ρ_{rel}=1.360 2 kg/m^3 ρ_a=1.188 kg/m^3（在环境温度下）
泄漏直径或面积（5.5.12 节）	直径= 4.155 m（瞬时） 直径= 0.066 49 m（连续，阻塞流条件） 直径= 0.063 5 m（连续，膨胀）
泄漏浮力（5.5.13 节）	C_p=0.332＞0.2（使用重质气体模型）（瞬时） C_p=2.638＜6.0（使用重质气体模型）（连续）
泄漏高度（5.5.14 节）	12 ft（3.66 m）
地面温度（5.5.15 节）	与环境温度相同
平均时间（5.5.16 节）	15 min
气象条件（5.5.17 节）	风速和风向 315° @ 14 mile/h（6.26 m/s） 测量高度= 20 ft（6.1 m） 速度@10 m= 6.64 m/s 稳定性等级 D 地表粗糙度长度 Z_0 = 0.01 m 环境温度、相对湿度和压力 温度= 22℃（295.15 K） 相对湿度45% 压力=1 个大气压（101 325 Pa）
输出定义（5.5.18 节）	短期暴露限值（STEL） 最小关注距离= 200 m
可观测数据（5.5.1 节）	见表 5-10

5.5.1　可观测数据

可观测数据在情景描述中进行了讨论，并在表 5-10 中作了汇总。对于为规划目的所做的建模，应该假定孔面向的方向与风向相同。大多数安全阀垂直指向，但假设水平位置将确保泄漏物质扩散的最大地面影响。

表 5-10　"单相阻塞气体泄漏示例"的可观测数据汇总

	物质：氟化氢
泄漏描述	容器：卧式气缸 直径：4.9 ft（1.5 m） 长度：16.4 in（5 m）与切线相切 体积：187.0 ft^3（5.30 m^3）

泄漏描述	总氟化氢：500 lb（2 268 kg） 温度：347 K 压力：2.01 个标准大气压（绝对）（2.039 7×10^5 Pa） 孔位：连接管 长度：13.1 in（4 m） 内径：2.5 in（0.063 5 m） 面积：3.167×10^{-3} m^2 管高：12 ft（3.66 m） 温度：365 K 最近边界：200 m
气象条件	温度：71.6℉（295.15 K） 相对湿度：45% 压力：1 个大气压（101 325 Pa） 风速：14 mile/h（6.26 m/s） 风向：西北（315°） 测量高度：20.0 ft（6.10 m） 云量：7/8 地表粗糙度：0.01 m 时间：傍晚

5.5.2　化学数据要求

纯氟化氢的数据见附录 B。

5.5.3　泄漏类别

本节将描述为本示例确定泄漏类别所需进行的计算。图 4-1 中的流程图可提供指导。请注意，确定泄漏类别的过程中所做的一些假设与泄漏情景描述有冲突。还要注意，确定泄漏类别所需的许多计算对于其他模型输入也是必需的。指南不会在一节中介绍所有这些计算，而是在每个计算中提及对应的节部分。

该泄漏为纯气体泄漏。必须确定泄漏是阻塞流还是非阻塞流泄漏。如 5.5.6 节所示，可以确定出口处的压力（P_*）大于环境压力，这就意味着泄漏为阻塞流泄漏。要确定泄漏类别，首先必须假定泄漏为单相泄漏。最后将对计算结果进行检查，以确保该假设成立。泄漏发生前的储存温度为 365 K，这个值假定为储存温度（T_s）。

然后可以通过下式估算 T_* 值：

$$
\begin{aligned}
T_* &= T_s\left(\frac{2}{\gamma+1}\right) \\
&= (365.0\,\text{K})\left(\frac{2}{1.3976+1}\right) \\
&= 304.5\,\text{K}
\end{aligned}
\tag{5-110}
$$

T_* 值小于氟化氢的临界温度，后者已在附录 B 中给出，所以现在必须将 T_* 的蒸汽压与 P_* 进行比较。根据附录中的蒸汽压公式，温度 $T_*=304.5\,\text{K}$ 时，蒸汽压为 $1.524\times10^5\,\text{Pa}$。根据图 4-1 的流程图，由于蒸汽压大于 P_*，因此泄漏类别为单相气体泄漏。现在可以使用图 4-3 的流程图来确定模型输入。

5.5.4　连续或瞬时泄漏类别

泄漏持续时间（t_d）仅为 45 s。

对于非源项模型，必须将 t_d 值与到达受体的平流时间或关注浓度达到最大下风向距离的时间进行比较。使用 4.4 节中的 t_{trav} 求解公式，假设风速为 14 mile/h（6.26 m/s），距离为 200 m，平流时间计算为 63.9 s。泄漏持续时间比到达关注下风向点所需的时间短。因此，该泄漏应视为瞬时泄漏或有限持续时间泄漏。

对于源项模型，t_d 值也足够短，可以将该泄漏视为适用于大多数受体的瞬时泄漏或有限持续时间泄漏。

5.5.5　特定泄漏类别计算

图 4-3 和图 4-6 给出了计算单相气体泄漏（阻塞流）输入的流程图。

5.5.6　确定是否为阻塞流泄漏

4.6 节解释了如何确定泄漏是阻塞流还是非阻塞流泄漏。气体出口处的压力（P_*）通过式（5-111）计算：

$$
\begin{aligned}
P_* &= P_s\left(\frac{2}{\gamma+1}\right)^{\frac{\gamma}{(\gamma-1)}} \\
&= 2.039\,7\times10^5\,\text{Pa}\left(\frac{2}{1.397\,6+1}\right)^{\frac{1.397\,6}{(1.397\,6-1)}} \\
&= 1.078\,4\times10^5\,\text{Pa}
\end{aligned}
\tag{5-111}
$$

式中：$\gamma = C_p / C_v$ —— 1 455.57 J/（kg·K）/ 1 041.49 J/（kg·K）= 1.397 6。

由于 $P_* \geqslant P_a$ —— 101 325 Pa，因此泄漏为阻塞流泄漏。

5.5.7　泄漏速率

既然该泄漏可归类为单相阻塞气体泄漏，指南可以利用 4.7.5 节中提供的信息来确定其泄漏速率。

$$E = CA_o \left[P_s \rho_s \gamma \left(\frac{2}{\gamma+1} \right)^{\frac{(\gamma-1)}{(\gamma-1)}} \right]^{\frac{1}{2}} \tag{5-112}$$

$$\rho_s = \frac{P_s M}{R T_s}$$

$$= \frac{(2.039\,7 \times 10^5\,\text{Pa})\ (20.006\,\text{kg}/\text{kmol})}{8\,314\,\text{J}/(\text{kmol}\cdot\text{K})\ (365\,\text{K})} \tag{5-113}$$

$$= 1.344\,7\,\text{kg}/\text{m}^3$$

因此，

$$E = (0.75)\ (3.167 \times 10^{-3}\,\text{m}^2)$$

$$\left[(2.039\,7 \times 10^5\,\text{Pa})\ (1.344\,7\,\text{kg}/\text{m}^3) 1.397\,6 \left(\frac{2}{1.397\,6+1} \right)^{\frac{(1.397\,6+1)}{(1.397\,6-1)}} \right]^{\frac{1}{2}} \tag{5-114}$$

$$= 0.851\,3\,\text{kg}/\text{s}$$

5.5.8　泄漏温度

指南可以根据 4.8.5 节中提供的信息来确定泄漏温度。

$$T_{\text{rel}} = T_s \left[1 - 0.85 \left(\frac{\gamma-1}{\gamma+1} \right) \right]$$

$$= (365\,\text{K}) \left[1 - 0.85 \left(\frac{1.397\,6-1}{1.397\,6+1} \right) \right] \tag{5-115}$$

$$= 313.6\,\text{K}$$

5.5.9　蒸汽分数

这是单相泄漏，因此所有泄漏为气相状态。

5.5.10　初始浓度

由于这是纯氟化氢的单相泄漏，初始浓度（见 4.10 节）如下：$f_a = 0.0$；$f_w = 0.0$；$f_l = 1.0$。

5.5.11 密度

如 4.11 节所述，氟化氢可以在高浓度和低于 50℃ 的温度下形成低聚物[17]。在罐内，这并不构成问题，因为罐内温度约保持在 92℃。但是发生泄漏后的温度达到 313.6 K（40℃），所以自缔合作用可能很重要。通过将氟化氢处理为具有表观分子量（M_i'），可以在密度计算中考虑自缔合作用。在 313.6 K 条件下的纯氟化氢具有约 25.3 kg/kmol 的表观分子量[17]。由于表观分子量随着温度的降低而迅速增加，而泄漏发生后很快会迅速降温，因此使用比储存温度低 10℃ 左右的温度条件下的该值，会得到较高的表观分子量，约为 35 kg/kmol。因此，温度和表观分子量代表阻塞流条件下 T_* 的情况。在计算密度效应时，应使用 35 kg/kmol 的表观分子量值。由于表观分子量随着泄漏扩散而变化，应为 DEGADIS 模型输入 ρ_{rel} 和 ρ_a 密度值（计算如下）。

泄漏物完全处于纯组分的气相状态。泄漏密度（ρ_{rel}）等于气相组分密度（ρ_{rel}）。密度计算公式如下：

$$
\begin{aligned}
\rho_{rel} = \rho_g &= \frac{P_a M_i'}{R T_{rel}} \\
&= \frac{(101\,325\,\text{Pa})\ (35\,\text{kg}/\text{kmol})}{8\,314\,\text{J}/(\text{kmol}\cdot\text{K})\ (313.6\,\text{K})} \\
&= 1.360\,2\,\text{kg}/\text{m}^3
\end{aligned}
\tag{5-116}
$$

计算浮力效应也需要已知环境空气密度。基于理想气体定律计算大气干空气组分：

$$
\begin{aligned}
\rho_a &= \frac{P_a M_a}{R T_a} \\
&= \frac{(101\,325\,\text{Pa})\ (28.9\,\text{kg}/\text{kmol})}{8\,314\,\text{J}/(\text{kmol}\cdot\text{K})\ (295.15\,\text{K})} \\
&= 1.193\,\text{kg}/\text{m}^3
\end{aligned}
\tag{5-117}
$$

与此相类似，水蒸气密度计算如下：

$$
\begin{aligned}
\rho_w &= \frac{P_a M_w}{R T_a} \\
&= \frac{(101\,325\,\text{Pa})\ (18.02\,\text{kg}/\text{kmol})}{8\,314\,\text{J}/(\text{kmol}\cdot\text{K})\ (295.15\,\text{K})} \\
&= 0.744\,1\,\text{kg}/\text{m}^3
\end{aligned}
\tag{5-118}
$$

环境水蒸气（f_w'）和空气（f_a'）的摩尔分数计算如下：

$$\begin{aligned} f_w' &= \left(\frac{RH}{100}\right)10^{\left(6.3994-\frac{2353}{T_s}\right)} \\ &= \left(\frac{45}{100}\right)10^{\left(6.3994-\frac{2353}{295.15\,K}\right)} \\ &= 0.0120 \end{aligned} \tag{5-119}$$

$$f_a' = 1 - f_w' = 1 - 0.0120 = 0.9880 \tag{5-120}$$

环境大气中空气和水蒸气的表观分子量计算如下：

$$\begin{aligned} M_T' &= f_a'\,M_a + f_w'\,M_w \\ &= (0.9880)\;(28.9\,kg/kmol)+(0.00120)\;(18.02\,kg/kmol) \\ &= 28.77\,kg/kmol \end{aligned} \tag{5-121}$$

最后，环境密度（ρ_a'）计算如下：

$$\begin{aligned} \rho_a' &= \left(\frac{f_a'\,M_a}{M_T'\,\rho_a}+\frac{f_w'\,M_w}{M_T'\,\rho_w}\right)^{-1} \\ &= \left[\frac{(0.9880)\;(28.9\,kg/kmol)}{(28.77\,kg/kmol)\;(1.193\,kg/m^3)}+\frac{(0.0120)\;(18.02\,kg/kmol)}{(28.77\,kg/kmol)\;(0.7441\,kg/m^3)}\right]^{-1} \\ &= 1.188\,kg/m^3 \end{aligned}$$

$$\tag{5-122}$$

5.5.12　泄漏直径或面积

由于假定泄漏为瞬时泄漏，因此泄漏面积可基于将泄漏质量保持在 ρ_{rel} 所需的体积来估算。泄漏质量（E_t）可以基于泄漏速率（E）和泄漏持续时间计算得出：

$$\begin{aligned} E_t &= E\Delta t \\ &= (0.8513\,kg/s)\;(45\,s) \\ &= 38.31\,kg \end{aligned} \tag{5-123}$$

所需体积（V）计算如下：

$$\begin{aligned} V &= \frac{E_t}{\rho_{rel}} \\ &= \frac{38.31\,kg}{1.3602\,kg/m^3} \\ &= 28.16\,m^3 \end{aligned} \tag{5-124}$$

假设云为圆柱形，半径等于云深，则直径计算如下：

$$D_{rel} = 2\left(\frac{V}{\pi}\right)^{\frac{1}{3}}$$

$$= 2\left(\frac{28.16\,\text{m}^3}{\pi}\right)^{\frac{1}{3}} \tag{5-125}$$

$$= 4.155\,\text{m}$$

如果假定泄漏不是瞬时泄漏，则需要计算伪孔径。由于该泄漏为阻塞流泄漏，因此需要考虑两种泄漏直径。具体使用哪种泄漏直径则取决于模型。首先是阻塞流条件下的泄漏直径。该直径将取代需要输入孔洞大小的模型中的实际孔洞大小。如果采用实际孔洞大小，计算出的出口速度将大于声波速度。基于高动量公式计算的阻塞点泄漏直径如下：

$$D_{rel} = D_s \sqrt{\frac{\rho_*}{\rho_{rel}}} \tag{5-126}$$

$$D_{rel} = 0.063\,5\,\text{m} \sqrt{\frac{1.491\,\text{kg}/\text{m}^3}{1.360\,\text{kg}/\text{m}^3}} \tag{5-127}$$

$$= 0.066\,49\,\text{m}$$

式中，ρ_*是在阻塞流条件下的密度，由式（5-128）得出：

$$\rho_* = \frac{P_* M_i}{RT_*} = \frac{(1.078\,4\times10^5\,\text{Pa})\ (35\,\text{kg}/\text{kmol})}{8\,314\,\text{J}/(\text{kmol}\cdot\text{K})\ (304.5\,\text{K})} \tag{5-128}$$

$$= 1.491\,\text{kg}/\text{m}^3$$

第二个泄漏直径使用储存密度（ρ_s）而非阻塞流密度计算。该泄漏直径适用于需要输入泄漏发生后膨胀尺寸的模型。然而，由于物质在储存状态（20.006）和泄漏（35）条件下的分子量存在差异，因此泄漏密度（ρ_{rel}）大于ρ_s。这将导致直径小于实际直径。因此，在本示例中，应该使用实际直径。

5.5.13 泄漏浮力

根据4.13.2节提供的信息，确定是否应将瞬时泄漏视为重气体泄漏的标准如下：

$$C_p = \left[\frac{g(E_t/\rho_{rel})^{1/3}}{U_r^2}\left(\frac{\rho_{rel}-\rho_a'}{\rho_a'}\right)\right]^{\frac{1}{2}} > 0.2 \tag{5-129}$$

E_t值必须根据泄漏速率（E）和泄漏持续时间计算，具体如下：

$$E_t = E\Delta t$$
$$= (0.8513\,\text{kg}/\text{s})\ (45\,\text{s}) \quad\quad (5\text{-}130)$$
$$= 38.31\,\text{kg}$$

然后，浮力标准计算如下：

$$C_p = \left[\frac{9.806\,\text{m}/\text{s}^2 \times (38.31\,\text{kg} \div 1.3602\,\text{kg}/\text{m}^3)^{1/3}}{(6.26\,\text{m}/\text{s})^2} \times \left(\frac{1.3602\,\text{kg}/\text{m}^3 - 1.188\,\text{kg}/\text{m}^3}{(1.188\,\text{kg}/\text{m}^3)} \right) \right]^{\frac{1}{2}}$$
$$= 0.332$$

$$(5\text{-}131)$$

由于 $C_p > 0.2$，因此本示例应使用重质气体模型。

如果假定泄漏不是瞬时泄漏，则浮力标准由式（5-132）得出：

$$C_p = \frac{U_r}{\left[\frac{g(E/\rho_{rel})}{D_{rel}} \left(\frac{\rho_{rel} - \rho_a}{\rho_a} \right) \right]^{\frac{1}{3}}}$$
$$= (6.26\,\text{m}/\text{s}) \left[\frac{(9.806\,\text{m}/\text{s}^2) \times (0.8513\,\text{kg}/\text{s} \div 1.360\,\text{kg}/\text{m}^3)}{0.06649\,\text{m}} \right. \quad (5\text{-}132)$$
$$\left. \left(\frac{1.360\,\text{kg}/\text{m}^3 - 1.188\,\text{kg}/\text{m}^3}{1.188\,\text{kg}/\text{m}^3} \right) \right]^{-\frac{1}{3}}$$
$$= 2.638$$

由于 $C_p < 6$，因此应采用重质气体模型。

5.5.14　泄漏高度

爆破片位于储罐顶部，高度为 12 ft（3.66 m）。

5.5.15　地面温度

没有关于地面温度的直接信息。因此假定地面温度等于环境温度，即 22 ℃（291.15 K）。

5.5.16　平均时间

平均时间设定为 15 min，以便比较模型预测浓度与 STEL（短期暴露限值）浓度。

5.5.17　气象条件

风速和风向。假定风速和风向可从现场气象设备获得，或采用现场的平均条件。在本示例中,风速为 14 mile/h(6.26 m/s)。风向为西北方向(315°),测量高度为 20 ft(6.10 m)。要确定最大的具体影响,可能需要结合多个风速和多种稳定性等级。

稳定性等级。稳定性等级没有明确给出。但可以根据《工作手册》3.1.2 节中描述的方法从所提供信息中估计稳定性等级。在此示例中,有 7/8 的云覆盖,并且泄漏发生在上午 10 时左右,表明日照量少。根据《工作手册》中表 3-2,在日照量较小的情况下,风速为 6.26 m/s 的稳定性等级为"D"。

地表粗糙度长度。为了与规划建模建议值保持一致,地表粗糙度假定为 0.01 m。

10 m 高度处风速。根据地表粗糙度、稳定性等级和 6.1 m 高度处风速,可估算 10 m 高度处风速。使用 4.17.3 节给出的公式,假定稳定性等级为"D",预测 10 m 高度处的风速(u)计算如下:

$$u = u_1 \left(\frac{h}{z_1} \right)^{\mathrm{p}}$$

$$= (6.26\,\mathrm{m/s}) \left(\frac{10\,\mathrm{m}}{6.1\,\mathrm{m}} \right)^{0.12} \tag{5-133}$$

$$= 6.64\,\mathrm{m/s}$$

该风速在稳定性等级"D"的风速范围之内。

环境温度、相对湿度和压力。假设环境温度、相对湿度和压力均可从现场设备获得。可观测数据见表 5-10。

5.5.18 输出定义

生成输出时要设定的适当浓度是附录 B 氟化氢数据表中给出的 STEL(短期暴露限值)浓度。要预测的实际影响值列于第 7 章。

5.6 单相气体泄漏(非阻塞流)示例

在本示例中,采用吸收塔从工艺装置的废气中吸收氯化氢蒸汽。气相氯化氢和空气被输送到塔中,吸收塔使用水作为吸收物质,在正常操作过程中去除所有的氯化氢。吸收塔供水系统中的水泵故障导致塔的供水能力暂时下降。结果导致吸收效率下降,氯化氢、水蒸气和空气混合物在废气关闭前 12 min 泄漏了 4 250 ft3(2.01 m3/s)。

烟囱温度(泄漏点)为 120℉(322.0 K),在此温度条件下,泄漏物被水蒸气(12.4% 水)饱和。氯化氢和空气的体积(摩尔)百分比分别为 72.9% 和 14.7%。除雾器除去烟囱顶部所有夹带的液相物质,只有气相被泄漏到大气中。烟囱直径 34 in(0.86 m),高 28 ft(8.54 m)。泄漏过程的示意如图 5-5 所示。

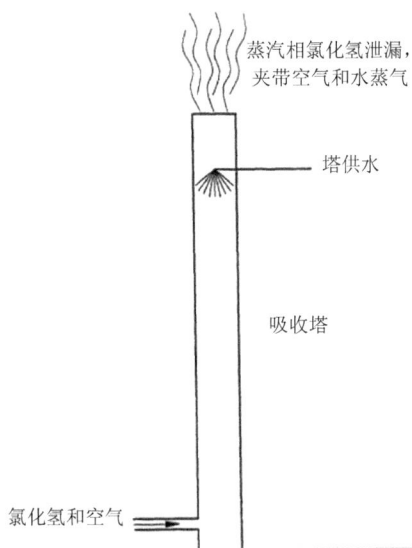

图 5-5 单相气体泄漏（非阻塞流）

泄漏发生时的气象条件如下：

- 东风风速 2.2 mile/h；
- 温度 64℉；
- 相对湿度 36%；
- 压力为 1 个大气压（海平面）；
- 3/8 云量；
- 清晨泄漏；
- 测量高度为 10 m。

最近公共边界距离泄漏点 525 ft。

表 5-11 汇总了此示例的模型输入。以下各节将介绍如何开发输入值。

表 5-11 "单相非阻塞气体泄漏示例"的输入汇总

化学数据（5.6.2 节）	见附录 B
泄漏类型（5.6.3 节）	单相非阻塞流
连续或瞬时泄漏类别（5.6.4 节）	连续
泄漏速率（5.6.7 节）	2.515 1 kg/s
泄漏温度（5.6.8 节）	322.04 K
蒸汽分数（5.6.9 节）	F_{rel} = 1.00（没有闪蒸，但全部质量都以蒸汽形式排出）
初始浓度（5.6.10 节）	f_a=0.146 7 f_w=0.123 8 f_i=0.729 5

密度（5.6.11 节）	ρ_{rel} =1.251 3 kg/m^3 ρ_a = 1.208 kg/m^3（在环境温度下）
泄漏直径或面积（5.6.12 节）	直径 = 0.863 6 m
泄漏浮力（5.6.13 节）	C_p= 1.048＜6（使用重质气体模型）
泄漏高度（5.6.14 节）	8.54 m
地面温度（5.6.15 节）	与环境温度相同
平均时间（5.6.16 节）	30 min
气象条件（5.6.17 节）	风速和风向 90° @ 2.2 mile/h（0.98 m/s） 测量高度为 10 m 速度@10 m= 0.98 m/s 稳定性等级 B 地表粗糙度长度 Z_0 = 0.01 m 环境温度、相对湿度和压力 温度= 64℉（290.9 K） 相对湿度=36%; 压力=1 个大气压（101 325 Pa）
输出定义（5.6.18 节）	IDLH（立即危及生命和健康限值） 最小关注距离= 525 ft（160.1 m）
可观测数据（5.6.1 节）	见表 5-12

5.6.1 可观测数据

可观测数据在情景描述中列出，并在表 5-12 中作了汇总。

表 5-12   "单相非阻塞气体泄漏示例"的可观测数据汇总

泄漏描述	物质：氯化氢 容器：烟囱 直径：34 in（0.863 6 m） 高度：28 ft（8.54 m） 体积速率：4 250 ft^3/min（2.01 m^3/s） 温度：120℉（322.04 K） 最近边界：525 ft（160.1 m）
气象条件	温度：64℉（290.9 K） 相对湿度：36% 压力：1 个大气压（101 325 Pa） 风速：2.2 mile/h（0.98 m/s） 风向：东（90°） 测量高度：32.81 ft（10 m）

	地表粗糙度：0.01 m
气象条件	云量：3/8
	时间：清晨

5.6.2 化学数据要求

纯氯化氢的数据见附录 B。然而，泄漏物是氯化氢、水和空气的混合物，全部为气相。因此，可以将泄漏物视为由这种混合物组成的伪化学物质。一些模型可以通过设定每种组分的初始浓度来内部处理混合物。这些初始浓度在 5.6.10 节中计算。在其他模型中，假定泄漏物质总是纯化学物质，因此泄漏物必定是虚拟化学物质。

由于该泄漏物只包含气相，因此描述虚拟化学物质所需的参数是表观分子量和气相比热。计算虚拟化学物质参数的方法见 4.2 节。

表面分子量在 5.6.11 节中使用组分的摩尔分数计算，这些摩尔分数见 5.6.10 节。比热以 J/（kg·K）为单位，这是质量单位，因此计算需要质量分数。质量分数和摩尔分数之间的关系如下：

$$w_i M = f_i M_i \tag{5-134}$$

所以，在本示例中：

$$
\begin{aligned}
w_a &= \frac{f_a M_a}{M} \\
&= \frac{(0.146\,7)\ (28.9\,\text{kg}/\text{kmol})}{(33.07\,\text{kg}/\text{kmol})} \\
&= 0.128\,2
\end{aligned}
\tag{5-135}
$$

$$
\begin{aligned}
w_w &= \frac{f_w M_w}{M} \\
&= \frac{(0.123\,8)\ (18.02\,\text{kg}/\text{kmol})}{(33.07\,\text{kg}/\text{kmol})} \\
&= 0.067\,46
\end{aligned}
\tag{5-136}
$$

$$
\begin{aligned}
w_{HCl} &= \frac{z_{HCl} M_{HCl}}{M} \\
&= \frac{(0.729\,5)\ (36.46\,\text{kg}/\text{kmol})}{(33.07\,\text{kg}/\text{kmol})} \\
&= 0.804\,3
\end{aligned}
\tag{5-137}
$$

然后比热计算如下：

$$C_p = \sum w_i C_{pi} \tag{5-138}$$

$$
\begin{aligned}
C_\mathrm{p} &= w_\mathrm{a}C_\mathrm{pa} + w_\mathrm{w}C_\mathrm{pw} + w_\mathrm{HCl}C_\mathrm{pHCl} \\
&= (0.128\,2)\left[1\,004\,\mathrm{J}/(\mathrm{kg}\cdot\mathrm{K})\right] + (0.067\,46)\left[4\,180\,\mathrm{J}/(\mathrm{kg}\cdot\mathrm{K})\right] \\
&\quad + (0.804\,3)\left[799.81\,\mathrm{J}/(\mathrm{kg}\cdot\mathrm{K})\right] \\
&= 1\,054\,\mathrm{J}/(\mathrm{kg}\cdot\mathrm{K})
\end{aligned} \tag{5-139}
$$

5.6.3　泄漏类别

泄漏类别按照图 4-1 的流程图确定。首先，由于这是储存气体，因此必须确定泄漏是阻塞流还是非阻塞流泄漏。5.6.6 节确定了出口速度远小于声速。由于阻塞流仅在达到声速或接近声速条件下发生，因此该泄漏为非阻塞流泄漏。

确定泄漏是否为两相泄漏的下一步为，将泄漏温度下氯化氢的蒸汽压与泄漏压力进行比较。泄漏压力为 1 个大气压。泄漏温度为 322 K，纯氯化氢的沸点为 188.1 K，这意味着在 322 K 的条件下，蒸汽压应远超过 1 个大气压。根据图 4-1 的流程图，由于氯化氢蒸汽压大于泄漏压力，所以泄漏为单相泄漏。因此可以得出结论：该泄漏情景应视为单相气体泄漏（非阻塞流）。现在应使用图 4-3 的流程图来确定模型输入。

5.6.4　连续或瞬时泄漏类别

泄漏持续时间（t_d）为 12 min。

对于非源项模型，必须将 t_d 值与到达受体扩散的平流时间或关注浓度达到最大下风向距离的时间进行比较。使用 4.4 节中的 t_trav 求解公式，假设风速为 2.2 mile/h（0.98 m/s），距离为 525 ft（160.1 m），平流时间计算为 327 s。由于泄漏持续时间比到达关注下风向点的时间长，因此该泄漏视为连续泄漏。

对于源项模型，t_d 值也足够长，可以将该泄漏视为适用于大多数受体的连续泄漏。

5.6.5　特定泄漏类别计算

图 4-3 和图 4-6 给出了计算非阻塞单相气体泄漏输入的流程图。

5.6.6　确定是否为阻塞流泄漏

可以通过计算出口速度来判断泄漏流是否为阻塞流。由于该泄漏是烟囱泄漏，因此不能用使用压力的公式。然而，出口速度（V_e）可以根据烟囱面积（A_0）和体积泄漏速率（V_f）来计算。因此：

$$V_e = \frac{V_f}{A_0}$$

$$= \frac{2.01\,\text{m}^3/\text{s}}{0.586\,\text{m}^2} \tag{5-140}$$

$$= 3.43\,\text{m}/\text{s}$$

由于 V_e 远小于声速，因此可以认为烟囱泄漏为非阻塞泄漏，当出口速度等于或接近声速时，就会出现阻塞流。

5.6.7　泄漏速率

总质量泄漏速率可以基于设定的体积泄漏速率（V_f）和泄漏密度（ρ_{rel}）来计算。因此，

$$E = V_f \rho_{rel}$$

$$= (2.01\,\text{m}^3/\text{s})\ (1.2513\,\text{kg}/\text{m}^3) \tag{5-141}$$

$$= 2.5151\,\text{kg}/\text{s}$$

5.6.8　泄漏温度

烟囱出口处的泄漏温度（T_{rel}）设定为 120℉（322.04 K），本示例采用的是测量值。

5.6.9　蒸汽分数

泄漏物完全为气相。

5.6.10　初始浓度

根据 4.10 节，如果温度已知，就可以估算水蒸气分数。由于泄漏温度（T_{rel}）为 322.04 K，因此 1 个大气压条件下的水蒸气饱和摩尔分数计算如下：

$$e_s = 10^{\left(6.3994 - \frac{2353}{T_{rel}}\right)}$$

$$= 10^{\left(6.3994 - \frac{2353}{322.04\,\text{K}}\right)} \tag{5-142}$$

$$= 0.1238$$

$$= f_w$$

在泄漏过程中，氯化氢和空气的分数分别设定为 f_i=0.7295 和 f_a=0.1467。

5.6.11　密度

密度使用 4.11 节中的公式计算。由于该泄漏物完全为气相，因此可基于理想气体定律计算得出泄漏密度。

$$\rho_i = \frac{p_a M_i}{R T_{rel}} \tag{5-143}$$

$$\rho_w = \frac{p_a M_w}{R T_{rel}} \tag{5-144}$$

$$\rho_a = \frac{p_a M_a}{R T_{rel}} \tag{5-145}$$

$$T_{rel} = 322.04 \text{ K}$$

$$M_i = 36.46 \text{ kg/kmol}$$

$$M_w = 18.02 \text{ kg/kmol}$$

$$M_a = 28.9 \text{ kg/kmol}$$

因此，

$$\rho_i = \frac{(101\,325 \text{ Pa})\ (36.46 \text{ kg} / \text{kmol})}{8\,314 \text{ J} / (\text{kmol} \cdot \text{K})\ (322.04 \text{ K})} \tag{5-146}$$
$$= 1.379\,8 \text{ kg} / \text{m}^3$$

$$\rho_w = \frac{(101\,325 \text{ Pa})\ (18.02 \text{ kg} / \text{kmol})}{8\,314 \text{ J} / (\text{kmol} \cdot \text{K})\ (322.04 \text{ K})} \tag{5-147}$$
$$= 0.681\,9 \text{ kg} / \text{m}^3$$

$$\rho_a = \frac{(101\,325 \text{ Pa})\ (28.9 \text{ kg} / \text{kmol})}{8\,314 \text{ J} / (\text{kmol} \cdot \text{K})\ (322.04 \text{ K})} \tag{5-148}$$
$$= 1.0\,937 \text{ kg} / \text{m}^3$$

泄漏密度（ρ_{rel}）可以通过式（5-149）计算：

$$\rho_{rel} = \left[\frac{f_a M_a}{M_T \rho_a} + \frac{f_w M_w}{M_T \rho_w} + \frac{f_i M_i}{M_T \rho_i} \right]^{-1} \tag{5-149}$$

其中：

$$M_T = f_a M_a + f_w M_w + f_i M_i$$
$$= (0.146\,7)\ (28.9 \text{ kg} / \text{kmol}) + (0.123\,8)\ (18.02 \text{ kg} / \text{kmol})$$
$$+ (0.729\,5)\ (36.46 \text{ kg} / \text{kmol}) \tag{5-150}$$
$$= 33.07 \text{ kg} / \text{kmol}$$

因此，

$$\rho_{rel} = \left[\frac{(0.146\,7)\ (28.9 \text{ kg} / \text{kmol})}{(33.07 \text{ kg} / \text{kmol})\ (1.093\,7 \text{ kg} / \text{m}^3)} + \frac{(0.123\,8)\ (18.02 \text{ kg} / \text{kmol})}{(33.07 \text{ kg} / \text{kmol})\ (0.681\,0 \text{ kg} / \text{m}^3)} + \right.$$
$$\left. \frac{(0.729\,5)\ (36.46 \text{ kg} / \text{kmol})}{(33.07 \text{ kg} / \text{kmol})\ (1.379\,8 \text{ kg} / \text{m}^3)} \right]^{-1} \tag{5-151}$$

$$\rho_{rel} = 1.251\,3 \text{ kg/m}^3 \tag{5-152}$$

还需要计算环境空气密度，以便确定浮力。根据 290.9 K 的环境温度，可基于理想气体定律计算得出环境空气密度：

$$
\begin{aligned}
\rho_a &= \frac{P_a M_a}{R T_a} \\
&= \frac{(101\,325\ \text{Pa})\ (28.9\ \text{kg}/\text{kmol})}{8\,314\ \text{J}/(\text{kmol}\cdot\text{K})\ (290.9\ \text{K})} \\
&= 1.211\ \text{kg}/\text{m}^3
\end{aligned}
\tag{5-153}
$$

与此相类似，水蒸气密度计算如下：

$$
\begin{aligned}
\rho_w &= \frac{P_a M_w}{R T_a} \\
&= \frac{(101\,325\ \text{Pa})\ (18.02\ \text{kg}/\text{kmol})}{8\,314\ \text{J}/(\text{kmol}\cdot\text{K})\ (290.9\ \text{K})} \\
&= 0.754\,9\ \text{kg}/\text{m}^3
\end{aligned}
\tag{5-154}
$$

环境水蒸气（f_w'）和空气（f_a'）的摩尔分数计算如下：

$$
\begin{aligned}
f_w' &= \left(\frac{\text{RH}}{100}\right) 10^{\left(6.399\,4 - \frac{2\,353}{T_a}\right)} \\
&= \left(\frac{36}{100}\right) 10^{\left(6.399\,4 - \frac{2\,353}{290.9\ \text{K}}\right)} \\
&= 0.007\,36
\end{aligned}
\tag{5-155}
$$

$$
\begin{aligned}
f_a' &= 1 - f_w' \\
&= 1 - 0.007\,36 \\
&= 0.992\,6
\end{aligned}
\tag{5-156}
$$

环境大气中空气和水蒸气的表观分子量计算如下：

$$
\begin{aligned}
M_T'' &= f_a' M_a + f_w' M_w \\
&= (0.992\,6)\ (28.9\ \text{kg}/\text{kmol}) + (0.007\,36)\ (18.02\ \text{kg}/\text{kmol}) \\
&= 28.82\ \text{kg}/\text{kmol}
\end{aligned}
\tag{5-157}
$$

最后，环境密度 ρ_a' 计算如下：

$$
\begin{aligned}
\rho_a' &= \left(\frac{f_a' M_a}{M_T' \rho_a} + \frac{f_w' M_w}{M_T' \rho_w}\right)^{-1} \\
&= \left[\frac{(0.992\,6)\ (28.9\ \text{kg}/\text{kmol})}{(28.82\ \text{kg}/\text{kmol})\ (1.211\ \text{kg}/\text{m}^3)} + \right. \\
&\quad \left. \frac{(0.007\,36)\ (18.02\ \text{kg}/\text{kmol})}{(28.82\ \text{kg}/\text{kmol})\ (0.754\,9\ \text{kg}/\text{m}^3)}\right]^{-1} \\
&= 1.208\ \text{kg}/\text{m}^3
\end{aligned}
\tag{5-158}
$$

5.6.12　泄漏直径或面积

烟囱内的温度与出口处的温度相同。烟囱内外的压力均为大气压。由于这是非阻塞气体烟囱泄漏，因此可以根据理想气体定律计算密度。由于烟囱内和出口处的温度相同，因此烟囱内的密度（ρ_s）与泄漏密度（ρ_{rel}）相同。

出口速度在 5.6.6 节中计算为 3.43 m/s。在如此高的泄漏速度下，可以使用 4.12.2 节中的高动量公式计算泄漏直径。但是，该公式通过烟囱内泄漏密度与烟囱外泄漏密度之比的平方根来修改实际孔洞大小。由于这两个密度相等，因此泄漏直径（D_{rel}）等于实际直径（D_s）。泄漏直径的计算公式需要罐内密度。关注区域为烟囱，其直径为 34 in（0.863 6 m）。

5.6.13　泄漏浮力

泄漏浮力用于确定是否应使用重质气体模型，而不是中性浮力模型或正浮力模型。第一步是比较 ρ_{rel} 和 ρ_a'。如果 ρ_{rel} 小于或等于 ρ_a'，则该泄漏不应视为重质气体泄漏。在本示例中，ρ_{rel} 为 1.251 3 kg/m³，ρ_a' 为 1.208 kg/m³。由于 ρ_{rel} 大于 ρ_a'，下一步是计算重气体标准，以确定该泄漏物是否应视为重质气体。

由于该泄漏视为连续泄漏（5.6.4 节），因此重气体标准计算应使用 4.13.1 节中给出的公式。标准（C_p）计算如下：

$$
\begin{aligned}
C_p &= \frac{U_r}{\left[\dfrac{g(E/\rho_{rel})}{D_{rel}}\left(\dfrac{\rho_{rel}-\rho_a}{\rho_a}\right)\right]^{\frac{1}{3}}} \\
&= (0.98\,\mathrm{m/s})\left[\frac{(9.806\,\mathrm{m/s^2})\times(2.515\,1\,\mathrm{kg/s}\div1.251\,3\,\mathrm{kg/m^3})}{0.863\,6\,\mathrm{m}}\right. \\
&\quad \left. \left(\frac{1.251\,3\,\mathrm{kg/m^3}-1.208\,\mathrm{kg/m^3}}{1.208\,\mathrm{kg/m^3}}\right)\right]^{-\frac{1}{3}} \\
&= 1.048
\end{aligned}
\tag{5-159}
$$

由于 $C_p < 6$，因此应采用重质气体模型。

5.6.14　泄漏高度

烟囱高度为 28 ft（8.54 m），这也是泄漏物进入大气的位置。

5.6.15　地面温度

没有关于地面温度的直接信息。因此，假定地面温度等于环境温度，即 64℉（290.9 K）。

5.6.16　平均时间

平均时间设定为 30 min，以便比较模型预测浓度与 IDLH（立即危及生命和健康限值）浓度。

5.6.17　气象条件

风速和风向。假定风速和风向可以从现场气象设备获得，或采用现场的平均条件。在本示例中，风速为 2.2 mile/h（0.98 m/s）。风向为向东风向（90°）。测量高度为 32.81 ft（10 m）。要确定最大扩散气象条件，可能需要多个风速以及多个稳定性等级。

稳定性等级。稳定性等级没有明确给出。但是，可以根据《工作手册》3.1.2 节中描述的方法从所提供信息中估计稳定性等级。在此示例中，有 3/8 的云覆盖，并且泄漏发生在清晨，表明日照量少。根据《工作手册》中表 3-2，在日照量少的情况下，10 m 高度处风速为 0.98 m/s 的稳定性等级为"B"。

地表粗糙度长度。为了与规划建模建议值保持一致，地表粗糙度假定为 0.01 m。

10 m 高度处风速。由于给出了 10 m 高度处的风速，因此不需要用稳定性等级和地表粗糙度来估计。

环境温度、相对湿度和压力。假设环境温度、相对湿度和压力均可从现场设备获得。可观测数据见表 5-12。

5.6.18　输出定义

生成输出时要设定的适当浓度是附录 B 氯化氢数据表中给出的 STEL（短期暴露限值）浓度。要预测的实际影响值列于第 7 章。

5.7　单相液体泄漏（高挥发性）示例

在本示例中，通过将环氧乙烷保持在恰好低于其沸点的温度，将环氧乙烷以其液相形式储存在罐内。储罐底部附近形成一个 0.25 in 的孔。泄漏发生时，环境压力为 1 个大气压，罐内环氧乙烷为 1 个大气压的饱和压力，其正常沸腾温度为 51.3℉（283.85 K）。3.5 m 直径储罐内的液位距离地面 9.2 ft（2.8 m）。孔洞距离地面 0.15 ft（0.5 m）。

液体环氧乙烷在罐内物质的柱头压力作用下发生泄漏，直到液位达到孔洞位置。泄漏发生时的环境温度为82.4℉（301.15 K）。由于环氧乙烷的沸点（等于泄漏温度283.85 K）低于环境温度，液体离开储罐后蒸发得非常快。因此，泄漏被视为蒸汽相泄漏，其泄漏速率等于罐内液体泄漏速率。泄漏过程的示意图如图5-6所示。

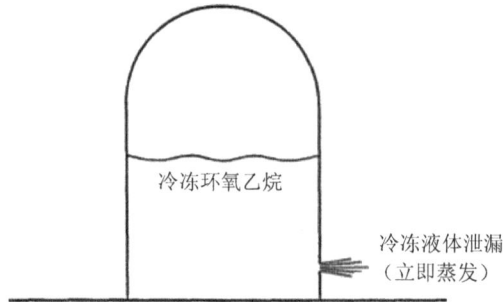

图 5-6　单相液体泄漏（高挥发性）

泄漏发生时的气象条件如下：

- 北风风速 2.0 m/s；
- 温度为 28℃；
- 相对湿度 50%；
- 压力为 1 个大气压（海平面）；
- 稳定性等级假定为"E"；
- 测量高度为 10 m。

最近公共边界距离泄漏点 100 m。

表 5-13 汇总了此示例的模型输入。以下各节将介绍如何开发输入值。

表 5-13　"高挥发性单相液体泄漏示例"的输入汇总

化学数据（5.7.2 节）	见附录 B
泄漏类型（5.7.3 节）	两相
连续或瞬时泄漏类别（5.7.4 节）	连续
泄漏速率（5.7.7 节）	0.122 0 kg/s
泄漏温度（5.7.8 节）	283.85 K（T_b）
蒸汽分数（5.7.9 节）	F_{rel} =0.0（来自闪蒸，但假定立即沸腾/蒸发）
初始浓度（5.7.10 节）	f_a = 0.0 f_w =0.0 f_i =1.0
密度（5.7.11 节）	ρ_{rel} =1.891 kg/m³ ρ_a =1.162 kg/m³（在环境温度下）
泄漏直径或面积（5.7.12 节）	直径 = 0.137 2 m

泄漏浮力（5.7.13 节）	$C_p = 1.403 < 6$（使用重质气体模型）
泄漏高度（5.7.14 节）	0.5 m
地面温度（5.7.15 节）	与环境温度相同
平均时间（5.7.16 节）	30 min
气象条件（5.7.17 节）	风速和风向 0 °@ 2 m/s 测量高度=10 m 速度@10 m= 2 m/s 稳定性等级 E 地表粗糙度长度 $Z_0 = 0.01$ m 环境温度、相对湿度和压力 温度=301 K 相对湿度=50% 压力=1 个大气压（101 325 Pa）
输出定义（5.7.18 节）	IDLH（立即危及生命和健康限值） 最小关注距离= 100 m
可观测数据（5.7.1 节）	见表 5-14

5.7.1　可观测数据

可观测数据在情景描述中给出。表 5-14 汇总了这一信息。对于为规划目的所做的建模，孔洞面向方向应假定为与风向相同。这将确保最大限度地传输泄漏物质。

表 5-14　"高挥发性单相液体泄漏示例"的可观测数据汇总

泄漏描述	物质：环氧乙烷 容器：立式汽缸 直径：3.5 m 高度： 容积： 总环氧乙烷：23 780 kg 温度：283.85 K（T_b） 压力：1 个绝对大气压（101 325 Pa） 孔位：罐内 孔上方液体高度：2.3 m 内径：0.25 in（6.35×10^{-3} m） 面积：3.167×10^{-5} m 孔高度：0.5 m 最近边界：328.1 ft（100 m）

	温度：28℃（301 K）
气象条件	相对湿度：50%
	压力：1 个大气压（101 325 Pa）
	风速：2 m/s
	风向：北（0°）
	测量高度：10 m
	地表粗糙度：0.01 m
	稳定性等级：E

5.7.2　化学数据要求

纯环氧乙烷的化学数据见附录 B。

5.7.3　泄漏类别

该情景下只发生一种泄漏。液体从储罐中倒出，直到液位达到孔位。由于液体储存温度为沸点，罐内气体压力为 1 个大气压。预计不会有明显的气体泄漏，因为罐内外压力相同，除非停止制冷。在这种情况下，剩余液体可能会沸腾，产生的气相就会逸出。

泄漏类别按照图 4-1 的流程图确定。环氧乙烷以液体形式储存。附录 B 中的闪蒸图表明，由于储存温度等于沸点，并且闪蒸图曲线从沸点处开始向上分支，所以不会发生闪蒸。

由于不会发生闪蒸，下一步是确定沸点是高于还是低于环境温度。沸点是 283.85 K，环境温度是 301 K。由于沸点低于环境温度，泄漏物质一进入大气就会沸腾/蒸发。从图 4-1 的流程图来看，该情景被定义为高挥发性液体泄漏。现在应使用图 4-5 的流程图来确定模型输入。

5.7.4　连续或瞬时泄漏类别

在本示例中，泄漏速率为 0.122 0 kg/s（见 5.7.8 节）。泄漏持续时间是液体从储罐中逸出所需的时间。储罐中有 23 780 kg 液体，深度为 2.8 m。孔洞位于储罐底部上方 0.5 m 处。这意味着在液体停止泄漏后，罐内残留液体的分数是 0.5/2.8。然后泄漏持续时间（t_d）可用式（5-160）计算：

$$t_d = \frac{[1-(0.5\,\text{m}\,/\,2.8\,\text{m})]23\,780\,\text{kg}}{0.122\,0\,\dfrac{\text{kg}}{\text{s}}} \tag{5-160}$$

$$t_d = 160\,111\,\text{s} = 44.5\,\text{h}$$

对于非源项模型，必须将 t_d 值与到达受体的平流时间或关注浓度达到最大下风向距离的时间进行比较。使用 4.4 节中的 t_{trav} 求解公式，假设风速为 2 m/s，距离为 100 m，扩散到达时间计算为 327 s。由于泄漏持续时间比到达关注下风向点所需的时间长，因此该泄漏视为连续泄漏。

对于源项模型，t_d 值也足够长，可以将该泄漏视为适用于大多数受体的连续泄漏。

5.7.5　特定泄漏类别计算

图 4-4 和图 4-6 给出了计算单相高挥发性液体泄漏输入的流程图。

5.7.6　确定是否为阻塞流泄漏

由于该情景涉及高挥发性液体泄漏，因此不需要进行这种测定。

5.7.7　泄漏速率

根据 4.7.7 节，要计算泄漏速率，首先必须计算出口孔处的压力。使用式（5-161）计算：

$$P_h = \max\left(P_a,\ P_{sv}\right) + \rho_s g H_1 \tag{5-161}$$

或者，在本示例中，

$$\begin{aligned} P_h &= 1.013\,25 \times 10^5\,\text{Pa} + (882.70\,\text{kg/m}^3)\ (9.806\,\text{m/s}^2)\ (2.3\,\text{m}) \\ &= 1.212 \times 10^5\,\text{Pa} \end{aligned} \tag{5-162}$$

由于储存压力（P_{sv}）与环境压力（P_a）（1 个大气压）相同，所以最大储存压力也是 1 个大气压。

由于孔洞面积远小于储罐面积，因此，在该储罐泄漏中，β 项（如 4.7.6 节所定义）接近 0。这意味着 K 等于 C（0.65）。4.7.7 节的公式可以写成：

$$E = C A_0 [2\rho_s (P_h - P_a)]^{\frac{1}{2}} \tag{5-163}$$

$$\begin{aligned} E &= (0.65)\ (3.167 \times 10^{-5}\,\text{m}^2) \\ &\quad \left\{ 2(882.70\,\text{kg/m}^3)\left[\ (1.212\,3 \times 10^5\,\text{Pa}) - (1.013\,25 \times 10^5\,\text{Pa})\ \right]\right\}^{\frac{1}{2}} \\ &= 0.122\,0\,\text{kg/s} \end{aligned} \tag{5-164}$$

5.7.8　泄漏温度

对于该泄漏类别，假设一旦液体离开储罐，就会蒸发。因此，泄漏温度可以假定为化学物质的正常沸点。

5.7.9　蒸汽分数

在确定泄漏类别时，F_{rel} 值已确定为 0（5.7.3 节）。但是，也假定液体进入大气后，会立即沸腾/蒸发，而不会形成液池或液滴，因为沸点低于环境温度，并且储存压力接近环境压力。

5.7.10　初始浓度

由于该泄漏为高挥发性泄漏，因此可以安全地假设仅泄漏环氧乙烷。根据这一假设，初始浓度（见 4.10 节）如下：$f_a = 0.0$；$f_w = 0.0$；$f_l = 1.0$。

5.7.11　密度

所需密度可使用 4.11 节中的公式计算。泄漏以纯环氧乙烷气体开始。假定水蒸气摩尔分数为 0。大气中水蒸气成分的密度也假定为可以忽略不计。要计算密度效应，需要计算环境温度条件下的空气密度。假设气体为一种理想气体：

$$\rho_a = \frac{P_a M_a}{R T_a} \tag{5-165}$$

$$\rho_a = \frac{(101\,325\,\text{Pa})\ (28.9\,\text{kg}/\text{kmol})}{8\,314\,\text{J}/(\text{kmol}\cdot\text{K})\ (301.15\,\text{K})} \\ = 1.170\,\text{kg}/\text{m}^3 \tag{5-166}$$

与此相类似，水蒸气密度计算如下：

$$\rho_w = \frac{P_a M_w}{R T_a} \\ = \frac{(101\,325\,\text{Pa})\ (18.02\,\text{kg}/\text{kmol})}{8\,314\,\text{J}/(\text{kmol}\cdot\text{K})\ (301.15\,\text{K})} \\ = 0.729\,3\,\text{kg}/\text{m}^3 \tag{5-167}$$

环境水蒸气（f_w'）和空气（f_a'）的摩尔分数计算如下：

$$f_w = \left(\frac{\text{RH}}{100}\right)10^{\left(6.399\,4-\frac{2\,353}{T_a}\right)} \\ = \left(\frac{50}{100}\right)10^{\left(6.399\,4-\frac{2\,353}{301.15\,\text{K}}\right)} \\ = 0.019\,27 \tag{5-168}$$

$$f_a' = 1 - f_w'$$
$$= 1 - 0.019\,27 \qquad (5\text{-}169)$$
$$= 0.980\,7$$

环境大气中空气和水蒸气的表观分子量计算如下：

$$M_T'' = f_a' M_a + f_w' M_w$$
$$= (0.980\,7)\ (28.9\,\text{kg}/\text{kmol}) + (0.019\,27)\ (18.02\,\text{kg}/\text{kmol}) \qquad (5\text{-}170)$$
$$= 28.69\,\text{kg}/\text{kmol}$$

最后，环境密度 ρ_a' 计算如式（5-171）所示：

$$\rho_a' = \left(\frac{f_a' M_a}{M_T' \rho_a} + \frac{f_w' M_w}{M_T' \rho_w} \right)^{-1}$$
$$\left[\frac{(0.980\,7)\ (28.9\,\text{kg}/\text{kmol})}{(28.69\,\text{kg}/\text{kmol})\ (1.170\,\text{kg}/\text{m}^3)} + \right. \qquad (5\text{-}171)$$
$$\left. \frac{(0.019\,27)\ (18.02\,\text{kg}/\text{kmol})}{(28.69\,\text{kg}/\text{kmol})\ (0.729\,3\,\text{kg}/\text{m}^3)} \right]^{-1}$$
$$= 1.162\,\text{kg}/\text{m}^3$$

由于假定环氧乙烷在泄漏后会瞬间蒸发，所以可基于理想气体定律计算得出泄漏密度：

$$\rho_{rel} = \frac{P_a M}{R T_{rel}}$$
$$= \frac{(101\,325\,\text{Pa})\ (44.053\,\text{kg}/\text{kmol})}{8\,314\,\text{J}/(\text{kmol}\cdot\text{K})\ (283.85\,\text{K})} \qquad (5\text{-}172)$$
$$= 1.891\,4\,\text{kg}/\text{m}^3$$

5.7.12　泄漏直径或面积

孔洞直径为 0.277 0 in（0.007 936 m），孔洞面积为 $3.167 \times 10^{-5}\,\text{m}^2$。由于储存相是液体，储存密度（$\rho_s$）与液体密度相同，或 883 kg/m³（见附录 B）。然后可以估算出口速度（见 4.12 节）：

$$u = \frac{E}{A \rho_s}$$
$$= \frac{0.122\,0\,\text{kg}/\text{s}}{(3.167 \times 10^{-5}\,\text{m}^2)\ (883\,\text{kg}/\text{m}^3)} \qquad (5\text{-}173)$$
$$= 4.363\,\text{m}/\text{s}$$

在如此高的泄漏速度下，可以使用 4.12.2 节中的高动量公式计算泄漏直径。根据高动量公式计算泄漏直径：

$$
\begin{aligned}
D_{rel} &= D_s \sqrt{\frac{\rho_s}{\rho_{rel}}} \\
&= 0.006\,35\text{ m}\sqrt{\frac{883\text{ kg}/\text{m}^3}{1.891\,4\text{ kg}/\text{m}^3}} \\
&= 0.137\,2\text{ m}
\end{aligned}
\tag{5-174}
$$

5.7.13 泄漏浮力

泄漏浮力用于确定是否应使用重质气体模型，而不是中性浮力模型或轻质气体模型。第一步是比较 ρ_{rel} 和 ρ_a'。如果 ρ_{rel} 小于或等于 ρ_a'，则该泄漏不应视为重质气体泄漏。在本示例中，ρ_{rel} 为 $1.891\,4$ kg/m^3，ρ_a' 为 1.162 kg/m^3。由于 ρ_{rel} 大于 ρ_a'，下一步是采用重气体标准。

由于该泄漏视为是连续泄漏（5.7.4 节），因此重气体标准计算应使用 4.13.1 节中的公式。标准（C_p）计算如下：

$$
\begin{aligned}
C_p &= \frac{U_r}{\left[\dfrac{g(E/\rho_{rel})}{D_{rel}}\left(\dfrac{\rho_{rel}-\rho_a}{\rho_a}\right)\right]^{\frac{1}{3}}} \\
&= (2.0\text{ m}/\text{s})\left[\frac{(9.806\text{ m}/\text{s}^2)\quad(0.122\,0\text{ kg}/\text{s}/1.891\,4\text{ kg}/\text{m}^3)}{0.137\,2\text{ m}}\right. \\
&\qquad\left.\left(\frac{1.891\,4\text{ kg}/\text{m}^3 - 1.162\text{ kg}/\text{m}^3}{1.162\text{ kg}/\text{m}^3}\right)\right]^{-\frac{1}{3}} \\
&= 1.403
\end{aligned}
\tag{5-175}
$$

由于 $C_p < 6$，因此应采用重质气体模型。

5.7.14 泄漏高度

储罐上的孔洞距离地面 0.5 m。由于假定泄漏液体在泄漏发生后会立即蒸发，因此假定泄漏高度与液体离开储罐系统的高度相同，或距离地面 0.5 m。

5.7.15 地面温度

没有关于地面温度的直接信息。因此，假定地面温度等于环境温度，即 301.15 K。

5.7.16　平均时间

平均时间设定为 30 min，以便比较模型预测浓度与 IDLH（立即危及生命和健康限值）浓度。

5.7.17　气象条件

风速和风向。假定风速和风向可从现场气象设备获得，或采用现场的平均条件。在本示例中，风速为 2 m/s。风向为北（0°）。测量高度为 10 m。要确定最大扩散气象条件，可能需要多个风速以及多个稳定性等级。

稳定性等级。假定该模拟用于规划目的。因此，稳定性等级设定为 "E"。

地表粗糙度长度。为了与规划建模建议值保持一致，地表粗糙度假定为 0.01 m。

10 m 高度处风速。由于给出了 10 m 高度处的风速，因此不再需要使用稳定性等级和地表粗糙度来估计。

环境温度、相对湿度和压力。假设环境温度、相对湿度和压力均可从现场设备获得。可观测数据见表 5-14。

5.7.18　输出定义

生成输出时应设定的适当浓度是附录 B 环氧乙烷数据表中给出的 3 个 ERPG（应急响应规划指南）浓度。要预测的实际影响值列于第 7 章。

5.8　单相液体泄漏（低挥发性）示例

在本示例中，常温储罐用于存储 30% 质量分数的盐酸溶液。该容器是一个直径为 12 ft 的储罐，液位为 9 ft（2.7 m）。储罐底部附近罐壁处有一个 0.75 in 的储罐玻璃连接处出现破裂，距离地面 1 ft（0.3 m）。由此产生的孔洞直径为 0.75 in（0.019 1 m）。储存温度等于环境温度，即 65°F（291.5 K）。储罐位于 576 ft2（53.54 m2）的围堰区域内。围堰内可容纳储罐装满时的全破裂的物质。

30%wt 的盐酸在罐内静液柱压力下以液体形式泄漏。由于大部分液态盐酸的沸点（370.2 K）高于环境温度（291.5 K），液体在围堰内形成液池，由此发生蒸发。图 5-7 给出了这一泄漏过程的示意图。

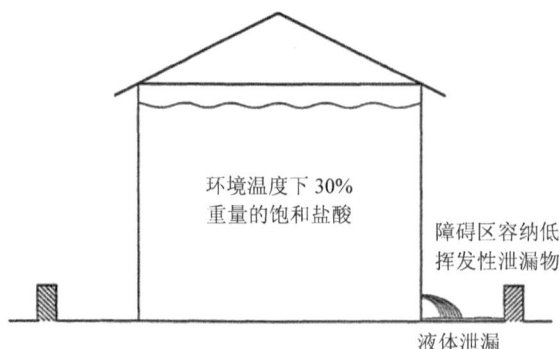

环境温度下30%
重量的饱和盐酸

障碍区容纳低
挥发性泄漏物

液体泄漏

图 5-7 单相液体泄漏（低挥发性）

泄漏发生时的气象条件如下：

- 东北风速 5 mile/h；

- 温度为 65℉；

- 相对湿度 58%；

- 压力为 1 个大气压（海平面）；

- 3/8 云量；

- 下午晚些时候发生泄漏；

- 测量高度为 35 ft。

最近公共边界距离泄漏点 450 ft。

表 5-15 汇总了此示例的模型输入。以下各节将介绍如何开发输入值。

表 5-15 "低挥发性液体泄漏示例"的输入汇总

化学数据（5.8.2 节）	见附录 B
泄漏类型（5.8.3 节）	低挥发性液体
连续或瞬时泄漏类别（5.8.4 节）	连续
泄漏速率（5.8.7 节）	0.005 365 kg/s（总计），0.004 272 kg/s（氯化氢）
泄漏温度（5.8.8 节）	291.48 K
蒸汽分数（5.8.9 节）	$F_{rel} = 0$（闪蒸），所有排放为蒸汽状态
初始浓度（5.8.10 节）	$f_a = 0.968\ 9$ $f_w = 0.018\ 5$ $f_i = 0.012\ 58$
密度（5.8.11 节）	$\rho_{rel} = 1.204 \text{ kg/m}^3$ $\rho_a' = 1.203 \text{ kg/m}^3$
泄漏直径或面积（5.8.12 节）	直径 = 8.256 m
泄漏浮力（5.8.13 节）	$C_p = 136.7 > 6$（不使用重质气体模型）

泄漏高度（5.8.14 节）	0.0 m
地面温度（5.8.15 节）	与环境温度相同
平均时间（5.8.16 节）	1 h
气象条件（5.8.17 节）	风速和风向 45°@ 5 mile/h（2.24 m/s） 测量高度=10.7 m 速度@10 m= 2.23 m/s 稳定性等级 C 地表粗糙度长度 $Z_0 = 0.01$ m 环境温度、相对湿度和压力 温度= 65℉（291.48 K） 相对湿度= 58% 压力=1 个大气压（101 325 Pa）
输出定义（5.8.18 节）	ERPG（应急响应规划指南）浓度 最小关注距离= 450 ft（137.2 m）
可观测数据（5.8.1 节）	见表 5-16

5.8.1　可观测数据

可观测数据列在情景描述中。表 5-16 汇总了这些数据。

表 5-16　"低挥发性液体泄漏示例"的可观测数据汇总

泄漏描述	物质：30%重量的氯化氢溶液 容器：立式汽缸 直径：12 ft（3.66 m） 液体高度：9 ft（2.74 m） 液体总量：63 126 lb（28 634 kg） 温度：65℉（291.48 K） 压力：1 个标准大气压（绝对）（$1.013\,25 \times 10^5$ Pa） 边界障碍区：24 × 24 ft，576 ft^2（53.54 m^2）
孔位	内径：0.75 in（0.019 1 m） 面积：$3.068\,0 \times 10^{-3}$ ft^2（2.85×10^{-4} m^2） 孔高度：1 ft（0.30 m） 最近边界：450 ft（137.2 m）
气象条件	温度：65℉（291.48 K） 相对湿度：58% 压力：1 个大气压（101 325 Pa） 风速：5 mile/h（2.24 m/s） 风向：东北（45°）

气象条件	测量高度：35 ft（10.7 m） 地表粗糙度：0.01 m 云量：3/8 时间：下午晚些时候

5.8.2　化学数据要求

30%重量的盐酸溶液的化学数据见附录 B。

5.8.3　泄漏类别

在此情景中，只发生一种泄漏。液体从储罐中泄漏，直到储罐残余液位达到泄漏孔高度。泄漏类别根据图 4-1 的流程图确定。

盐酸溶液以液体形式储存。附录 B 中的闪蒸图表明，由于储存温度低于沸点，并且闪蒸图曲线从沸点处开始向上分支，所以不会发生闪蒸。

由于不会发生闪蒸，下一步就是确定沸点是高于还是低于环境温度。在本示例中，沸点为 370.2 K，环境温度为 291.48 K。因此，沸点高于环境温度。由图 4-1 的流程图来看，该情景为低挥发性液体泄漏。由于沸点高于环境温度，物质会蒸发，但不会沸腾。蒸发速率受温度和风速控制。使用图 4-5 的流程图来确定模型输入。

5.8.4　连续或瞬时泄漏类别

在本示例中，进入大气中的蒸发速率为 0.005 365 kg/s（见 5.8.8 节）。泄漏持续时间是液体从储罐中逸出所需的时间。储罐中有 28 634 kg 液体，深度为 2.74 m。孔洞于储罐底部上方 0.3 m 的高度。这意味着在液体停止泄漏后，储罐内残留液体的分数是 0.3/2.74。然后泄漏液池蒸发持续时间（t_d）计算如下：

$$t_d = \frac{[1-(0.3\,\text{m}\,/\,2.74\,\text{m})]\,28\,634\,\text{kg}}{0.005\,365\,\dfrac{\text{kg}}{\text{s}}}$$
$$= 4\,752\,822\,\text{s}$$
$$= 1\,320\,\text{h} \tag{5-176}$$

然而，还有另一个泄漏速率，即罐内液体泄漏到围堰速率。其持续时间计算如式（5-177）所示：

$$t_d = \frac{[1-(0.3\,\text{m}\,/\,2.74\,\text{m})]\,28\,634\,\text{kg}}{1.273\,\dfrac{\text{kg}}{\text{s}}}$$
$$= 20\,031\,\text{s}$$
$$= 5.56\,\text{h} \tag{5-177}$$

对于非源项模型，必须将 t_d 值与到达受体的平流时间或关注浓度达到最大下风向距离的时间进行比较。使用 4.4 节中的 t_{trav} 求解公式，假设风速为 5 mile/h（2.24 m/s），距离为 450 ft（137.2 m），扩散时间计算为 122 s。由于两个泄漏持续时间都比到达关注下风向点所需的时间长，因此该泄漏视为连续泄漏。

对于源项模型，两个 t_d 值也足够长，可以将该泄漏视为适用于大多数受体的连续泄漏。

5.8.5　特定泄漏类别计算

图 4-5 和图 4-6 中给出了计算单相低挥发性液体泄漏输入的流程图。

5.8.6　确定是否为阻塞流泄漏

由于这是低挥发性液体泄漏，因此不需要进行这种测定。

5.8.7　泄漏速率

低挥发性液体泄漏涉及两个重要的泄漏速率。首先是液体从储罐中泄漏时的泄漏速率。第二个是形成液池的蒸发速率。必须比较这两个泄漏速率以确定哪一个是源项泄漏速率的限制点。

储罐泄漏速率的计算采用与高挥发性泄漏相同的方法（见 4.7.7 节）。首先，必须使用下式计算储存压力（P_{sv}）：

$$P_{sv} = 101\,325\,\text{Pa} \exp\left[\frac{\lambda M}{R} \left(\frac{1}{T_b} - \frac{1}{T_s} \right) \right] \tag{5-178}$$

$$P_{sv} = 101\,325\,\text{Pa} \exp\left[\frac{(2.354\,9 \times 10^6 \,\text{J/kg})\ (21.24\,\text{kg/kmol})}{8\,314\,\text{J/(kmol·K)}} \right]$$
$$\left(\frac{1}{370.2\,\text{K}} - \frac{1}{291.48\,\text{K}} \right) \tag{5-179}$$
$$= 1.257\,9 \times 10^3 \,\text{Pa}$$

其次，必须计算出口处的压力，使用下式计算：

$$P_h = \max\ (P_a,\ P_{sv}) + p_s g H_l \tag{5-180}$$

在本示例中，

$$P_h = 1.013\,25 \times 10^5 \,\text{Pa} + (993.30\,\text{kg/m}^3)\ (9.806\,\text{m/s}^2)\ (2.44\,\text{m}) \tag{5-181}$$
$$= 1.250\,9 \times 10^5 \,\text{Pa}$$

由于储存压力（P_{sv}）小于环境压力（P_a），因此最大值取 1 个大气压。需要注意的是，储存的液体密度假定为正常沸点储存的液体密度，而不是储存温度下的液体密度。作这一假设只是为了方便，并不是通过利用假定的温度依赖性外推实际液体密度以取得近似值。与泄漏速率计算中的其他假设相比，误差可能很小。

由于孔洞面积远小于储罐面积，因此，在该储罐泄漏中，β 项（如 4.7.7 节所定义）接近 0。这意味着 K 等于 C（0.65）。4.7.7 节中的公式可以写成：

$$E = CA_0[2P_s(P_h - P_a)]^{\frac{1}{2}} \tag{5-182}$$

$$E = (0.65) \ (2.85 \times 10^{-4} \, \text{m}^2)$$
$$\{2(993.30 \, \text{kg/m}^3) \ [\ (1.2509 \times 10^5 \, \text{Pa}) - (1.01325 \times 10^5 \, \text{Pa}) \ ]\}^{\frac{1}{2}} \tag{5-183}$$
$$= 1.273 \, \text{kg/s}$$

最后，必须计算出液池的最大蒸发速率，并与储罐泄漏速率进行比较。最终的源项速率以较小释放速率为准。液池蒸发速率（4.7.8 节中的 E_{pool}）由式（5-184）计算得出：

$$E_{pool} = 6.94 \times 10^{-7}[1 + 0.0043(T_{rel} - 273.15)^{*2}] U_r^{0.75} A_p M \frac{P_v}{P_{vh}} \tag{5-184}$$

在计算 E_{pool} 之前，必须已知 3 个参数。其中一个参数——泄漏温度（T_{rel}），在 5.8.8 节中确定为 291.48 K。另外两个参数——P_v 和 P_{vh}，需要在这里计算。如 4.7.8 节所述，应同时在 T_{rel} 和 T_a 下计算泄漏速率 E_{pool}；然后应采用较大的 E_{pool} 值。然而，在本示例中，由于 T_{rel} 和 T_a 相同，因此只需要进行一次计算。

参数 P_v 是全部盐酸溶液的饱和蒸汽压，它是溶液中水蒸气和无水氯化氢的分压之和。必须将液池泄漏速率与储罐液体泄漏速率进行比较。由于液体由水和氯化氢组成，液池泄漏速率应同时考虑这两种物质。根据数据库，在 T_{rel} 条件下：

$$P_v(\text{HCl}) = 1274.2 \, \text{Pa}$$
$$P_v(\text{H}_2\text{O}) = 655.8 \, \text{Pa} \tag{5-185}$$
$$P_v = 1930.0 \, \text{Pa}$$

如果这不是一种混合物，则根据式（5-186）计算参数 p_v：

$$P_v = 101325 \, \text{Pa} \exp\left[\frac{\lambda M}{R}\left(\frac{1}{T_b} - \frac{1}{T_{rel}}\right)\right] \tag{5-186}$$

参数 P_{vh} 是在 T_{rel} 下肼的蒸汽压，可以由式（5-187）计算：

$$P_{vh} = \exp\left[76.8580 - \frac{7245.2}{T_{rel}} - 8.22\ln(T_{rel}) + 0.0061557T_{rel}\right]$$
$$= \exp\left[76.8580 - \frac{7245.2}{291.48 \, \text{K}} - 8.22\ln(291.48 \, \text{K}) + 0.0061557(291.48 \, \text{K})\right] \tag{5-187}$$
$$= 1270.8 \, \text{Pa}$$

这样一来，E_{pool} 值可用式（5-188）进行计算：

$$E_{pool} = 6.94 \times 10^{-7} [1 + 0.0043(291.48\,K - 273.15\,K)^{*2}]\,(2.24\,m/s)^{0.75}$$
$$(53.54\,m^2)\,(21.24\,kg/kmol)\frac{1\,930.0\,Pa}{1\,270.8\,Pa} \tag{5-188}$$
$$= 0.005\,365\,kg/s$$

因此，E_{pool} 小于 E。液池的最大面积为 53.54 m^2。关于泄漏速率的一个重要问题是，它既包括水蒸气泄漏，也包括氯化氢泄漏。模型中使用的实际泄漏速率应该仅针对氯化氢。水和氯化氢蒸汽的泄漏速率与其重量百分比比率相同。这意味着可以用式（5-189）计算氯化氢泄漏速率（E_{HCl}）：

$$E_{HCl} = \left(\frac{P_v(HCl)}{P_v}\right)\left(\frac{M_{HCl}}{M_T}\right)E_{pool} \tag{5-189}$$

$$E_{HCl} = \left(\frac{1\,274.2\,Pa}{1\,930.0\,Pa}\right)\left(\frac{36.461\,kg/kmol}{30.23\,kg/kmol}\right)(0.005\,365\,kg/s) \tag{5-190}$$
$$= 0.004\,272\,kg/s$$

式中：M_{HCl} —— 氯化氢分子量，36.46 kg/kmol；

M_T —— 水蒸气和氯化氢混合物的平均分子量。

$$M_T = \left[\frac{P_v(HCl)}{P_v}\right]M_{HCl} + \left[\frac{P_v(H_2O)}{P_v}\right]M_{H_2O}$$
$$= \left(\frac{1\,274.2\,Pa}{1\,930.0\,Pa}\right)(36.46\,kg/kmol) + \left(\frac{655.8\,Pa}{1\,930.0\,Pa}\right)(18.02\,kg/kmol) \tag{5-191}$$
$$= 30.19\,kg/kmol$$

5.8.8　泄漏温度

液体在储存温度下发生泄漏。对于保守的方法，泄漏温度应假定为储存温度或环境温度，以较高者为准。在本示例中，这两个温度相同，因此假定泄漏温度（T_a）为 291.48 K。

5.8.9　闪蒸分数

在确定泄漏类别的过程中（5.8.3 节），F_{rel} 值确定为 0，也就是说，没有发生闪蒸。

5.8.10　初始浓度

初始浓度的计算方法见 4.10.2 节。本示例中的泄漏包含所有 3 种组分：空气、水蒸气和关注化学物质。必须确定每个组分的摩尔分数。参数 f_i 是氯化氢蒸汽压与环境压力的比值。泄漏物的区分特别重要，因为在空气中，关注化学物质是氯化氢，而不是水蒸气。因此，仅使用氯化氢蒸汽压来确定关注化学物质的初始浓度，具体计算如下：

$$f_i = \frac{P_v(\mathrm{HCl})}{p_a}$$
$$= \frac{1\,274.2\,\mathrm{Pa}}{101\,325\,\mathrm{Pa}} \qquad (5\text{-}192)$$
$$= 0.012\,58$$

剩下组分只是空气和水蒸气。水蒸气来自环境大气和泄漏源。最简单的方法是求解空气的摩尔分数，然后从 1 中减去 f_i 和 f_a，从而确定水蒸气分数。

大气中不是从泄漏物中吸收的摩尔分数是（$1-f_i'$），其中 f_i' 是从源泄漏的水蒸气和氯化氢的摩尔分数。f_i' 值与 f_i 值的计算方法相同，即

$$f_i' = \frac{P_v(\mathrm{HCl}) + P_v(\mathrm{H_2O})}{P_a}$$
$$= \frac{1\,930.0\,\mathrm{Pa}}{101\,325\,\mathrm{Pa}} \qquad (5\text{-}193)$$
$$= 0.019\,05$$

还需要计算空气和水蒸气在环境空气中的摩尔分数。水蒸气分数是温度和相对湿度的函数。环境空气中的水蒸气摩尔分数（f_w）计算如下：

$$f_w = \left(\frac{\mathrm{RH}}{100}\right)e_s \qquad (5\text{-}194)$$

式中：e_s 由式（5-194）计算：

$$\log_{10} e_s = 6.399\,4 - \frac{2\,353}{T}$$
$$= 6.399\,4 - \frac{2\,353}{291.48\,\mathrm{K}} \qquad (5\text{-}195)$$

得出 e_s 值为 0.021 2。当相对湿度为 58% 时，f_w 值为 0.012 3。大气中的空气摩尔分数（f_a'）值为 0.987 7。泄漏物中的空气摩尔分数计算如下：

$$f_a = f_a'(1 - f_i')$$
$$= 0.987\,7(1 - 0.019\,05) \qquad (5\text{-}196)$$
$$= 0.968\,9$$

水蒸气的摩尔分数计算如下：

$$f_w = 1 - (f_i + f_a)$$
$$= 1 - (0.012\,58 + 0.968\,9) \qquad (5\text{-}197)$$
$$= 0.018\,5$$

综上所述：f_a= 0.968 9；f_w= 0.018 5；f_i= 0.012 58。

5.8.11　密度

所需密度输入参数使用 4.11 节中的公式计算。由于泄漏包含 3 种组分（空气、水蒸气和氯化氢），每种组分都促成泄漏密度。计算总密度的第一步是计算这 3 种组分的单个密度。由于仅泄漏气相氯化氢，因此 ρ_i 等于 ρ_g。如果泄漏只包含这 3 种组分，其密度通过式（5-198）计算得出：

$$
\begin{aligned}
\rho_i &= \rho_g \\
&= \frac{P_a M_i}{R T_{rel}} \\
&= \frac{(101\,325\ \text{Pa})\quad(36.47\ \text{kg}/\text{kmol})}{8\,314\ \text{J}/(\text{kmol}\cdot\text{K})\quad(291.48\ \text{K})} \\
&= 1.525\ \text{kg}/\text{m}^3
\end{aligned}
\tag{5-198}
$$

$$
\begin{aligned}
\rho_a &= \frac{P_a M_a}{R T_{rel}} \\
&= \frac{(101\,325\ \text{Pa})\quad(28.9\ \text{kg}/\text{kmol})}{8\,314\ \text{J}/(\text{kmol}\cdot\text{K})\quad(291.48\ \text{K})} \\
&= 1.208\ \text{kg}/\text{m}^3
\end{aligned}
\tag{5-199}
$$

最终，

$$
\begin{aligned}
\rho_w &= \frac{P_a M_w}{R T_{rel}} \\
&= \frac{(101\,325\ \text{Pa})\quad(18.02\ \text{kg}/\text{kmol})}{8\,314\ \text{J}/(\text{kmol}\cdot\text{K})\quad(291.48\ \text{K})} \\
&= 0.753\,4\ \text{kg}/\text{m}^3
\end{aligned}
\tag{5-200}
$$

需注意，使用的是纯氯化氢气体的分子量，而不是混合物的分子量。混合物分子量适用于液相。这里只考虑大气中的气相泄漏。如 4.11 节所述，泄漏密度（ρ_{rel}）由式（5-201）计算得出：

$$
\rho_{rel} = \left(\frac{f_a M_a}{M_T \rho_a} + \frac{f_w M_w}{M_T \rho_w} + \frac{f_i M_i}{M_T \rho_i} \right)^{-1}
\tag{5-201}
$$

其中：

$$
M_T = f_a M_a + f_w M_w + f_i M_i
\tag{5-202}
$$

在本示例中：

$$
\begin{aligned}
M_T &= (0.968\,9)\quad(28.9\ \text{kg}/\text{m}^3)+(0.018\,5)\quad(18.02\ \text{kg}/\text{m}^3)+(0.012\,58)\quad(36.47\ \text{kg}/\text{m}^3) \\
&= 28.79\ \text{kg}/\text{m}^3
\end{aligned}
\tag{5-203}
$$

因此，

$$\rho_{rel} = \left[\frac{(0.968\,9)\ (28.9\,kg/kmol)}{(28.79\,kg/kmol)\ (1.208\,kg/m^3)} + \frac{(0.018\,5)\ (18.02\,kg/kmol)}{(28.79\,kg/kmol)\ (0.753\,4\,kg/m^3)} + \right.$$
$$\left. \frac{(0.012\,58)\ (36.47\,kg/kmol)}{(28.79\,kg/kmol)\ (1.525\,kg/m^3)} \right]^{-1}$$
$$= 1.204\,kg/m^3$$

（5-204）

泄漏包含 3 种组分，这使得实际环境空气密度的计算复杂化。在上述计算中，计算了 ρ_a 值，但该值仅适用于干燥空气。环境空气密度需要采用与泄漏密度相同的方式计算，只是使用 f_a' 和 f_w' 而不是 f_a 和 f_w。首先，空气的表观分子量由式（5-205）得出：

$$M_a' = f_a' M_a + f_w' M_w$$
$$= (0.987\,7)\ (28.9\,kg/kmol) + (0.012\,3)\ (18.02\,kg/kmol)$$
$$= 28.77\,kg/kmol$$

（5-205）

环境空气密度由式（5-206）计算得出：

$$\rho_a' = \left(\frac{f_a' M_a}{M_a' \rho_a} + \frac{f_w' M_w}{M_a' \rho_w} \right)^{-1}$$
$$\left[\frac{(0.987\,7)\ (28.9\,kg/kmol)}{(28.77\,kg/kmol)\ (1.208\,kg/m^3)} + \frac{(0.012\,3)\ (18.02\,kg/kmol)}{(28.77\,kg/kmol)\ (0.753\,4\,kg/m^3)} \right]^{-1}$$
$$= 1.203\,kg/m^3$$

（5-206）

5.8.12　泄漏直径或面积

部分泄漏来自蒸发池。蒸发出口速度可以忽略不计。泄漏直径就是蒸发池的直径。假设蒸发池为圆形，因此：

$$D_{rel} = \sqrt{\frac{4}{\pi} A_o}$$
$$= \sqrt{\frac{4}{\pi}(53.54\,m^2)}$$
$$= 8.256\,m$$

（5-207）

5.8.13　泄漏浮力

泄漏浮力用于确定是否应使用重质气体模型，而不是中性浮力模型或轻质气体模型。第一步是比较 ρ_{rel} 和 ρ_a'。如果 ρ_{rel} 小于或等于 ρ_a，则该泄漏不应视为重质气体泄漏。在本示例中，ρ_{rel} 为 1.204 kg/m³，ρ_a 为 1.203 kg/m³。ρ_a 值实际上就是 ρ_a' 值。ρ_a' 值在 5.8.11 节中计算，代表潮湿环境密度。由于 ρ_{rel} 大于 ρ_a，下一步是采用重气体标准。

由于该泄漏视为是连续泄漏（5.8.4 节），重气体标准的计算应使用 4.13.1 节中的公式。标准（C_p）计算如式（5-208）所示：

$$
\begin{aligned}
C_p &= \frac{U_r}{\left[\dfrac{g(E/\rho_{rel})}{D_{rel}}\left(\dfrac{\rho_{rel}-\rho_a}{\rho_a}\right)\right]^{\frac{1}{3}}} \\[2mm]
&\quad (2.24\,\text{m}/\text{s})\left[\frac{(9.806\,\text{m}/\text{s}^2)\times(0.005\,365\,\text{kg}/\text{s}\div1.204\,\text{kg}/\text{m}^3)}{8.256\,\text{m}}\right. \\[2mm]
&\quad \left.\left(\frac{1.204\,\text{kg}/\text{m}^3-1.203\,\text{kg}/\text{m}^3}{1.203\,\text{kg}/\text{m}^3}\right)\right]^{\frac{1}{3}} \\[2mm]
&= 136.7
\end{aligned}
\tag{5-208}
$$

由于 $C_p>6$，因此不应采用重质气体模型。在大多数低挥发性泄漏中，情况都是如此。然而，在到达这一点的过程中，还开发了非重质气体模型的大部分输入。

5.8.14 泄漏高度

储罐孔洞距离地面 0.3 m。液体从孔中泄漏到地面上并蒸发。气相泄漏物从液池液位（地平面）进入大气层。因此，泄漏高度为 0。

5.8.15 地面温度

没有关于地面温度的直接信息。因此，假定地面温度等于环境温度或 291.48 K。

5.8.16 平均时间

平均时间设定为 1 h，以便比较模型预测浓度与 ERPG（应急响应规划指南）浓度。

5.8.17 气象条件

风速和风向。假定风速和风向可从现场气象设备获得，或采用现场的平均条件。本示例中的风速为 5 mile/h（2.24 m/s）。风向为东北（45°）。测量高度为 10.7 m。要确定最大扩散气象条件，可能需要多个风速以及多个稳定性等级。

稳定性等级。稳定性等级没有明确给出；但是，可以根据《工作手册》3.1.2 节中描述的方法从所提供信息中估计稳定性等级。在此示例中，有 3/8 的云覆盖，并且泄漏发生在下午晚些时候，表明日照量少。如《工作手册》中表 3-2 所示，在日照量较小的情况下，10 m 高度处风速为 2.24 m/s 的稳定性等级为"C"。

地表粗糙度长度。为了与规划建模建议值保持一致，地表粗糙度假定为 0.01 m。

10 m 高度处风速。根据地表粗糙度、稳定性等级和 10.7 m 高度处风速，可估算 10 m 高度处风速。使用 4.17.3 节中的公式计算如式（5-209）所示：

$$u = u_1 \left(\frac{z}{z_1} \right)^p$$

$$= 2.24 \text{ m/s} \left(\frac{10.0 \text{ m}}{10.7 \text{ m}} \right)^{0.06} \qquad （5\text{-}209）$$

$$= 2.23 \text{ m/s}$$

10 m 高度处风速仍显示稳定性等级"C"。

环境温度、相对湿度和压力。假设环境温度、相对湿度和压力均可从现场设备获得。可观测数据见表 5-16。

5.8.18 输出定义

生成输出时应设定的适当浓度是附录 B 氯化氢数据表中给出的 3 个 ERPG（应急响应规划指南）浓度。要预测的实际影响值列于第 7 章。

第6章　使用的模型输入参数

本章将介绍不同泄漏类别下各模型需使用的输入参数。第 5 章中为特定泄漏类别推导的输入参数与特定模型所需的输入参数之间的差异将特别提出。第 7 章将提供每个模型的输出示例，以及如何预估影响。

本指南中讨论的计算机模型按照以下两种方式之一运行：批次式模型通过读取包含所需参数值的文件来接受输入参数；交互式模型在用户通过程序显示的输入屏幕输入参数值时接受输入参数。

对于批次式模型，必须在运行模型之前创建输入参数。输入参数只是按设定顺序排列的数字列表；对于交互式模型，输入参数是在程序运行时，通过输入屏幕上的"填空"键入。交互式模型通常允许用户以任何顺序键入输入参数。在本章中，批次式模型使用的输入参数以列表形式给出，类似于模型运行所需的输入参数；交互式模型的输入参数则在更具描述性的表中列出。

在本指南讨论的模型中，ADAM 和 HGSYSTEM 模型需要进行最多讨论。对于 ADAM 模型，在一次扩散模拟中可续需要有一些外部程序计算。只有 ADAM 模型需要进行此类外部计算，第 4 章或第 5 章中并未提供相关计算过程，本章中将对其进行介绍。对于 HGSYSTEM 模型，由于其由许多串联运行的模型组成，所以每次模拟都可以有多个输入流。通常，某一 HGSYSTEM 模型输出（作为另一个 HGSYSTEM 模型的输入）不需要用户交互。但是，由于用户在特定模拟过程中可能会更改输入参数，因此显示所有中间输入文件（称为"链接"文件）。

6.1　ADAM 模型

ADAM 模型是一种交互式模型。输入参数以逐屏方法键入。ADAM 模型的建模情景输入参数在表 6-1～表 6-6 中给出。仅对其中 6 种情景进行了模拟。未对单相气体泄漏（非阻塞流）进行模拟，这是因为 ADAM 模型无法模拟烟囱泄漏，也不考虑非无水化学物质泄漏。也未对单相液体泄漏（低挥发性）进行模拟，这是因为 ADAM 模型仅模拟重气体泄漏情景。即使单相液体泄漏（低挥发性）情景会导致重气体泄漏，ADAM 模型也不会模拟这一情景，这是因为 ADAM 模型不考虑非无水化学物质泄漏。

表 6-1　"两相环氧乙烷气体泄漏（阻塞流）"的输入参数（参考表 5-2）

化学物质名称	环氧乙烷（C_2H_4O）
运行标题	EOX1
数据文件	EOX1.DAT
输出至打印文件	EOX1.PLT
泄漏	管内孔洞
泄漏类型	连续
计算源项	是
管径	0.076 2 m（3 in）
管内流速	气体流可设定为任意值
孔径	0.013 47 m（0.53 in）
储存温度	306.67 K（92.2℉）
储存压力	$2.02×10^5$ Pa（2.0 个绝对大气压）
气象条件	
温度	287.52 K（57.2℉）
相对湿度	62%
压力	101 325 Pa（1 个绝对大气压）
风速	5.37 m/s（12.0 mile/h）
测量高度	4.57 m（15.0 ft）
风向	东北（45°）
地表粗糙度	0.01 m
旁通大气计算	是
风速@10 m	6.04 m/s（13.5 mile/h）
稳定性等级	C（2.5 索引）
浓度等值线	800 pm IDLH[①]
平均时间	30 min
包括可变风效应	否
最小关注距离	200 m（656.2 ft）
时间&地点参数	不适用
缩放比例	自动

① 由于 ADAM 模型计算的爆炸下限和爆炸上限距离中当前设置的距离步长往往不准确。

表 6-2 "两相环氧乙烷气体泄漏（非阻塞流）"的输入参数（参考表 5-4）

化学物质名称	环氧乙烷（C_2H_4O）
运行标题	EOX2
数据文件	EOX2.DAT
输出至打印文件	EOX2.PLT
泄漏	管内孔洞
泄漏类型	连续
计算源项	是
管径	0.076 2 m（3 in）
管内流速	气体流可设定为任意值
孔径	0.012 7 m（0.5 in）
储存温度	298.16 K（76.9℉）
储存压力	151 990 Pa（1.5 个绝对大气压）
气象条件	
温度	296.5 K（74.0℉）
相对湿度	37%
压力	101 325 Pa（1 个绝对大气压）
风速	2.68 m/s（6.0 mile/h）
测量高度	6.09 m（20.0 ft）
风向	西南（225°）
地表粗糙度	0.01 m
旁通大气计算	是
风速@10 m	2.89 m/s（6.47 mile/h）
稳定性等级	C（2.5 索引）
浓度等值线	800 pm IDLH[①]
平均时间	30 min
包括可变风效应	否
最小关注距离	300 m（984.3 ft）
时间&地点参数	不适用
缩放比例	自动

表 6-3 "两相加压液氯泄漏"的输入参数（参考表 5-6）

化学物质名称	氯（Cl_2）
运行标题	CLXl
数据文件	CLXl.DAT
输出至打印文件	CLXl.PLT
泄漏	储罐
泄漏类型	瞬时

---

① 由于 ADAM 模型计算的爆炸下限和爆炸上限距离中当前设置的距离步长往往不准确。

计算源项	是
储罐直径	0.762 m（30.0 in）
化学物质体积	0.152 m³
储存温度	294.3 K（70.0℉）
储存压力	6.95×10⁵ Pa（6.86 个绝对大气压）
气象条件	
温度	294.3 K（70.0℉）
相对湿度	50%
压力	101 325 Pa（1 个绝对大气压）
风速	4.47 m/s（10.0 mile/h）
测量高度	10 m（32.81 ft）
风向	南（180°）
地表粗糙度	0.01 m
旁通大气计算	是
风速@10 m	4.47 m/s（10.0 mile/h）
稳定性等级	C（2.5 索引）
浓度等值线	1 ppm（短期暴露限值）
平均时间	15 min
包括可变风效应	否
最小关注距离	100 m（328.1 ft）
时间&地点参数	不适用
缩放比例	自动

表 6-4 "两相加压液体二氧化硫泄漏"的输入参数（参考表 5-8）

化学物质名称	二氧化硫（SO_2）
运行标题	SFDl
数据文件	SFDl.DAT
输出至打印文件	SFDl.PLT
泄漏	管内孔洞
泄漏类型	连续
计算源项	是
管径	0.05 m（2 in）
孔径	0.012 7 m（0.5 in）
管内流速	28.0 m/s（91.9 ft/s）
储存温度	323.15 K（122℉）
储存压力	1.52×10⁵ Pa（15 个绝对大气压）
气象条件	
温度	291.15 K（64.4℉）
相对湿度	42%
压力	101 325 Pa（1 个绝对大气压）
风速	3.13 m/s（7.0 mile/h）
测量高度	6 m（19.7 ft）

风向	东北（45°）
地表粗糙度	0.01 m
旁通大气计算	是
风速@10 m	3.38 m/s（7.56 mile/h）
稳定性等级	E（4.5 索引）
浓度等值线	5 ppm（短期暴露限值）
平均时间	15 min
包括可变风效应	否
最小关注距离	80 m（262.5 ft）
时间&地点参数	不适用
缩放比例	自动

表6-5   "单相无水氟化氢气体泄漏（阻塞流）"的输入参数（参考表5-10）

化学物质名称	氟化氢（HF）
运行标题	HFXl
数据文件	HFXl.DAT
输出至打印文件	HFXl.PLT
泄漏	切断管道
泄漏类型	连续
计算源项	是
管道内径	0.063 5 m
管内流速	气体流可设定为任意值
储存温度	365.0 K（197.0℉）
储存压力	$2.039\ 7 \times 10^5$ Pa（2.01 个绝对大气压）
气象条件	
温度	295.15 K（71.6℉）
相对湿度	45%
压力	101 325 Pa（1 个绝对大气压）
风速	6.26 m/s（14.0 mile/h）
测量高度	6.096 m（20.0 ft）
风向	西北（315°）
地表粗糙度	0.01 m
旁通大气计算	是
风速@10 m	6.74 m/s（15.1 mile/h）
稳定性等级	D（3.5 索引）
浓度等值线	6 ppm（短期暴露限值）
平均时间	15 min
包括可变风效应	否
最小关注距离	76.2 m（250 ft）
时间&地点参数	不适用
缩放比例	自动

表 6-6 "单相液化环氧乙烷泄漏"的输入参数（参考表 5-14）

化学物质名称	环氧乙烷（C_2H_4O）
运行标题	EOX3
数据文件	EOX3.DAT
输出至打印文件	EOX3.PLT
泄漏	储罐泄漏
泄漏类型	连续
计算源项	是
容器	立轴气缸
直径	3.5 m（11.4 ft）
液体容积	26.9 m³（950.0 ft³）
孔高度	0.5 m（1.64 ft）
孔径	0.006 35 m（0.25 in）
储存温度	283.85 K（51.3℉）
储存压力	1.10×10^5 Pa（1.0 个绝对大气压）
气象条件	
温度	301.15 K（82.4℉）
相对湿度	50%
压力	101 325 Pa（1 个绝对大气压）
风速	2.0 m/s（4.47 mile/h）
测量高度	10 m（32.81 ft）
风向	北（0°）
地表粗糙度	0.01 m
旁通大气计算	是
风速@10 m	2.0 m/s（4.47 mile/h）
稳定性等级	E（4.5 索引）
浓度等值线	8 ppm IDLH[①]
平均时间	30 min
包括可变风效应	否
最小关注距离	100 m（328.1 ft）
时间&地点参数	不适用
缩放比例	自动

由于 ADAM 模型是专为满足空军需求而设计开发的，因此，该模型功能适用于特定建模的情景。在准备输入参数时，需要考虑的 ADAM 模型相关的某些技术信息如下：

- 假定所有泄漏都发生在地面，不考虑高架泄漏。
- 对于液体和液化气体，假定储罐是装满液体的液缸，其轴线垂直于地面。假定储罐底部在地面上。

---

① 应急响应规划指南（ERPG）限值不可用。

- 在整个泄漏过程中，假定储罐的储存压力和温度保持不变。不考虑储罐泄漏时压力下降的影响。
- 化学物质的物理和热力学状态通过 ADAM 模型计算，通过设定储存温度和压力来确定。
- 不考虑管道中的机械损失和两相流。

假定整个泄漏过程中的质量流速恒定且等于初始流速。所有泄漏方向都沿下风向进行，并且化学扩散持续进行，直到达到关注浓度为止。不考虑有限持续时间泄漏，即不会精确模拟（罐内）有限物质体积的连续泄漏。

- 如果标准数据库格式中包含热力学性质数据，则未包含在 ADAM 模型化学物质列表中的化学物质扩散被模拟为非反应化学物质泄漏。

目前，该模型中有 8 种无水化学物质。在以下情况下，可能会对标准 ADAM 模型化学物质选项中未包含的物质进行建模：

①物质是无水的（纯、非水相）；

②化学物质泄漏进入大气后产生的蒸汽为重气体；

③物质泄漏后不会发生反应，即物质不会聚合，自发分解，或与环境水分结合形成其他物质；

④物质的物理和热力学性质可用，并且与氯的物理和热力学性质相似。

如果满足上述条件，则必须编制拟建模化学物质的物理性质数据库，其名称设定为氯的文件名（CLXPORP.DAT）。然后，必须从 ADAM 模型目录移出实际的氯性质文件，由用户保存，并用新的化学物质文件替换该文件。重要的是保存原始 CLXPROP.DAT 文件，以便将来对氯进行建模时，可以用它来替换新的化学物质文件。对新物质进行建模只需要从 ADAM 模型化学物质清单中选择化学物质"氯"。该方法适用于环氧乙烷泄漏。

虽然通过建模替代物质性质的方法相当简单，但物质数据库是高度结构化和详细的，偏离文件格式将导致不可预知的模型操作和结果。如果需要对替代物质进行建模，应咨询 ADAM 模型提供者以寻求帮助。

ADAM 模型能够根据可观测数据（储存和大气条件）计算扩散模型输入参数（源项模式），或者提供通过其他方式（非源项模式）计算的输入参数。在非源项模式下运行 ADAM 模型需要提供以下参数：

- 泄漏源的宽度和深度；
- 源的热交换速率；
- 初始夹带的空气质量比率

本指南中并未介绍计算这些参数的方法。由于这些参数由 ADAM 模型根据可观测数据进行内部计算得出，因此所有泄漏类别都使用 ADAM 模型源项操作模式进行模拟。

在列出 ADAM 模型输入参数的表标题中，都有一个参考表。该参考表是指第 5 章中推导相关输入参数的表。由于所有模拟都是在源项操作模式下进行，因此所有提及的表都是可观测数据表，而不是计算出的输入参数表。

- 额外计算

需要进行一些计算，以便在 ADAM 模型之外创建输入参数，这是因为只有 ADAM 模型需要这些输入参数，或者因为 ADAM 模型开发人员建议的计算方法与第 4 章中提供的计算方法不同。由于这些计算或方法影响多个泄漏类别，因此这里将它们作为 ADAM 模型的一般计算呈现。表 6-1～表 6-6 中给出的输入参数是在确定泄漏是瞬时泄漏还是连续泄漏之后使用的输入参数。如下所述，建议在这两种条件下运行 ADAM 模型，然后选择适当的模拟。各泄漏类别相关的讨论中，给出了瞬时和连续泄漏情景都需要计算的所有输入参数。

- 稳定性等级

在大多数情况下，最好是独立进行大，简单地向模型提供确定扩散参数的大气稳定性等级。稳定性等级可以根据云量和日照信息来确定，具体可遵循 EPA《工作手册》3.1.2 节中提供的指导。ADAM 模型使用数字而非字母（A～F）顺序来表示稳定性。稳定性等级"A"以 0～1 表示；稳定性等级"B"以 1～2 表示，以此类推。

如果独立进行大气计算，还需要输入标准气象参考 10 m 高度处的风速。在某些情况下，情景描述中可能给出了 10 m 以外高度的风速。这里介绍的方法是 ADAM 模型内部使用的方法，与 4.17.3 节中介绍的方法不同。假设对数流速分布，10 m 高度的风速（U_{10}）可以通过式（6-1）计算：

$$U_{10} = U_z \times \frac{\ln\frac{10}{z_0}}{\ln\frac{z}{z_0}} \tag{6-1}$$

式中：U_z —— 高度 z 处的风速，m/s；

z_0 —— 地表粗糙度，m；

z —— 速度 U_z 为测量值的高度，m。

- 立轴储罐假设对液体和液化气体的影响

在 ADAM 模型中，假定所有储罐泄漏均来自圆柱容器，其底部位于地面上。也就是说，圆柱容器的轴是垂直的。如果罐中有液体，则假定储罐已满。具有水平轴的储罐必须模拟为立轴储罐。对于罐内连续液体泄漏，液体泄漏的速率由罐内压力和由于液体深度引起的柱压力决定。要在 ADAM 模型中模拟液体从卧式气缸中泄漏的速率，卧式气缸中的液体深度必须等于立式气缸中液体的深度。这可通过假定立式储罐高度等于气缸中的液体深度（h_1）来完成。

计算部分装满卧式气缸中的液体深度并非易事。如果已知卧式气缸中的液体体积，则可以通过式（6-2）迭代计算 h_1：

$$\frac{V_1}{L} = \frac{d^2}{4}\cos^{-1}\left(\frac{d - 2h_1}{d}\right) - \left(\frac{d}{2} - h_1\right)\sqrt{dh_1 - h_1^2} \tag{6-2}$$

式中：V_1 —— 罐内液体体积，m^3；

    L —— 罐长，m；

    d —— 罐直径，m。

式（6-2）中唯一未知的值是 h_1。因此，可以通过求解公式中的 h_{1s} 值之一来迭代地求解公式。为此，假定一个 h_1 值（如 d 的一半）并求解 h_1 的新值。使用新值计算另一个 h_1。继续求解 h_1 的新值，直到 h_1 的两个连续值没有显着差异（可能是 d 的 1%）。如果已知液体质量 m_1（kg），则液体体积 V_1（m^3）可通过式（6-3）计算：

$$V_1 = \frac{m_1}{\rho_1} \tag{6-3}$$

式中：液体密度 ρ_1（kg/m^3）来自附录 B 中的化学数据。

上述讨论介绍了连续液体泄漏所需的计算。对于连续气体泄漏，要在 ADAM 模型中模拟卧式气缸，只需假设模型中假设的立式气缸体积等于卧式气缸即可。在模拟瞬时泄漏时，需要泄漏的液体或气体体积。对于储罐液体或液化气瞬时泄漏，需要储罐中的物质体积。如果模拟压缩气体瞬时泄漏，所设定的物质体积应该是在泄漏气体大气压和温度下的气体体积。因为瞬时泄漏只需要输入体积，因此 ADAM 模型不假定容器的形状。

- 管内流速

如果液体或液化气从管道泄漏，则管内流速（假定不受摩擦影响）是必要的输入参数。只有 ADAM 模型需要这一变量，本指南中的任何其他模型都不需要该变量。如果某一特定泄漏的质量流率已知，则管内流速 U_1 可以通过式（6-4）确定：

$$U_1 = \frac{M_{\text{flow}}}{(\rho_1)(A_{\text{pipe}})} \tag{6-4}$$

式中：M_{flow} —— 管道质量流率，kg/s；

    ρ_1 —— 化学物质温度下的液体密度，kg/m^3；

    A_{pipe} —— 管内横截面积，m^2。

在储罐提供液体或液化气管流的情况下，管内流速可设定为储罐/管道连接处的流体出口速度。在这种情况下，罐内液体的出口速度，可以通过式（6-5）确定：

$$U_1 = (C_c)(C_v)\sqrt{2\left[\frac{P_{\text{stor}} - P_{\text{atm}}}{\rho_1} + g(h_1 - h_{\text{h}})\right]} \tag{6-5}$$

式中：C_c —— 局部损失系数，为 0.61；

C_v —— 动能损失系数，为 0.98；

P_{stor} —— 储存压力，Pa；

P_{atm} —— 大气压力，Pa；

ρ_l —— 储存温度下的液体密度，kg/m^3；

h_l —— 罐内液体高度，m；

h_h —— 地面（储罐底部）孔洞高度，m。

对于部分装满的卧式气缸，液体高度 h_l 应设定为等于储罐高度。该储罐高度根据储罐直径和建模物质体积计算得出。这一计算在前面关于"立轴储罐假设"节中进行了介绍。

对于气体管道流，根据压力、密度和恒压恒容比热比计算气体在流动流中任意点的速度。尽管速度参数可用作管内气体流的输入参数，但输入值可以是任意值。ADAM 模型会忽略输入值，并内部计算速度。

- 连续泄漏和瞬时泄漏

如 4.4 节所述，要确定特定泄漏是建模为瞬时泄漏还是连续泄漏，需要将泄漏持续时间与基于连续泄漏的扩散持续时间进行比较。如果得到的扩散持续时间小于泄漏持续时间，则应将泄漏视为连续泄漏。反之，如果扩散持续时间大于泄漏持续时间，则应将泄漏视为瞬时泄漏。

另一种确定泄漏类别的方法是比较瞬时和连续泄漏情景下的扩散距离。如果连续泄漏达到关注浓度的扩散距离大于瞬时泄漏，则泄漏应建模为瞬时泄漏，否则泄漏为连续泄漏。该方法需要为每种泄漏运行两次 ADAM 模型。每次模拟都需要泄漏的物质体积。

总之，要确定某一泄漏在给定情景下是连续泄漏还是瞬时泄漏，需要执行以下操作：

①将情景建模为连续泄漏，记录扩散距离；

②将情景建模为瞬时泄漏，记录扩散距离；

③如果连续泄漏的扩散距离小于瞬时泄漏，则可以将泄漏视为连续泄漏；否则，则视为瞬时泄漏。

- 两相气体泄漏（阻塞流）示例

可以使用连续泄漏"管孔"选项来建模这一情景。由于情景描述假定管道长度为 0，因此 ADAM 源模型中的无摩擦管道流假设是有效的。在使用管道选项时，必须提供管道直径和管内流速作为输入参数。然而，对于气体流，所输入的速度可以是任意值，因为模型会进行内部计算。

在默认情况下，ADAM 模型假定化学物质温度为 303.67 K（86.9℉），压力为 202 650 Pa（2.0 个绝对大气压），环氧乙烷作为饱和液体储存于管道中（ADAM 模型假定所有物质在饱和温度和压力下都为液相）。要将物质建模为饱和蒸汽，必须设定化学物质温度约比饱和温度高 3 K。因此，在将情景建模为连续泄漏时，必须将物质温度设定为306.67 K。

对于瞬时泄漏，ADAM 模型假定大气中的环氧乙烷气体（刚泄漏后）温度等于环境温度 287.2 K。确定大气条件下环氧乙烷的体积，并将其建模为瞬时体积。

由于 ADAM 模型仅模拟地面泄漏，因此假定管道距离地面的高度为 0（ADAM 模型不考虑 12 ft 的高度）。此外，由于不考虑固定持续时间的连续泄漏，假定达到指定浓度等值线的整个持续时间内均存在羽流。

对于给定泄漏条件和 30 000 ppm 爆炸下限的特定关注浓度，ADAM 模型输出模式表明，与夹带空气混合后的源浓度至少低于 30 000 ppm 的关注限值。在这种情况下，扩散计算中止，预测的扩散距离输出为 0 m。这些结果表明，如果浓度达到 30 000 ppm（或以上），就不存在有毒蒸汽云危险。为了说明这一情景建模方法，将使用 800 ppm 的 IDLH 限值（立即危及生命和健康限值）。

- 10 m 高度处风速

根据 4.57 m（15.0 ft）高度处 5.37 m/s（12.0 mile/h）的风速、0.01 m 的地表粗糙度和对数风速廓线，10 m 高度处的风速计算如式（6-6）所示：

$$U_{10m} = 5.37 \text{ m/s} \times \frac{\ln\frac{10 \text{ m}}{0.01 \text{ m}}}{\ln\frac{4.57 \text{ m}}{0.01 \text{ m}}} = 6.06 \text{ m/s} \tag{6-6}$$

- 瞬时泄漏体积

假设呈现理想气体的特性，气体温度等于环境温度，那么根据 8 min 瞬时泄漏时间和 5.1.7 节计算出的流速，瞬时泄漏物质体积计算如式（6-7）所示：

$$V = \frac{(0.063 4 \text{ kg/s})\ (480 \text{ s})\left(\frac{8\,314 \text{ J}}{\text{kmol} \cdot \text{K}}\right)(287.7 \text{ K})}{\left(\frac{44.033 \text{ kg}}{\text{kmol}}\right)(101\,325 \text{ Pa})} = 16.3 \text{ m}^3 \tag{6-7}$$

此值将用于将泄漏建模为瞬时泄漏。

- 瞬时或持续泄漏

这次泄漏的模拟结果表明，连续泄漏和瞬时泄漏的最大下风向距离分别为 9 m 和 248 m。基于上述方法，应将泄漏建模为连续泄漏。

- 两相气体泄漏（非阻塞流）示例

除了气象条件、化学温度和压力以及阻塞流，该情景与第一个泄漏类别示例中的管道泄漏基本相同。鉴于此,对于两相气体泄漏(阻塞流)示例所作的讨论也适用于此。

与两相气体泄漏(阻塞流)示例一样,物质温度必须至少比饱和温度(298.16 K 而不是 295.16 K)高 3 K,以便将其建模为饱和蒸汽泄漏。此外,与前一情景一样,由于化学物质泄漏和空气夹带,爆炸上限和爆炸下限值高于源浓度。同样,对于该情景,扩散计算中止,预测的扩散距离输出为 0 m。为了说明此泄漏的建模方法,将使用 800 ppm 的 IDLH 限值。

- 10 m 高度处风速

根据 6.09 m(20.0 ft)高度处 2.68 m/s(6.0 mile/h)的风速、0.01 m 的地表粗糙度和对数风速廓线,10 m 高度处的风速计算如式(6-8)所示:

$$U_{10m} = 2.68 \, \text{m/s} \times \frac{\ln \frac{10 \, \text{m}}{0.01 \, \text{m}}}{\ln \frac{6.09 \, \text{m}}{0.01 \, \text{m}}} = 2.89 \, \text{m/s} \tag{6-8}$$

- 瞬时或持续泄漏

假设通过管孔的流速不会明显小于第一个泄漏类别示例中的阻塞流流速,并且该泄漏的连续扩散距离最小(9 m),该情景下的泄漏将被建模为连续泄漏。

- 两相加压液体示例

该泄漏情景(如第 5 章所述)涉及机械损失和通过管道的两相流,ADAM 模型无法模拟该泄漏类别。但是,如果忽略这些现象(相当于假定管道长度为 0),可以将情景建模为基于切断管道的连续泄漏。为了正确使用此选项,必须将 ADAM 模型中设定的管道直径设置为等于情景描述的切断管道直径。由于切断管道选项需要输入管内流速,因此必须计算 1 t 容器流速,并基于这一结果确定速度。ADAM 模型假定管道距离地面高度为 0。

要将泄漏建模为瞬时泄漏,需要输入储罐直径和泄漏物质体积。计算如下:

- 293.4 K 下的化学物质密度

使用关系式[①]$A+T_*(B+T_*C)$,其中 A=2 170.0、B=2.6 和 C=0.0,储存密度计算如式(6-9)所示:

$$\rho_1(293.4 \, \text{K}) = 2 \, 170.0 + 294.3 \times (-2.6) = 1 \, 405.0 \, \frac{\text{kg}}{\text{m}^3} \tag{6-9}$$

- 初始化学物质体积

在 293.4 K 的储存温度下,氯的总体积计算如式(6-10)所示:

$$V_{ch} = \frac{226.8 \, \text{kg}}{1 \, 405 \, \text{kg/m}^3} = 0.161 \, \text{m}^3 \tag{6-10}$$

① 该关系式和系数从美国海岸警卫队危害评估计算机系统(HACS)中获得。该关系式适用于 ADAM 模型。

与此相类似，液位低于排泄口后剩余的液体体积计算如式（6-11）所示：

$$ch = \frac{13.6\ kg}{1\,405\ kg/m^3} = 0.009\ m^3 \tag{6-11}$$

因此，所泄漏的液体体积为 0.152 m³。

- 1 t 容器内的液体高度

对于情景描述中描述的 1 t 容器，基于 500 lb 液态环氧乙烷（0.161 m³）的液体高度为 0.145 m。类似地，容器中保留 30 lb（13.6 m³）液体的高度为 0.023 4 m。

- 管内流速

不考虑机械损失和向两相流的过渡，假设管内速度等于储罐/排泄口连接处的速度，则速度计算如式（6-12）所示：

$$U_1 = (0.61)\ (0.98)\sqrt{2\left[\frac{695\,090\ Pa - 101\,325\ Pa}{1\,405\ kg/m^3} + 9.81\frac{m}{s^2}(0.145\ m - 0.023\,4\ m)\right]} \tag{6-12}$$

$$= 17.43\ m/s$$

- 瞬时或持续泄漏

模拟结果表明，连续泄漏和瞬时泄漏的最大下风向距离分别为 4 159 m 和 2 984 m。根据上述方法，泄漏应建模为瞬时泄漏（瞬时泄漏基于 470 lb 液氯）。

- 两相冷冻液体示例

要将该情景建模为连续泄漏，必须假定液态二氧化硫流经的管道长度上的损失可以忽略不计。如果做出这一假设，则可以使用"管孔"选项来建模该情景。要使用此选项，必须确定管内流速，并将其设定为模型输入参数。要计算管内流速，假定管道连接发生在储罐底部，并且储罐装满液体。然后计算管道/储罐位置处的速度，并将管内流速设定为相应值。在默认情况下，ADAM 模型假定管道距离地面的高度为 0。

对于瞬时泄漏，物质体积是根据泄漏的二氧化硫质量（6 586 kg）来确定。计算如下：

- 323.15 K 下的化学物质液体密度

使用 ADAM 模型液体二氧化硫密度关系式[①]$A + T_* (B + T_* C)$，其中 $A=2\,085.6$、$B=-2.4$ 和 $C=0$，液体储存密度计算如式（6-13）所示：

$$\rho_1(323.15\ K) = 2\,085.6 + 323.15 \times (-2.40) = 1\,310\frac{kg}{m^3} \tag{6-13}$$

- 初始化学物质体积

在 332.15 K 的储存温度下，化学物质体积计算如式（6-14）所示：

$$V = \frac{6\,586\ kg}{1\,310\ kg/m^3} = 5.03\ m^3 \tag{6-14}$$

---

① 该关系式和系数从美国海岸警卫队危害评估计算机系统（HACS）中获得。该关系式适用于 ADAM 模型。

注：虽然情景描述将储罐容积设定为 4.277 m³（根据设定直径和长度计算），但这一数值与计算出的 5.03 m³ 的化学物质体积之间的差额可能是由于储罐的半球形末端造成。

- 管内流速

假设储罐满液（液体深度=储罐直径）并且管道连接至储罐底部，则管内流速计算如式（6-15）所示：

$$U_1 = (0.61) \quad (0.98) \sqrt{2\left[\frac{1\,519\,875\,\text{Pa} - 101\,325\,\text{Pa}}{1\,310\,\text{kg}/\text{m}^3} + 9.81\frac{\text{m}}{\text{s}^2}(1.22\,\text{m} - 0.0\,\text{m})\right]} \qquad (6\text{-}15)$$
$$= 28.0\,\text{m}/\text{s}$$

- 10 m 高度处风速

必须基于给定的气象条件获得 10 m 高度处的风速。根据 6 m（19.7 ft）高度处 3.13 m/s（7.0 mile/h）的风速、0.01 m 的地表粗糙度和对数风速廓线，10 m 高度处的风速计算如式（6-16）所示：

$$U_{10m} = 3.13\,\text{m}/\text{s} \times \frac{\ln\dfrac{10\,\text{m}}{0.01\,\text{m}}}{\ln\dfrac{6\,\text{m}}{0.01\,\text{m}}} = 3.38\,\text{m}/\text{s} \qquad (6\text{-}16)$$

- 瞬时或持续泄漏

对于建模情景，连续和瞬时泄漏的最大下风向距离分别为 16 972 m 和 24 032 m。因此，应将泄漏建模为连续泄漏。

- 单相气体泄漏（阻塞流）示例

如果忽略摩擦力影响，可使用切断管道连续泄漏选项对泄漏进行建模。此选项要求用户输入管道内径和管内流速。然而，对于管道气体流，管内流速可设定为任意值。由于 ADAM 模型采用特定算法处理切断管道，因此不会使用阻塞流条件下孔洞处的泄漏直径（0.069 62 m），而只使用管道内径。

在瞬时泄漏情景下，泄漏到大气中的气态氟化氢的体积必须在泄漏温度和环境压力下确定。为了与 ADAM 模型计算结果保持一致，假定泄漏温度等于环境温度 2 952 K。计算如下：

- 10 m 高度处风速

根据 6.10 m 高度处 6.26 m/s 的风速、0.01 m 的地表粗糙度和对数风速廓线，10 m 高度处的风速计算如式（6-17）所示：

$$U_{10m} = 6.26\,\text{m}/\text{s} \times \frac{\ln\dfrac{10\,\text{m}}{0.01\,\text{m}}}{\ln\dfrac{606\,\text{m}}{0.01\,\text{m}}} = 6.74\,\text{m}/\text{s} \qquad (6\text{-}17)$$

- 瞬时泄漏体积

对于 226.8 kg 的氟化氢，假定为理想气体，在泄漏温度和环境压力下的气体体积计算如式（6-18）所示：

$$V = \frac{(226.8 \text{ kg}) \left[8314 \text{ J} / (\text{kmol} \cdot \text{K}) \right] (295.2 \text{ K})}{(68.1 \text{ kg} / \text{kmol}) \ (101 325 \text{ Pa})} = 80.7 \text{ m}^3 \tag{6-18}$$

注：68.1 kg/kmol 是 295.2 K 下纯氟化氢的表观分子量。该值由 ADAM 模型根据公式（156.67−0.3×T）内部计算得出，其中 T 是该情景的环境温度。

- 瞬时或持续泄漏

当浓度为 6 ppm 时，连续和瞬时泄漏的最大下风向距离分别为 1 407 m 和 4 951 m。基于上述方法，应将泄漏建模为连续泄漏。

- 单相液体泄漏（高挥发性）示例

不需要修改情景描述。ADAM 模型中设定的储罐容积根据环氧乙烷的总质量和物质正常沸点的液体密度（882.67 kg/m³）确定。

因为环氧乙烷以正常沸点存储，因此该物质作为单相液体泄漏（闪蒸分数在正常沸点 283.85 K 下为 0.0）。此外，由于在环境温度 301.15 K 下，闪蒸分数仅为 0.05，因此 ADAM 模型将泄漏建模为高挥发性液体泄漏，在地面上形成液池，随后沸腾并蒸发。假定储罐泄漏以液相状态发生，即不考虑环氧乙烷蒸汽泄漏。计算如下：

- 初始化学物质体积

在 283.35 K 环氧乙烷的储存温度下，液态环氧乙烷体积计算如式（6-19）所示：

$$V = \frac{23\ 780 \text{ kg}}{882.67 \text{ kg} / \text{m}^3} = 26.9 \text{ m}^3 \tag{6-19}$$

- 瞬时或持续泄漏

对于建模情景，环氧乙烷连续泄漏导致的液池的蒸发速率远小于瞬时泄漏，形成的液池面积等于储罐中物质的总体积［执行连续和瞬时泄漏源项模型生成的蒸发速率（进入大气的化学物质喷射速率）分别为 0.020 kg/s 和 0.813 kg/s］。

考虑到连续泄漏的蒸发速率降低，可以合理地假定连续泄漏的扩散距离也将小于瞬时泄漏。基于这一假设，应将泄漏建模为连续泄漏。事实上，执行瞬时泄漏模型会降低蒸发速率（这是小面积液池的一个特征），进而导致扩散距离减小。

6.2　ALOHA 模型

ALOHA 模型属于交互式模型。运行 ALOHA 模型会向用户提供输入参数汇总。这里将复制文本汇总部分，以指示所使用的输入参数。输入参数见表 6-7～表 6-14。输入参数通过一系列输入屏幕和菜单键入模型中，用户可以从中选择选项并输入数字和文本值。每个泄漏示例使用的输入参数来自表 6-7～表 6-14 标题中提及的表。

表 6-7   "两相气体泄漏（阻塞流）"文本输入汇总（参考表 5-2）

位置数据信息：

　　地点：加利福尼亚纽波特比奇

　　每小时建筑空气交换量：0.01（用户指定）

　　日期和时间：使用计算机内部时钟

化学物质信息：

　　化学物质名称：环氧乙烷

　　分子量：44.05 kg/kmol

　　时间加权平均阈限值：1.00 ppm

　　立即危及生命和健康限值：800.00 ppm

　　注：潜在或已确认的人类致癌物

　　关注足迹水平：800 ppm

　　沸点：10.70℃

　　在环境温度下的蒸汽压：大于 1 个大气压

　　环境饱和浓度：1 000 000 ppm 或 100.0%

大气信息：（手动输入数据）

　　风速：东北风 12 mile/h

　　无逆温层高度

　　稳定性等级：C

　　空气温度：57.2℉

　　相对湿度：62%

　　地面粗糙度：1 cm

　　云量：4/10

源强度信息：

　　选择球形储罐孔中的气体泄漏

　　储罐直径：2.3 m

　　储罐容积：6.37 m^3

　　内部温度：86.9℉

　　内部压力：2 个大气压

　　储罐中的化学物质质量：23.3 kg

　　圆形开口直径：0.5 in

　　泄漏持续时间：8 min

　　最大计算泄漏速率：2.59 kg/min

　　最大平均持续泄漏速率：2.45 kg/min（平均 1 min 或更长时间）

　　泄漏总量：11.2 kg

表 6-8　"两相气体泄漏（非阻塞流）"文本输入汇总（参考表 5-4）

位置数据信息：

地点：加利福尼亚纽波特比奇

每小时建筑空气交换量：0.01（用户指定）

日期和时间：固定为 1992 年 11 月 7 日和 6：00

化学物质信息：

化学物质名称：环氧乙烷

分子量：44.05 kg/kmol

时间加权平均阈限值：1.00 ppm

立即危及生命和健康限值：800.00 ppm

注：潜在或已确认的人类致癌物

关注足迹水平：800 ppm

沸点：10.70℃

在环境温度下的蒸汽压：大于个 1 大气压

环境饱和浓度：1 000 000 ppm 或 100.0%

大气信息：（手动输入数据）

风速：西南风 6 mile/h

无逆温层高度

稳定性等级：C

空气温度：57.2℉

相对湿度：37%

地表粗糙度：1 cm

云量：6/10

源强度信息：

选择球形储罐孔中的气体泄漏

储罐直径：2.4 m

储罐容积：7.24 m³

内部温度：71.6℉

内部压力：1.48 个大气压

储罐中的化学物质质量：20.0 kg

圆形开口直径：0.5 in

泄漏持续时间：8 min

最大计算泄漏速率：1.88 kg/min

最大平均持续泄漏速率：1.75 kg/min（平均 1 min 或更长时间）

泄漏总量：6.27 kg

表 6-9 "两相加压液体泄漏"文本输入汇总（参考表 5-6）

位置数据信息：
　　地点：加利福尼亚纽波特比奇
　　每小时建筑空气交换量：0.01（用户指定）
　　日期和时间：固定为 1992 年 9 月 25 日和 11：00

化学物质信息：
　　化学物质名称：氯
　　分子量：70.90 kg/kmol
　　时间加权平均阈限值：0.50 ppm
　　立即危及生命和健康限值：30.00 ppm
　　关注足迹水平：30 ppm
　　沸点：−34.03℃
　　在环境温度下的蒸汽压：大于 1 个大气压
　　环境饱和浓度：1 000 000 ppm 或 100.0%

大气信息：（手动输入数据）
　　风速：南风 10 mile/h
　　无逆温层高度
　　稳定性等级：C
　　空气温度：70.0℉
　　相对湿度：50%
　　地表粗糙度：1 cm
　　云量：5/10

源强度信息：
　　选择卧式圆柱形储罐中短管或阀门的液体泄漏
　　储罐直径：0.762 m
　　储罐长度：2.07 m
　　储罐容积：0.94 m^3
　　内部温度：70℉
　　储罐中的化学物质质量：500.0 lb，储罐已满 16%
　　圆形开口直径：0.277 in
　　开口距离罐底：0 m
　　泄漏持续时间：ALOHA 模型将持续时间限制为 1 h
　　最大计算泄漏速率：22.7 kg/min
　　最大平均持续泄漏速率：12.9 kg/min（平均 1 min 或更长时间）
　　泄漏总量：193 kg
　　注：该泄漏为两相流泄漏

表 6-10　"两相冷冻液体泄漏"文本输入汇总（参考表 5-7 和表 5-8）

位置数据信息：

　　地点：阿拉巴马州莫比尔

　　每小时建筑空气交换量：0.01（用户指定）

　　日期和时间：固定为 1992 年 10 月 27 日和 6：00

化学物质信息：

　　化学物质名称：二氧化硫分子量：64.07 kg/kmol

　　时间加权平均阈限值：2.00 ppm

　　立即危及生命和健康限值：100.00 ppm

　　关注足迹水平：100 ppm

　　沸点：−10.02℃

　　在环境温度下的蒸汽压：大于 1 个大气压

　　环境饱和浓度：1 000 000 ppm 或 100.0%

大气信息：（手动输入数据）

　　风速：东北风 7 mile/h

　　无逆温层高度

　　稳定性等级：E

　　空气温度：64.4℉

　　相对湿度：42%

　　地表粗糙度：1 cm

　　云量：5/10

源强度信息：

　　直接源：4.15 kg/s

　　源高：0 m

　　泄漏持续时间：ALOHA 模型将持续时间限制为 1 h

　　泄漏速率：249 kg/min

　　泄漏总量：14954 kg

　　注：这种化学物质可能会突然沸腾和/或导致两相流泄漏

表 6-11　"单相气体泄漏（阻塞流）"文本输入汇总（参考表 5-9 和表 5-10）

位置数据信息：

　　地点：加利福尼亚纽波特比奇

　　每小时建筑空气交换量：0.01（用户指定）

　　日期和时间：固定为 1992 年 6 月 1 日和 17：00

化学物质信息：

　　化学物质名称：氟化氢

　　表观分子量：35.00 kg/kmol

　　时间加权平均阈限值：3.00 ppm

　　立即危及生命和健康限值：30.00 ppm

关注足迹水平：30 ppm

沸点：19.52℃

在环境温度下的蒸汽压：大于 1 个大气压

环境饱和浓度：1 000 000 ppm 或 100.0%

大气信息：（手动输入数据）

风速：西北风 14 mile/h

无逆温层高度

稳定性等级：D

空气温度：71.6℉

相对湿度：45%

地表粗糙度：1 cm

云量：3/10

源强度信息：

直接源：51 kg

源高：0 m

泄漏持续时间：1 min

泄漏速率：851 g/s

泄漏总量：51.1 kg

注：这种化学物质可能会突然沸腾和/或导致两相流泄漏

表 6-12   "单相气体泄漏（非阻塞流）"文本输入汇总（参考表 5-11 和表 5-12）

位置数据信息：

地点：加利福尼亚纽波特

每小时建筑空气交换量：0.01（用户指定）

日期和时间：固定为 1992 年 11 月 2 日和 7：37

化学物质信息：

化学物质名称：无水盐酸

分子量：36.46 kg/kmol

时间加权平均阈限值：5.00 ppm

立即危及生命和健康限值：100.00 ppm

关注足迹水平：100 ppm

沸点：−121.00℃

在环境温度下的蒸汽压：大于 1 个大气压

环境饱和浓度：1 000 000 ppm 或 100.0%

大气信息：（手动输入数据）

风速：东风 2.2 mile/h

无逆温层高度

稳定性等级：B

空气温度：64℉

相对湿度：36%

地表粗糙度：1 cm

云量：5/10

源强度信息：

直接源：4 250 ft³/min　源高：28 m

源状态：气体

源温度：120℉

源压力：等于环境压力

泄漏持续时间：ALOHA 模型将持续时间限制为 1 h

泄漏速率：367 lb/min

泄漏总量：22 046 kg

注：这种化学物质可能会突然沸腾和/或导致两相流泄漏

表 6-13　"单相液体泄漏（高挥发性）"文本输入汇总（参考表 5-13 和表 5-14）

位置数据信息：

地点：阿拉巴马州莫比尔

每小时建筑空气交换量：0.01（用户指定）

日期和时间：固定为 1992 年 6 月 26 日和 6：00

化学物质信息：

化学物质名称：环氧乙烷

分子量：44.05 kg/kmol

时间加权平均阈限值：1.00 ppm

立即危及生命和健康限值：800.00 ppm

关注足迹水平：800 ppm

沸点：10.70℃

在环境温度下的蒸汽压：大于 1 个大气压

环境饱和浓度：1 000 000 ppm 或 100.0%

大气信息：（手动输入数据）

无逆温层高度

稳定性等级：E

空气温度：28℉

相对湿度：50%

地表粗糙度：1 cm

云量：5/10

源强度信息：

选择立式圆柱形储罐孔中的液体泄漏

直接源：3.5 m

储罐长度：6 m

储罐容积：57.7 m³

内部温度：51.3℉

储罐中的化学物质质量：23 852 kg

储罐已满 47%

圆形开口直径：0.25 in

开口距离罐底：0.5 m

泄漏持续时间：ALOHA 模型将持续时间限制为 1 h

最大计算泄漏速率：6.88 kg/min

最大平均持续泄漏速率：6.53 kg/min（平均 1 min 或更长时间）

泄漏总量：392 kg

注：该泄漏为两相流泄漏

表 6-14　"单相液体泄漏（低挥发性）"文本输入汇总（参考表 5-15 和表 5-16）

位置数据信息：

地点：加利福尼亚纽波特

每小时建筑空气交换量：0.01（用户指定）

日期和时间：固定于 1992 年 11 月 3 日和 16：00

化学物质信息：

化学物质名称：无水盐酸

分子量：36.46 kg/kmol

时间加权平均阈限值：5.00 ppm

立即危及生命和健康限值：100.00 ppm

关注足迹水平：100 ppm

沸点：−85.00℃

在环境温度下的蒸汽压：大于 1 个大气压

环境饱和浓度：1 000 000 ppm 或 100.0%

大气信息：（手动输入数据）

风速：东北风 5 mile/h

无逆温层高度

稳定性等级：C

空气温度：65℉

相对湿度：58%

地表粗糙度：1 cm

云量：4/10

源强度信息：

直接源：0.005 365 kg/s

源高：0 m

泄漏持续时间：ALOHA 模型将持续时间限制为 1 h

泄漏速率：322 g/min

泄漏总量：19.3 kg

注：这种化学物质可能会突然沸腾和/或导致两相流泄漏

ALOHA 模型通过源项模式模拟水坑、储罐和管道。在这些情况下，可向模型输入可观测数据，以内部计算泄漏速率、温度等。如果没有源项子模型涵盖该泄漏，则模型还允许直接输入泄漏速率等。下面将讨论所提供的输入参数与 ALOHA 模型模拟中使用的输入参数之间的差异。

- 两相气体泄漏（阻塞和非阻塞流）示例

ALOHA 模型不用于模拟烟团式泄漏源。必须假定储罐尺寸大到足以稳定泄漏 8 min 的气体。储罐大小单对源强度而言并不重要。然而，由于暴露时间增加，大储罐会导致高估接触剂量。

经过反复试验，发现直径为 2.3 m 的储罐能产生 8 min 的泄漏。一个 3 in 管道（ALOHA 模型设定长径比为 200∶1）包含的体积太小，无法提供 8 min 的泄漏。

稳态泄漏速率的假设要比模拟 8 min 的，直径为 2.3 m 的储罐烟团泄漏更为保守。然而，直径 2.3 m 的储罐和直径 10 m 的储罐之间的差异约为 15%。考虑到原始管道长度已经设置为 0 的事实，上述误差可能包含于模型本身误差。

在非阻塞流泄漏实例中，ALOHA 模型警告，提供的储存压力无法确保对应温度下的汽液平衡状态。这可能是由于 ALOHA 模型使用的蒸汽压曲线数据与本指南中给出的数据不同。

- 单相气体泄漏（阻塞流）示例

ALOHA 模型不考虑氟化氢的分子量随温度和浓度变化的问题。为此，在使用 ALOHA 模型模拟氟化氢泄漏时，必须清楚地认识到，结果只是对可能发生情况的估计，并且可能比模拟其他化合物产生更大的误差。

- 单相气体泄漏（非阻塞流）和单相液体泄漏（低挥发性）示例

这些示例被建模为纯氯化氢泄漏，尽管泄漏物实际上是混合物。因此，ADAM 模型中报告的浓度应使用因子 f_i 进行修正。气体和液体泄漏中的 f_i 值分别为 0.729 5 和 0.012 58。ALOHA 模型不允许设定初始浓度。假定初始浓度为 100%。在数据库中添加新的伪化学物质可能更为正确。5.6.11 节和 5.8.7 节对气体泄漏示例的表观分子量进行了计算。对于气体泄漏示例，5.6.2 节计算了表观气相比热。对于 30%重量的氯化氢混合物，附录 B 数据库中提供了气相比热。

ALOHA 模型不可模拟重气体高架泄漏。因此，这里使用的是标准 ALOHA 模型，而不是 ALOHA-DEGADIS 模型，尽管有迹象表明泄漏物为重气体。

6.3 DEGADIS 模型

表 6-15 列出了 DEGADIS 模型所需的特定输入参数，并简要描述了每个输入参数。

表中包含以下信息：泄漏物质的物理性质信息；泄漏速率、高度（喷射）和持续时间；排放密度；浓度平均时间；输出点之间的最大下风向距离；气象信息，以及场地粗糙度特征。表 6-15 的许多输入参数的"备注"栏中，标示了讨论如何计算该参数的第 4 章中的对应小节。

表 6-15　DEGADIS 模型输入参数

输入参数名称	输入参数描述	备注
UO	高度 Z_0 处的环境风速/（m/s）	4.17.1 节
ZO	风速 U_0 的参考高度/m	4.17.1 节
ZR	地表粗糙度/m	4.17.3 节
INDVEL	风速廓线及莫宁—奥布霍夫计算	1=DEGADIS 将计算莫宁—奥布霍夫长度。该值用于所有情况
ISTAB	Pasquill-Gifford 稳定性类别	1 =A，2 =B 等
RML	莫宁—奥布霍夫长度/m	对于 INDVEL 设定为 1 的所有情况设置为 0.0
TAMB	环境温度/K	4.17.5 节
PAMB	环境压力（大气压）	4.17.5 节
RELHUM	相对湿度/%	4.17.5 节
TSURF	地面温度/K	4.15 节
GASNAM	污染物的三字母标识	
GASMW	污染物分子量/（kg/kmol）	4.2 节
AVTIME	平均时间/s	4.16 节
TEMJET	泄漏污染物的温度/K	4.8 节
GASUL	确定范围的较高浓度（摩尔分数）	4.18 节
GASLL	确定范围的较低浓度（摩尔分数）	4.18 节
ZLL	受体高度/m	4.18 节
INDHT	切换以指示是否包括大气传热	如果为 0，则不进行任何计算。在所有情况下，此处都将其设定为 0
CPK	污染物热容常数/［J/（kg·K）］	由于 INDHT 为 0，因此忽略该值
CPP	污染物热容量	由于 INDHT 为 0，因此忽略该值
NDEN	密度值	对于所有具有气溶胶或氟化氢且分子量变化的情况，设定为 2。否则，则为 0
F、C、RHO	污染物摩尔分数（F）、污染物浓度/（C，kg/m³）和混合物密度/（RHO，kg/m³）	4.11 节 0，0，ρ_a（第 1 种情况） 0，ρ_{rel}，ρ_{rel}（第 2 种情况）只有在形成气溶胶或是氟化氢泄漏的情况下才需要
ERATE	泄漏速率/（kg/s）	4.8 节

输入参数名称	输入参数描述	备注
ELEJET	喷射高度/m	4.14 节
DIAJET	喷射直径/m	4.12 节
TEND	泄漏持续时间/s	0.0 表示连续泄漏
DISTMX	输出点之间的距离/m	

表 6-16 显示了前七个泄漏类别示例中使用的每个输入参数值。没有模拟第八个泄漏类别示例，因为泄漏不是重气体泄漏。应采用标准无源大气扩散方法。每个泄漏类别（RC）示例的列标题中，提及了第 5 章中的输入参数表。反过来，第 5 章中的输入表也将提及对应的计算章节。

泄漏类别示例如下：

泄漏类别（RC）	标题
1	两相气体泄漏（阻塞流）
2	两相气体泄漏（非阻塞流）
3	两相加压液体
4	两相冷冻液体
5	单相气体泄漏（阻塞流）
6	单相气体泄漏（非阻塞流）
7	单相液体泄漏（高挥发性）
8	单相液体泄漏（低挥发性）

平均时间是泄漏持续时间或平均所需时间中的较小值。当使用的平均时间小于要求的平均时间时，必须将输出转换为要求的平均时间。有关输出转换方法的进一步讨论，请参见 7.3 节。

表 6-16　DEGADIS 模型输入参数

（括号表示输入数据的参考表）

输入参数名称	输入值 RC 1 （表 5-1）	输入值 RC 2 （表 5-2）	输入值 RC 3 （表 5-3）	输入值 RC 4 （表 5-4）	输入值 RC 5 （表 5-5）	输入值 RC 6 （表 5-6）	输入值 RC 7 （表 5-7）
U0	5.37	2.68	4.47	3.13	6.26	0.98	2.0
Z0	4.57	6.1	10	6	6.1	10	10
ZR	0.01	0.01	0.01	0.01	0.01	0.01	0.01
INDVEL	1	1	1	1	1	1	1
ISTAB	3	3	3	5	4	2	5
RML	0.0	0.0	0.0	0.0	0.0	0.0	0.0
TAMB	287.5	296.5	294.3	291.15	295.15	290.9	301.0
PAMB	1.0	1.0	1.0	1.0	1.0	1.0	1.0

输入参数名称	输入值 RC 1 （表 5-1）	输入值 RC 2 （表 5-2）	输入值 RC 3 （表 5-3）	输入值 RC 4 （表 5-4）	输入值 RC 5 （表 5-5）	输入值 RC 6 （表 5-6）	输入值 RC 7 （表 5-7）
RELHUM	62	37	50	42	45	36	50
TSURF	287.5	296.5	294.3	291.15	295.15	290.9	301.0
GASNAM	EOX	ETO	CL2	S02	BF	BCL	ETO
GASMW	44.05	44.05	70.91	64.06	20.0	33.1	44.05
AVTIME	0.0	0.0	678.0	900.0	45.0	720.0	1 800.0
TEMJET	283.85	283.85	239.1	263.13	313.6	322.0	283.85
GASUL	1.0	1.0	1.0×10^{-5}	1.0×10^{-5}	1.2×10^{-5}	2.74×10^{-4}	1.60×10^{-3}
GASLL	0.03	0.03	1.0×10^{-6}	5.0×10^{-6}	6.0×10^{-6}	1.37×10^{-4}	8.00×10^{-4}
ZLL	0.0	0.0	0.0	0.0	0.0	0.0	0.0
INDHT	0	0	0	0	0	0	0
CPK	0.0	0.0	0.0	0.0	0.0	0.0	0.0
CPP	0.0	0.0	0.0	0.0	0.0	0.0	0.0
NDEN	2	2	2	2	2	0	0
F，C，	0，0，	0，0，	0，0，	0，0，	0，0，		
RHO	1.220	1.183	1.191	1.206	1.188		
F，C，	1，1.916，	1，1.934，	1，20.11，	1，13.76，	1，1.360，		
RHO	1.916	1.934	20.11	13.76	1.360		
ERATE	0.063 4	0.050 3	0.317 0	4.154	0.851 3	2.515	0.122 0
ELEJET	3.66	3.66	2.0	0.304 9	3.66	8.54	0.5
DIAJET	0.013 47	0.012 7	0.007 04	0.012 7	0.066 49	0.86	0.137 2
TEND	0.0	0.0	0.0	0.0	0.0	0.0	0.0
DISTMX	0.1	0.1	50.0	50.0	50.0	50.0	50.0

在所有情况下，泄漏最初建模为垂直指向喷射泄漏。垂直喷射泄漏的模拟应该代表预测浓度的下限，因为这种泄漏代表最大稀释。只要喷射流不被引入风中，所有其他喷射流方向应该导致相同或更少的混合量。建议通过模拟低动量地面源泄漏来确定上限浓度影响。需要使用 4.12.1 节中给出的低动量公式来估算源直径。

在所有情况下，最初假定泄漏为连续泄漏（TEND 设置为 0.0）。每次模拟之后，估计关注距离的行程时间。如果行程时间长于泄漏持续时间，则执行瞬时模拟。通过将 DEGADIS 模型输入文件中的 TEND 参数更改为泄漏持续时间来进行瞬时模拟。如果可以假定模拟为连续而非瞬时模拟，则输出解释就变得更简单。有关输出解释的进一步讨论，请参见 7.3 节。

· 两相气体泄漏（阻塞和非阻塞流）示例

关注浓度如此之高，扩散如此之快，以致于喷射泄漏子模型需要运行两次。第一次输出之间的距离太大（50 m），无法确定 3%浓度的下风向距离。因此，必须重新运行模型，逐步减少 0.1 m。

6.4　HGSYSTEM 模型

表 6-17 汇总了用于分析 8 种泄漏类别示例的模型。以下小节给出了模型选择和实施的基本原理。需要指出的是，除了本分析中提出的方法，可能还有其他同样有效的替代方法可用于对这些情景后果进行建模。

表 6-17　使用的 HGSYSTEM 模型汇总

泄漏类别	化学物质	泄漏条件	近场	远场	后处理
1	环氧乙烷	两相气体泄漏 （阻塞流）	HEGADASS	HEGADASS	HSPOST-GET2COL
2	环氧乙烷	两相气体泄漏 （非阻塞流）	HEGADASS	HEGADASS	HSPOST-GET2COL
3	氯	两相加压液体泄漏	HEGADASS	HEGADASS	HSPOST
4	二氧化硫	两相冷冻液体泄漏	PLUME	PGPLUME	
5	氟化氢	单相气体泄漏 （阻塞流）	HEGADAST	HEGADAST	HTPOST
6	氟化氢	单相气体泄漏 （非阻塞流）	PLUME	PGPLUME	
7	环氧乙烷	单相液体泄漏 （高挥发性）	PLUME	HEGADASS	GET2COL
8	30%盐酸	单相液体泄漏 （低挥发性）	HEGADASS	HEGADASS	

- 平均时间问题

HGSYSTEM 模型可以模拟有限持续时间泄漏。因此，平均时间选择可能影响模型的精确性，尤其是在平均时间大于泄漏持续时间的情况下。对于这种情况，则按照以下方式使用 HGSYSTEM 模型。σ_y（AVTIMC）的平均时间设置为等于泄漏持续时间。因此，羽流曲流量限制为羽流实际存在的时间长度。也就是说，如果泄漏持续时间是 5 min，而我们希望获得 15 min 的平均值，那么使用比泄漏持续时间（5 min 而不是 15 min）更长的 σ_y 平均时间是不合适的。采用这种方法是因为有一个 10 min 的时间段，羽流不存在，因此不会出现任何曲流。对于模型预测气体覆盖层（由于密度差异而没有将云平流输送到下风向）存在的时间比实际泄漏持续时间长的情况，应使用气体覆盖层持续的时间长度来确定 σ_y 平均时间，以确定气体覆盖层的停留时间（这就需要运行迭代模型）。

计算这种情况下的平均浓度还有第二个方面，与沿风（x 轴）的羽流整合有关。在给定的下风向距离处，羽流浓度必然整合，以考虑浓度随时间的变化。举例而言，考虑这样一种情况，即羽流将在给定位置持续约 5 min（HEGADAST 模型将精确计算此时间），而在剩余 10 min 内，没有羽流出现。要计算精确平均浓度，需要将时变浓度的这种整合纳入模型预测中。这可以通过使用 HTPOST 后处理器程序中用于 HEGADAST 模型的 σ_x 平均选项来实现。因此，在上面给出的 15 min 平均时间的示例中，将基于 15 min 平均值计算 σ_x 参数。有关设置 σ_x 参数的更多信息，请参见 HGSYSTEM 模型用户手册。

总之，平均浓度基于等于泄漏持续时间的 σ_y 平均值和等于关注浓度限值（LOC）平均时间的 σ_x 平均时间计算。这是所有 EPA 示例通常采用的方法，其中泄漏持续时间小于平均时间。

这种模拟平均浓度的方法对于泄漏持续时间小于关注平均时间的情况很重要。如果有人试图模拟泄漏物随时间变化的泄漏情况，这种方法就变得重要了。

- 两相气体泄漏（阻塞流）示例

该示例描述了阻塞流条件下环氧乙烷的两相泄漏。这一示例建模的目的是，确定与此假设泄漏相关的可燃性问题。使用 HEGADAS-5 模型的稳态版本（HEGADASS 模型）模拟了这种泄漏的后果。选择稳态模型是因为泄漏持续时间长于到达设施警戒线的行程时间，并且关注平均时间非常短（10 s）。泄漏条件规定了一种向下朝地面的喷射泄漏。因此，通过将模型初始化为地面面源（HEGADAS 模型中的池）来模拟这种泄漏。表 6-18 列出了为模拟这一分析而选择的输入参数。下面讨论了需要解释的输入参数。大部分输入参数来自表 5-1。其余输入参数在 HGSYSTEM 模型文件中进行了解释。

表 6-18　HEGADASS 模型模拟泄漏类别 1 的输入参数（参考表 5-1）

标题	情景 1	阻塞流	环氧乙烷泄漏
CONTROL		*-------->	数据块：控制参数
ICNT	1	*	输出代码（等值线，云内含物）
ISURF	3	*	表面热/水传递的代码
AMBIENT		*-------->	数据块：环境条件
AIRTEMP	14.4	*C	高度 z=ZAIRTEMP 处的气温
ZAIRTEMP	4.6	* M	给出 AIRTEMP 的高度
RHPERC	62	*%	相对湿度
U0	5.37	* M/S	高度 $z = Z_0$ 处的风速
Z0	4.6	* M	给出 U_0 的高度
TGROUND	14.4	* C	地面温度
DISP		*-------->	数据块：扩散数据
ZR	0.01	* M	地表粗糙度参数
PQSTAB	C	*	Pasquill 稳定性等级
AVTIMC	10.	* s	浓度平均时间

标题	情景 1	阻塞流	环氧乙烷泄漏
CROSSW	2	*	<Oy>公式（通常不会改变）
GASDATA		*------->	数据块：气体数据
GASFLOW	.0634	* KG/S	气体泄漏速率（不包括水吸收率）
TEMPGAS	10.70	* C	泄漏气体温度
CPGAS	24.49	* J/MOLE/C	泄漏气体比热
MWGAS	44.	* KG/KMOLE	泄漏气体分子量
WATGAS	0.	*-	气体水吸收（通常不会改变）
HEATGR	29.	···	自然对流热通量气体组
CLOUD		*------->	数据块：云输出控制
DXFIX	.5	* M	固定大小的输出步长
NFIX	300	*	到距离 x-NFIX*DXFIX 的固定步数
XEND	3 000	* M	停止计算的 X
CAMIN	0.000 01	* KG/M3	停止计算的 CA（浓度）
CU	1.44	*KG/M3	浓度上限
CL	0.053 97	* KG/M3	浓度下限
POOL		*------->	数据块：池数据
PLL	.2	* M	池长度
PLHW	.1	* M	池半宽

在该模拟中，ICNT 参数设置为 1，以使模型能够提供爆炸上限和可燃性下限的浓度等值线。将浓度上限（CU）设定为等于爆炸上限（100%或 1.44 kg/m³），将浓度下限（CL）设定为等于可燃性下限（3%或 $5.4×10^{-2}$ kg/m³）。计算输出步长（DXFIX）设定为 0.5 m。这使得能够在近场区域进行精确计算，从而确定到关注浓度限值的距离。任意选择面源大小（参见表 6-18 中的池数据）。进行第二次建模，确保到达关注浓度限值的距离对这一假设不过度敏感。对于该模型和泄漏类型，结果对面源大小相对不敏感。

- 两相气体泄漏（非阻塞流）示例

该案例描述了非阻塞流条件下环氧乙烷的两相泄漏。泄漏的后果使用 HEGADASS 模型进行了模拟。选择该模型的原因与第一个泄漏示例相同。表 6-19 列出了为模拟这一分析而选择的输入参数。大部分输入参数来自表 5-3。其余输入参数在 HGSYSTEM 模型文件中进行了解释。在本示例中，使用所提供的数据，以类似于第一种泄漏示例的方式预置模型。

表 6-19　HEGADASS 模型模拟泄漏类别 2 的输入参数（参考表 5-2）

标题	情景 2	非阻塞流	环氧乙烷
CONTROL		*------->	数据块：控制参数
ICNT	1	*	输出代码（等值线，云内含物）
ISURF	3	*	表面热/水传递的代码

标题	情景 2	非阻塞流	环氧乙烷
AMBIENT		*------->	数据块：环境条件
AIRTEMP	23.3	*C	高度 z=ZAIRTEMP 处的气温
ZAIRTEMP	6.1	*M	给出 AIRTEMP 的高度
RHPERC	37	*%	相对湿度
U0	2.68	*M/S	高度 z= Z0 处的风速
Z0	6.1	*M	给出 U_0 的高度
TGROUND	23.3	*C	地面温度
DISP		*------->	数据块：扩散数据
ZR	0.01	*M	地表粗糙度参数
PQSTA.B	C	*	Pasquill 稳定性等级
AVTIMC	10	*S	浓度平均时间
CROSSW	2	*	<Oy>公式（通常不会改变）
GASDATA		*------->	数据块：气体数据
GASFLOW	0.050 3	*KG/S	气体泄漏速率（不包括水吸收率）
TEMPGAS	10.7	*C	泄漏气体温度
CPGAS	24.49	*J/MOLE/C	泄漏气体比热
MWGAS	44	*KG/KMOLE	泄漏气体分子量
WATGAS	0	*-	气体水吸收（通常不会改变）
HEATGR	29	*……	自然对流热通量气体组
CLOUD		*------->	数据块：云输出控制
DXFIX	0.5	*M	固定大小的输出步长
NFIX	300	*	到距离 x-NFIX*DXFIX 的固定步数
XEND	3 000	*M	停止计算的 X
CAMIN	0.000 01	*KG/M3	停止计算的 CA（浓度）
CU	0.215 9	* KG/M3	浓度上限
CL	0.053 97	* KG/M3	浓度下限
POOL		*------->	数据块：池数据
PLL	0.2	*M	池长度
PUHW	0.1	*M	池半宽

- 两相加压液体示例

这种泄漏是来自氯气瓶中的两相加压液体泄漏。本示例的泄漏条件是下风向两相水平喷射泄漏。要更精确地计算泄漏浓度，应使用 HEGADAS 模型的瞬时版本。这种方法更可取，因为泄漏持续时间小于平均时间（泄漏持续时间为 11 min，关注平均时间为 15 min）。但是，当 HEGADAST 模型用于模拟预先设定气象条件（稳定性等级"C"）的情景时，由于源覆盖层太薄，模型无法准确计算下风向浓度。这是通过模拟小泄漏速率（0.32 kg/s）和对流大气条件得出的。结果发现，HEGADAST 模型可以模拟稳定、最不利气象条件下的情景。从实用角度来看，HEGADASS 模型运行为本示例提供了一个合理影响估计，因为 Oy（11 min vs 15 min）的不确定性不是很大，并且平均时间相似且相对较长。表 6-20 列出了模拟使用的输入参数。大部分输入参数来自表 5-5。其余输入参数在 HGSYSTEM 模型文件中进行了解释。

表 6-20　模拟泄漏类别 3 的连接输入文件（参考表 5-3）

标题	EPA 情景 3	HEGADASS 模型模拟氯泄漏	
CONTROL		*------->	数据块：控制参数
ICNT	0	*	输出代码（等值线，云内含物）
ISURF	3	*	表面热/水传递的代码
AMBIENT		*------->	数据块：环境条件
AIRTEMP	21.2	*C	高度 z=ZAIRTEMP 处的气温
ZAIRTEMP	10	*M	给出 AIRTEMP 的高度
RHPERC	50	*%	相对湿度
U0	3	*M/S	高度 z= Z_0 处的风速
Z0	10	*M	给出 U_0 的高度
TGROUND	21.2	*C	地面温度
DISP		*------->	数据块：扩散数据
ZR	0.01	*M	地表粗糙度参数
PQSTA.B	F	*	Pasquill 稳定性等级
AVTIMC	900	*S	浓度平均时间
CROSSW	2	*	<σy>公式（通常不会改变）
GASDATA		*------->	数据块：气体数据
GASFLOW	0.317 0	*KG/S	气体泄漏速率（不包括水吸收率）
TEMPGAS	−34	*C	泄漏气体温度
CPGAS	6.8	*J/MOLE/C	泄漏气体比热
MWGAS	70.9	*KG/KMOLE	泄漏气体分子量
WATGAS	0	*-	气体水吸收（通常不会改变）
CLOUD		*------->	数据块：云输出控制
DXFIX	1	*M	固定大小的输出步长
NFIX	1 000	*	到距离 x-NFIX*DXFIX 的固定步数
XEND	3 000	*M	停止计算的 X
CAMIN	0.000 001	*KG/M3	停止计算的 CA（浓度）
CU	0.000 1	* KG/M3	浓度上限
CL	0.000 01	* KG/M3	浓度下限
POOL		*------->	数据块：池数据
PLL	1	*M	池长度
PLHW	0.5	*M	池半宽

* ------- HEGADAS-S 标准输入文件 STPOOLNO.HSI。

* （示例：从池开始进行，正常热力学）。

- 两相冷冻液体示例

本示例描述了二氧化硫两相冷冻泄漏。这种泄漏的后果使用 PLUME 模型和 PGPLUME 模型进行了模拟。选择此建模方法是因为本示例模拟了一种垂直向上的泄漏。PLUME 模型用于估计初始羽流扩散和轨迹。该模型的结果表明，在羽流速度等于环境空气速度的点处，羽流密度不足以引起羽流触地。因此，使用 PLUME 模型结果作为输入，转换到 PGPLUME 模型中。表 6-21 列出了用于 PLUME 模型的参数。大部分输入参数来自表 5-7。其余输入参数在 HGSYSTEM 模型文件中进行了解释。由 PLUME 模型提供给 PGPLUME 模型的参数在表 6-22 的链接文件中给出。PGPLUME 模型所需的其他数据以链接文件第 1 列中的星号表示。可以手动将这些数据输入到此文件中，也可以将 PGPLUME 模型链接文件连接到该文件，并在其中输入适当值。在本示例中，数据被手动输入 PGPLUME 模型链接文件中，并且文件被重命名为以 PGI 结尾的扩展名（表 6-23）。

表 6-21　PLUME 模型模拟泄漏类别 4 的输入参数（参考表 5-4）

标题	情景 4	二氧化硫泄漏	
GASDATA		*气体的物理性质	
TEMPGAS	−10.0	*摄氏度	污染物的温度
MFGAS	100.00	* 百分比	污染物的摩尔分数
MFH20	0.0	* 百分比	水的摩尔分数
MWGAS	64.1	* g/mol	污染物的分子量
CPGAS	21.0	* J/mol/C	等压比热
PIPE		*管道出口平面（阻塞前）条件	
DMDT	4.154	* KG/S	泄漏速率
DEXIT	0.012 7	* M	有效孔口直径
ZEXIT	0.304 9	* M	地面以上高度
PHISTK	−90.00	*度	泄漏角度
DURATION	1 585	* S	泄漏持续时间（＜0 表示稳定）
AMBIENT		*大气环境条件	
Z0	6.0	*M	参考高度
U0	3.13	* M/S	高度 Z_0 处的风速
AIRTEMP	18.0	*摄氏度	空气温度
AIRPRESS	1.00	*大气压	环境压力
RHPERC	0.0	*百分比	相对湿度
DISP			扩散数据
ZR	0.01	* M	地表粗糙度参数
PQSTAB	E		Pasquill 稳定性等级
TERMINAT		*喷流/羽流形成终止标准	
SLST	500	* M	最后需要下风向扩散

标题	情景 4		二氧化硫泄漏
DLST	−1E6	* M	最后需要羽流参数羽流参数
ZLST	−0.35	* M	最后需要羽流质心上升高度
DXLST	−500	* M	最后需要水平位移
ULST	−0.1	* M/S	最后需要（平均）羽流速度
BETLST	1E-7	* 百分比	最后需要污染物浓度
MATCH			*适用于 HEGADAS / PGPLUME 模型标准
RULST	0.2	*	最后需要 UJET/UAMB-1 的绝对值
RELST	0.3	*	最后需要 JET/（JET+HEG） ENTRAINM
RGLST	0.3	*	最大平流的浮力效应
RNLST	0.1	*	PASS 扩散的最大浮力效应

表 6-22　PLUME 模型为模拟泄漏类别 4 创建的 PGPLUME 模型链接文件

标题	情景 4	二氧化硫泄漏
GASDATA		*泄漏气体成分数据块
CPGAS	21.0	*污染物比热/（J/mol/℃）
MW'GAS	64.1	*污染物分子量/（g/mol）
GASFRAC	1.00	*泄漏污染物摩尔分数（-）
WATGAS	0.000E-01	*泄漏水蒸气摩尔分数（-）
GEOMETRY		*匹配数据块的羽流几何
DXPLUME-	161	*匹配平面位移/m
ZPLUME-	29.0	*离地质心高度/m
DPLUME-	41.6	*近羽流（有效）直径/m
PHIPLUME-	−0.300	*羽轴方向（度）
STATE		*羽流动态/热力学状态
UREL-	−0.477	*羽流相对速度/（m/s）
CMASS-	7.929E-04	*近场质量浓度/（kg/m^3）
RREL-	1.390E-03	*羽流（平均）过剩密度/（kg/m^3）
DURATION	1.585E+03	*（稳定）泄漏持续时间/s
AMBIENT		*环境大气数据块
AIRTEMP	19.2	*环境（空气）温度/℃
AIRPRESS	0.997	*环境（绝对）压力（大气压）
RHPERC	0.000E-01	*环境（相对）湿度/%
UATM	6.02	*质心高度处的风速/（m/s）
RATM	1.20	*环境大气密度/（kg/m^3）
DISP		* Pasquill/Gifford 扩散数据
ZR-	1.000E-02	*地表粗糙度/m
PQSTAB-	E	*Pasquill/Gifford 稳定性等级（-）
AVTIMC	600	浓度平均时间/s

标题	情景 4	二氧化硫泄漏
TERMINAT		*：输出控制数据块
XFIRST-	161.	*首先需要下风向距离/m
*STEP=	100.	*算术系列步长/m
*NSTEP=	10	*最大（算术）步数（-）
*FACTOR-	1.20	*几何级数的比例因子（-）
*XLl.AST-	1.016E+04	*最后需要下风向距离/m
*VFlAST-	2.99	*最后需要摩尔浓度/ppm

注：用*标记的参数需要更新才能运行 PGPLUME 模型。

表 6-23　PGPLUME 模型模拟泄漏类别 4 的输入参数

DISP			* Pasquill/Gifford 扩散数据
AVTIMC	900	* SECS	浓度平均时间
ZR	1.000E-02		*地表粗糙度/m
PQSTAB	E		*Pasquill/Gifford 稳定性等级（-）
TERMINAT			*输出控制数据块
		*	［XFIRST 来自 HFPLUME/PLUME 模型］
*STEP=	100.0	* M	算术级数步长
*NSTEP=	10	*	此类步长最大数量
FACTOR	2.0	*	距离尺度（几何因子）
XLAST	10 000.0	* M	最后需要横截面距离
VFlAST	3.0	*ppm	最后需要中心线浓度
［气体数据、几何、状态和环境条件数据块来自 HFPLUME/PLUME 模型］			
XFIRST-	161		*首先需要下风向距离/m
标题情景 4　二氧化硫泄漏			
GASDATA			*泄漏气体成分数据块
DXPLUME-	161.		*匹配平面位移/m
·ZPLUME-	29.0		*离地质心高度/m
DPLUME-	41.6		*近羽流（有效）直径/m
PHIPLUME-	−0.300		*羽轴方向/（°）
STATE			*羽流动态/热力学状态
UREL-	−0.477		*羽流相对速度/（m/s）
CMASS-	7.929E-04		*近场质量浓度/（kg/m³）
RREL-	1.390E-03		*羽流（平均）过剩密度/（kg/m³）
AMBIENT			*环境大气数据块
AIRTEMP	19.2		*环境（空气）温度/℃
AIRPRESS	0.997		*环境（绝对）压力（大气压）
RHPERC	0.000E-01		*环境（相对）湿度/%
UATM-	6.02		*质心高度处的风速/（m/s）
RATM	1.20		*环境大气密度/（kg/m³）

*（HFPLUME/PLUME 模型带有近源数据的加压泄漏示例）。

注：HFPLUME/PGPLUME 或 PLUME/PGPLUME.PGL 链接文件附加在此文件末尾。

以下汇总了 PLUME 模型的重要输入参数。泄漏气体温度（TEMPGAS）取自 I 期报告。泄漏持续时间（DURATION）设定为 26.4 min。然后将该参数提供给 PGPLUME 模型，一旦泄漏行程时间超过泄漏持续时间，PGPLUME 模型就会将泄漏持续时间的影响纳入扩散计算中。泄漏角度设定为垂直（PHISTK 90）。由于此版本的 PLUME 模型无法模拟喷射流内水蒸气的冷凝，因此相对湿度设定为 0。

在 PGPLUME 模型中，平均时间（AVTIMC）设置为 900 s，这对应于短期暴露限值的平均时间。选择模型输出参数以提供前 100 m（NSTE-10）的 100 m 间隔（STEP）浓度列表，然后提供超过该距离的 1.2 几何距离步长。

- 单相气体泄漏（阻塞流）示例

该情景描述了在填充储罐过程中，由于安全阀打开而意外泄漏无水氟化氢。关于这种情景的定义存在一些不确定性。第一个问题是资源文件中规定的储存条件不现实（温度为 165℉，压力为 30 lb/in^2，这会导致非平衡状态）。甚至出口管道（197℉）的条件也不平衡。此外，根据所提供的数据，尚不清楚安全阀的泄漏压力是多少（是在 30 lb/in^2 的压力下发生泄漏，还是在重置压力下发生泄漏）。对于定义的条件，HFPLUME 模型中的热力学子程序确定存储条件高于饱和条件，并且模型不会执行，因为处于非平衡状态。由于所提供储存条件的不确定性，通过对储存条件做出一些假设，对该泄漏进行简化建模。

根据情景定义中给出的温度和压力，或者即使假设更合理的存储条件，这种泄漏也不会产生比环境空气更重质的羽流。为了证明这一点，运行 HFPLUME 模型（版本 2.1）模拟更具代表性的储存条件，得出的模拟结果提供给 PGPLUME 模型。

由于泄漏持续时间仅为 45 s，因此该情景的定义更加复杂。对于这种短暂泄漏，使用 HFPLUME 和 PGPLUME 模型不可能获得准确的 15 min 平均浓度。

由于这些问题，HEGADAST 模型将该示例建模为地面面源泄漏，并假设给出的泄漏速率和泄漏温度是正确的。因此，在建模这一泄漏影响时，我们没有考虑泄漏高度为 3.7 m 的这一事实。由于采用的建模方法（地面面源），我们可能夸大了近场影响。

表 6-24 列出了本分析中使用的 HEGADAST 模型输入参数。大部分输入参数来自表 5-9。其余输入在 HGSYSTEM 模型文件中进行了解释。以下是需要进一步说明的参数概述。ICNT 参数设置为 1，其将提供达到浓度上限和下限的云宽度和高度等值线。这些等值线反映的平均时间相当于设置的 AVTIMC 参数（对于此情景，平均时间为 45 s）。对于该情景，浓度下限（CL）设定为 4.088×10^{-6} kg/m^3（6 ppm）。模型输出提供达到每一时间步和下风向距离浓度下限的云宽度和高度。因此，我们可以将云宽度看作是时间函数。

表 6-24　HEGADAST 模型模拟泄漏类别 5 的输入参数（参考表 5-5）

标题	情景 5		氟化氢泄漏
控制		*------>	数据块：控制参数
ICNT	1	*	输出代码（等值线，云内含物）
ISURF	3	*	表面热/水传递的代码
AMBIENT		*------>	数据块：环境条件
AIRTEMP	22	*C	高度 z=ZAIRTEMP 处的气温
ZAIRTEMP	6.1	*M	给出 AIRTEMP 的高度
RHPERC	45	*%	相对湿度
U0	6.26	*M/S	高度 $z=Z_0$ 处的风速
Z0	6.1	*M	给出 U_0 的高度
TGROUND	22	*C	地面温度
DISP	0.01	*------>	数据块：扩散数据
ZR	D	*M	地表粗糙度参数
PQSTA.B	45	*	Pasquill 稳定性等级
AVTIMC	2	*S	浓度平均时间
CROSSW		*	<σy>公式（通常不会改变）
GASDATA		*------>	数据块：氟化氢数据
TEMPGAS	2	*	氟化氢热力学模型
CPGAS	29.0	*J/MOLE/C	氟化氢比热
MWGAS	20.01	*KG/KMOLE	氟化氢分子量
TEMPGAS	27.00	*C	氟化氢池的温度（见附注 1）
HFLIQFR	1.0	*-	池的液体质量分数（见附注 1）
CLOUD		*------>	数据块：云输出控制
XSTEP	50	*M	输出步长
CAMIN	SE-5	*KG/M3	停止计算的 CA（浓度）
CU	5E-5	* KG/M3	浓度上限
CL	4.088E-6	* KG/M3	浓度下限
CALC		*------>	数据块：输出时间
TSTAR	10	* s	
TSTAR	12	* s	
TSTAR	15	* s	
TSTAR	20	* s	
TSTAR	40	* s	
TSTAR	60	* s	
TSTAR	80	* s	
TSTAR	100	* s	
TSTAR	120	* s	
TSTAR	140	* s	
TSTAR	160	* s	
TSTAR	180	* s	

标题	情景 5		氟化氢泄漏	
TSTAR	200	* s		
TSTAR	220	* s		
TSTAR	240	* s		
TSTAR	260	* s		
TSTAR	280	* s		
TSTAR	300	* s		
TIMEDATA		*-------->	数据块：池数据	
TSTPOOL		* s	开始时间（时间零数据<TSTPOOL）	
TSTEPR		* s	时间步	
	池半径/*m	蒸发速率/（kg/s）	时间	单位
源	0.1	0.851 3	5	s
源	0.1	0.851 3	10	s
源	0.1	0.851 3	15	s
源	0.1	0.851 3	20	s
源	0.1	0.851 3	25	s
源	0.1	0.851 3	30	s
源	0.1	0.851 3	35	s
源	0.1	0.851 3	40	s
源	0.1	0.851 3	45	s

　　HEGADAST 模型中的泄漏速率由 TIMEDATA 块控制。这个数据块包含 3 个方面：TSTPOOL、TSTEPR、SOURCE。TSTPOOL 输入反映泄漏开始时间数据。对于本示例，开始时间设置为 0.0，这意味着泄漏物是在模拟开始时发生泄漏。如果使用另一个模型描述近场扩散，并且在泄漏的下风向某个距离处启动 HEGADAST 模型，则该值应设置为正时间。TSTEPR 参数用于设置泄漏数据的时间步长。对于此模拟，此参数设置为 5 s。该参数可帮助确保泄漏数据与扩散计算一致。SOURCE 数据描述面源大小（模型中的池大小）和泄漏速率。面源大小设定为 0.1 m 半径（模型预测对超过 100 m 的面源半径值相对不敏感）。要包含的源步骤数取决于实际泄漏持续时间和 TSTEP 值。因此，对于 45 s 的泄漏，使用了 9 个 SOURCE 输入参数。包含在 CALC 数据块中的 TSTAR 参数指定为执行扩散计算的时间。确定 TSTAR 值的最佳方法是估算羽流运输到关注距离的时间，然后将这个时间与其他几个时间相比较。通过以这种方式设置 TSTAR，可以确保计算峰值浓度。此外，请记住，随着模拟中设置的 TSTAR 数量的增加，计算时间将会增加。在 CLOUD 数据块中，参数 XSTEP 用于指定执行计算的下风向距离。对于此情景，选择 XSTEP 为 50。对于指定的 TSTAR，云浓度是在 XSTEP 的距离上计算。例如，如果 TSTAR 指定为 60 s，而 XSTEP 为 50 m，则模型将计算沿下风向 50 m 间隔泄漏时间起 60 s 时的浓度。

由于泄漏持续时间为 45 s，因此使用 45 s 的 σ_y 平均时间（AVTIMC）。这反映了当羽流实际存在时会产生的羽流曲流量。

以下总结了这些建模运行相关的问题。首先，靠近泄漏点地面的建模结果保守，因为这种泄漏被模拟为地面面源泄漏。使用 HFPLUME 模型模拟这一泄漏过程的结果是，预测的警戒线浓度约为 700 ppm，而 HEGADAST 模型的预测结果是 984 ppm。

其次，对于参考文件中用于估计云时间的术语，存在一些混淆。例如，根据定义，场地边界处的最大浓度持续时间为平均 15 min。根据 HEGADAST 模型，峰值（45 s）浓度将持续约 20 s。与此相类似，在 15～20 s 后，峰值浓度将下降到 6 ppm。

最后，可以从 HEGADAST 模型报告文件（YCL 和 ZCL）获得达到 6 ppm 浓度的水平和垂直浓度等值线。但是，这些浓度反映了 45 s 的平均值，并且随时间而变化。因此，该模型将提供不同时间序列 6 ppm 等值线范围的面积估值。根据这些数据，可以确定 6 ppm 等值线（随时间而变化）的面积或体积。应将该面积值与经过有限泄漏持续时间校正的稳态模型（如 SLAB 或 HEGADASS 模型）获得的面积值进行比较。这些模型将生成不受时间影响的等值线。

- 单相气体泄漏（非阻塞流）示例

泄漏的初始阶段使用 PLUME 模型进行建模。模型输入参数见表 6-25。大部分输入参数来自表 5-11。其余输入参数在 HGSYSTEM 模型文件中进行了解释。下面描述了与该示例相关的重要输入。用于模拟的分子量是基于平均摩尔组成的平均分子量（33.1 g/g-mole）。使用 MFGAS 参数来解释羽流仅为 72.9%氯化氢的这一事实。MFGAS 参数计算平均云特性，然后，基于关注污染物的分数，将总浓度乘以该分数来估计关注组分的浓度。使用 DURATION 参数输入泄漏持续时间（720 s）。将该值提供给远场扩散模型（HEGADAST 或 PGPLUME 模型，具体取决于羽流密度特性）。

表 6-25　PLUME 模型模拟泄漏类别 6 的输入参数（参考表 5-6）

标题	情景 6		
GASDATA	*气体的物理性质		
TEMPGAS	49.0	*℃	污染物的温度
MFGAS	72.95	* %	污染物的摩尔分数
MFH20	0.1	* %	水的摩尔分数
MWGAS	33.1	*g/mol	污染物的分子量
CPGAS	21.0	* J/mol/℃	等压比热
PIPE	*管道出口平面（阻塞前）条件		
DMDT	2.52	* KG/S	泄漏速率
DEXIT	0.863 6	*M	有效孔口直径
ZEXIT	8.54	* M	地面以上高度

标题			情景 6
PHISTK	90.00	*度	泄漏角度
DURATION	720	* s	泄漏持续时间（<0 表示稳定）
AMBIENT			*大气环境条件
Z_0	10.0	* M	参考高度
U_0	1.0	*M/S	高度 Z_0 处的风速
AIRTEMP	17.9	*℃	空气温度
AIRPRESS	1.00	*大气压	环境压力
RHPERC	36.0	* %	相对湿度
DISP			*扩散数据
ZR	0.01	*M	地表粗糙度参数
PQSTAB	B	*	Pasquill 稳定性等级
TERMINAT			* 喷流/羽流形成终止标准
SLST	500	*M	最后需要下风向扩散
DLST	−1E6	*M	最后需要羽流参数
ZLST	−0.35	*M	最后需要羽流质心上升高度
DXLST	−500	*M	最后需要水平位移
ULST	−0.1	* M/S	最后需要（平均）羽流速度
BETLST	1E-7	* 百分比	最后需要污染物浓度
MATCH			*适用于 HEGADAS / PGPLUME 标准
RULST	0.2	*	最后需要 UJET/UAMB-1 的绝对值
RELST	0.3	*	最后需要 JET/（JET+HEG）　ENTRAINM
RGLST	0.3	*	最大平流的浮力效应
RNLST	0.1	*	PASS 扩散的最大浮力效应

　　PLUME 模型结果表明，混合物密度不足以导致羽流触地及与 HEGADAS 模型进行连接，而是导致了与 PGPLUME 模型进行连接。值得注意的是，如果这种泄漏被建模为纯组分泄漏，而不是定义的混合物泄漏，那么 PLUME 模型将预测羽流将以重质羽流的形式撞击地面，并将与 HEGADAS 模型连接起来。

　　表 6-26 汇总了 PLUME 模型提供的 PGPLUME 模型输入参数。以"*"表示的参数是需要由用户改进的参数。PGPLUME 模型的最终输入参数见表 6-27。因为泄漏持续时间小于关注平均时间，所以应使用瞬时模型更准确地反映平均浓度。但是，PGPLUME 模型无法做到这一点。为了克服侧风面和顺风面使用不同平均时间的问题，运行了两次 PGPLUME 模型，一次是设定平均时间等于泄漏持续时间，另一次是设定平均时间等于 30 min（氯化氢的 IDLH 限值）。

表 6-26　PLUME 模型为模拟泄漏类别 6 创建的 PGPLUME 链接文件

标题	情景 6	
GASDATA	*泄漏气体成分数据块	
CPGAS	24.2	*污染物比热/（J/mol/℃）
MW'GAS	33.1	*污染物分子量/（g/mol）
GASFRAC	0.729	*泄漏污染物摩尔分数（-）
WATGAS	1.000E-03	*泄漏水蒸气摩尔分数（-）
GEOMETRY	*匹配数据块的羽流几何	
DXPLUME-	18.6	*匹配平面位移/m
·ZPLUME-	13.7	*离地质心高度/m
DPLUME-	10.4	*近羽流（有效）直径/m
PHIPLUME-	2.89	*羽轴方向/（°）
STATE	*羽流动态/热力学状态	
UREL-	−3.361E-02	*羽流相对速度/（m/s）
CMASS-	2.267E-02	*近场质量浓度/（kg/m³）
RREL-	2.526E-04	*羽流（平均）过剩密度/（kg/m³）
DURATION	*（稳定）泄漏持续时间/s	
AMBIENT	*环境大气数据块	
AIRTEMP	17.9	*环境（空气）温度/℃
AIRPRESS	0.999	*环境（绝对）压力（大气压）
RHPERC	36.1	*环境（相对）湿度/%
UATM	1.03	*质心高度处的风速/（m/s）
RATM	1.21	*环境大气密度/（kg/m³）
DISP	* Pasquill/Gifford 扩散数据	
ZR-	1.000E-02	*地表粗糙度/m
PQSTAB-	*C	*Pasquill/Gifford 稳定性等级（-）
*AVTIMC-	600	浓度平均时间/s
TERMINAT	*：输出控制数据块	
XFIRST-	18.6	*首先需要下风向距离/m
*STEP=	100	*算术系列步长/m
*NSTEP=	10	*最大（算术）步数（-）
FACTOR	1.20	*几何级数的比例因子（-）
*XLl.AST	1.002E+04	*最后需要下风向距离/m
*VFlAST-	165	*最后需要摩尔浓度/ppm

注：用*标记的参数需要更新才能运行 PGPLUME 模型。

表 6-27　PLUME 模型为模拟泄漏类别 6 创建的 PGPLUME 链接文件

标题情景 6		
GASDATA		*泄漏气体成分数据块
CPGAS	24.2	*污染物比热/（J/mol/℃）
MW'GAS	33.1	*污染物分子量/（g/mol）
GASFRAC	0.729	*泄漏污染物摩尔分数（-）
WATGAS	1.000E-03	*泄漏水蒸气摩尔分数（-）
GEOMETRY		*匹配数据块的羽流几何
DXPLUME	18.6	*匹配平面位移/m
ZPLUME	13.7	*离地质心高度/m
DPLUME	10.4	*近羽流（有效）直径/m
PHIPLUME-	2.89	*羽轴方向/（°）
STATE		*羽流动态/热力学状态
UREL	−3.361E-02	*羽流相对速度/（m/s）
CMASS	2.267E-02	*近场质量浓度/（kg/m³）
RREL-	2.526E-04	*羽流（平均）过剩密度/（kg/m³）
DURATION	720	*（稳定）泄漏持续时间/s
AMBIENT		*环境大气数据块
AIRTEMP	17.9	*环境（空气）温度/℃
AIRPRESS	0.999	*环境（绝对）压力（大气压）
RHPERC	36.1	*环境（相对）湿度/%
UATM	1.03	*质心高度处的风速/（m/s）
RATM	1.21	*环境大气密度/（kg/m³）
DISP		* Pasquill/Gifford 扩散数据
ZR	1.000E-02	*地表粗糙度/m
PQSTAB	*C	*Pasquill/Gifford 稳定性等级（-）
*AVTIMC-	1 800	浓度平均时间/s
TERMINAT		*：输出控制数据块
XFIRST-	18.6	*首先需要下风向距离/m
*STEP=	100	*算术系列步长/m
*NSTEP=	10	*最大（算术）步数（-）
FACTOR	1.20	*几何级数的比例因子（-）
*XLl.AST	1.002E+04	*最后需要下风向距离/m
*VFlAST-	100	*最后需要摩尔浓度/ppm

- 单相液体泄漏（高挥发性）示例

　　此情景使用 PLUME 模型建模，该模型为 HEGADASS 模型提供输入参数。在 88.3 m 的下风向距离处，从 PLUME 模型过渡到 HEGADASS 模型，因此使用断点，在该距离处启动 HEGADASS 模型。建模时间平均为 30 min，并与 IDLH 限值进行比较。表 6-28、

表 6-29 和表 6-30 分别列出了 PLUME 模型的输入参数、HEGADASS 模型的羽流链接文件和 HEGADASS 模型输入文件。表 6-28 的大部分输入参数来自表 5-13。其余输入参数在 HGSYSTEM 模型文件中进行了解释。

表 6-28 PLUME 模型模拟泄漏类别 7 的输入参数（参考表 5-7）

标题	情景 7		环氧乙烷泄漏
GASDATA			*气体的物理性质
TEMPGAS	10.70	*℃	污染物的温度
MFGAS	100.0	* %	污染物的摩尔分数
MFH2O	0.0	* %	水的摩尔分数
MWGAS	44.1	* g/mol	污染物的分子量
CPGAS	24.49	* J/mol/℃	等压比热
PIPE			*管道出口平面（阻塞前）条件
DMDT	0.122 0	* KG/S	泄漏速率
DEXIT	6.35E-3	* M	有效孔口直径
ZEXIT	0.50	* M	地面以上高度
PHISTK	0.000	*度	泄漏角度
DURATION	−1	* S	泄漏持续时间（＜0 表示稳定）
AMBIENT			*大气环境条件
Z_0	10.0	*M	参考高度
U_0	2.0	* M/S	高度 Z_0 处的风速
AIRTEMP	28.0	*℃	空气温度
AIRPRESS	1.00	*大气压	环境压力
RHPERC	50.0	* %	相对湿度
DISP			扩散数据
ZR	0.01	* M	地表粗糙度参数
PQSTAB	E		Pasquill 稳定性等级
TERMINAT			*喷流/羽流形成终止标准
SLST	500	* M	最后需要下风向扩散
DLST	−1E6	* M	最后需要羽流参数
ZLST	−0.35	* M	最后需要羽流质心上升高度
DXLST	−500	* M	最后需要水平位移
ULST	−0.1	* M/S	最后需要（平均）羽流速度
BETLST	1E-7	* %	最后需要污染物浓度
MATCH			*适用于 HEGADAS / PGPLUME 标准
RULST	0.2	*	最后需要 UJET/UAMB-1 的绝对值
RELST	0.3	*	最后需要 JET/（JET+HEG）ENTRAINM
RGLST	0.3	*	最大平流的浮力效应
RNLST	0.1	*	PASS 扩散的最大浮力效应

表 6-29　PLUME 模型为模拟泄漏类别 7 创建的 HEGADASS 链接文件

标题	情景 7	环氧乙烷泄漏

****

*　（稳态）重气体平流模型 HEGADAS-S 的输入文件。该文件由近场扩散模型 PLUME 生成。它将 PLUME 模型生成的所有断点数据与确保物理一致性所需的其他变量和标志结合在一起。此外，该文件包含完成适合提交给 HEGADAS-S 模型的可行输入文件所需变量；这些附加数据以星号（*）表示，在物理上和情景中都应该是合理的，但可以由用户自行决定更改。通过在 HGSYSTEM 下的 HEGADAS-S 模型部分输入文件添加关键字也可以覆盖这些数据。*

****

CONTROL			* HEGADAS 模型控制标志数据块
ICNT	0	*	*标志控制等值线生成（-）
ISURF	3	*	*标志指示羽流/地面传热（-）
AMBIENT			*环境大气数据块
ZAIRTEMP	0.500		*温度测量高度/m
AIRTEMP	28.0		*环境（空气）温度/℃
Z_0	10.0		*风速测量高度/m
U_0	2.00		*环境风速/（m/s）
RHPERC	50.0		*大气相对湿度/%
TGROUND	27.6		*地面温度/℃
DISP			*远场/重气体扩散数据
ZR	1.000E-02		*地表粗糙度高度/m
PQSTAB	E		*Pasquill/Gifford 稳定性等级
*AVTIMC-	600		浓度平均时间/s
CROSSW	2		* <σy>选择公式（-）
GASDATA			*泄漏气体数据块
THERMOD	1		*热力学模型标志（-）
GASFLOW	0.122		*氟化氢质量流量干燥气体/（kg/s）
CPGAS	24.5		*气体比热/（J/mol/℃）
MWGAS	44.1		*气体分子量/（g/mol）
GASFRAC	1.00		*泄漏气体污染物摩尔分数（-）
HEATGR	20.0		*地面传热系数（-）
WATGAS	0.000E-01		*泄漏气体中水的摩尔分数（-）
TEMPGAS	-95.7		泄漏后立即泄漏气体温度/℃
TRANSIT			* PLUME/HEGADAS 转换数据块
DISTS	88.3		*离泄漏点的下风向距离/m
CONCS	1.027E-03		中心线地面摩尔气体分数（-）
ws	-11.3		*重气体羽半宽（符号标志位）/m
CLOUD			*输出控制数据块
DXFIX	100		*算术级数步长/m
NFIX	10		*最大（算术）步数（-）
*XGEOM	1.20		*几何级数的比例因子（-）
*XEND	1.009E+04		*最后需要下风向距离/m

标题	情景 7		环氧乙烷泄漏
*CU	1.292E-04		*内部等值线浓度/（kg/m³）
*CL	1.292E-05		*外部等值线浓度/（kg/m³）
CAMIN	1.292E-05		*最后需要气体浓度/（kg/m³）

表 6-30　HEGADASS 模型模拟泄漏类别 7 的输入文件

标题	情景 7		环氧乙烷泄漏
CONTROL			* HEGADAS 模型控制标志数据块
ICNT	1	*	*标志控制等值线生成（-）
ISURF	3	*	*标志指示羽流/地面传热（-）
AMBIENT			*环境大气数据块
ZAIRTEMP	0.500		*温度测量高度/m
AIRTEMP	28.0		*环境（空气）温度/℃
Z_0	10.0		*风速测量高度/m
U_0	2.00		*环境风速/（m/s）
RHPERC	50.0		*大气相对湿度/%
TGROUND	28.6		*地面温度/℃
DISP			*远场/重气体扩散数据
ZR	1.000E-02		*地表粗糙度高度/m
PQSTAB	E		*Pasquill/Gifford 稳定性等级
*AVTIMC-	1 800		浓度平均时间/s
CROSSW	2		* <Oy>选择公式（-）
GASDATA			*泄漏气体数据块
THERMOD	1		*热力学模型标志（-）
GASFLOW	0.122		*氟化氢质量流量干燥气体/（kg/s）
CPGAS	24.5		*气体比热/（J/mol/℃）
MWGAS	44.1		*气体分子量/（g/mol）
GASFRAC	1.00		*泄漏气体污染物摩尔分数（-）
HEATGR	20.0		*地面传热系数（-）
WATGAS	0.000E-01		*泄漏气体中水的摩尔分数（-）
TEMPGAS	−95.7		*泄漏后立即泄漏气体温度/℃
TRANSIT			* PLUME/HEGADAS 转换数据块
DISTS	88.3		*离泄漏点的下风向距离/m
CONCS	1.027E-03		中心线地面摩尔气体分数（-）
ws	−11.3		*重气体羽半宽（符号标志位）/m
CLOUD			*输出控制数据块
DXFIX	10		*算术级数步长/m
NFIX	10		*最大（算术）步数（-）
*XGEOM	1.10		*几何级数的比例因子（-）
*XEND	1.009E+04		*最后需要下风向距离/m
*CU	1		*内部等值线浓度/（kg/m³）
*CL	0.001 4		*外部等值线浓度/（kg/m³）
CAMIN	1.292E-05		*最后需要气体浓度/（kg/m³）

在对本示例中计算的时间范围内的泄漏进行建模分析时，重要的是要记住 HGSYSTEM 模型中包含的模型的假设和局限性。因此，如果到达关注浓度限值的行程时间超过几个小时，则应进行持久性分析，以确保如此长的行程时间是合理的。

- 单相液体泄漏（低挥发性）示例

本示例反映储罐泄漏，其中含有 30% 的氯化氢，其余是水。假设泄漏物在罐内障碍区内形成液池。

本示例使用 HEGADASS 模型和情景描述中计算的泄漏速率建模。需要指出的是，本示例中的泄漏计算采用了一种非常简化的筛查方法。对于这种泄漏，泄漏速率将不会随时间推移而保持不变。蒸发造成的冷却效应会抑制泄漏速率。由于本示例的目的是基于 ERPG（60 min 平均值）关注浓度限值来比较影响，因此泄漏物的变化可能非常重要。虽然 HGSYSTEM 中的 EVAP 模型无法完全适应该情景，但与筛查计算相比，EVAP 模型可以提供更切合实际的池泄漏估计。

虽然这种泄漏不是重质气体泄漏，但 HEGADASS 模型可以准确地模拟重质气体和痕量气体区域。因此，HEGADASS 模型可用于模拟这种泄漏。因为泄漏物并不是重气体，所以只是通过分析云的氯化氢部分来模拟这一泄漏过程。因此使用 0.004 27 kg/s 的泄漏速率。此泄漏也可以通过调用 GASFRACT 模型参数进行建模，后者会自动考虑氯化氢分数。之所以没有采用这种方法，是因为这么做会加大获取云宽度的难度。

表 6-31 列出了本示例建模中的 HEGADASS 模型输入参数。大部分输入参数来自表 5-15。其余输入参数在 HGSYSTEM 模型文件中进行了解释。本示例建模将浓度上限参数设置为 20 ppm，浓度下限参数设置为 3 ppm。因此，通过模型运行，可以得到这两个 ERPG 浓度的云宽度模型预测值。可以以类似方式计算 100 ppm 等值线的宽度。

表 6-31　HEGADASS 模型模拟泄漏类别 8 的输入文件（参考表 5-8）

标题	情景 8		氯化氢蒸发池
CONTROL		*-------->	数据块：控制参数
ICNT	1	*	输出代码（等值线，云内含物）
ISURF	3	*	表面热/水传递的代码
AMBIENT		*-------->	数据块：环境条件
AIRTEMP	18.5	*C	高度 z=ZAIRTEMP 处的气温
ZAIRTEMP	10.7	* M	给出 AIRTEMP 的高度
RHPERC	58	*%	相对湿度
U0	2.24	* M/S	高度 $z=Z_0$ 处的风速
Z0	10.7	* M	给出 U_0 的高度
TGROUND	18.5	* C	地面温度
DISP		*-------->	数据块：扩散数据
ZR	0.01	* M	地表粗糙度参数

标题	情景 8		氯化氢蒸发池
PQSTAB	C	*	Pasquill 稳定性等级
*AVTIMC-	3 600	* s	浓度平均时间
CROSSW	2	*	<σy>公式（通常不会改变）
GASDATA		*-------->	数据块：气体数据
GASFLOW	0.004 27	* KG/S	气体泄漏速率（不包括水吸收率）
TEMPGAS	18.5	*℃	泄漏气体温度
CPGAS	32.5	* J/MOLE/C	泄漏气体比热
MWGAS	30.2	* KG/KMOLE	泄漏气体分子量
WATGAS	0	*-	气体水吸收（通常不会改变）
HEATGR	29	*……	自然对流热通量气体组
CLOUD		*-------->	数据块：云输出控制
DXFIX	1	* M	固定大小的输出步长
NFIX	200	*	到距离 x-NFIX*DXFIX 的固定步数
*XEND	3 000	* M	停止计算的 X
CAMIN	0.1E-5	* KG/M3	停止计算的 CA（浓度）
CU	2.471 8E-5	*KG/M3	浓度上限
*CL	3.708E-6	* KG/M3	浓度下限
POOL		*-------->	数据块：池数据
PU	7.3	* M	池长度
PLHW	3.66	* M	池半宽

注：* -------HEGADAS-S 模型标准输入文件 STPOOLNO.HSI。

* （示例：从池开始进行建模，正常热力学）。

6.5 SLAB 模型

表 6-32 列出了 SLAB 模型所需的特定输入和简要说明。表 6-32 包含了以下信息：泄漏类型；泄漏物质的物理性质信息；泄漏速率、高度和持续时间；泄漏的液体部分；浓度平均时间；关注最大下风向距离；计算浓度的地面高度；气象信息，以及场地粗糙度特征。表 6-32 的许多输入参数的"备注"栏中，标示了讨论如何计算该参数的第 4 章中的对应小节。

表 6-33 显示了前 8 个泄漏类别示例中使用的每个输入参数值。少数示例使用了不同于第 5 章中给出的参数值，具体在表 6-33 中列出。这些情况说明如下。每个泄漏类别（RC）示例的列标题中，提及了第 5 章中的输入参数表。反过来，第 5 章中的输入表也将提及对应的计算章节。

泄漏类别示例如下：

泄漏类别（RC）	标题
1	两相气体泄漏（阻塞流）
2	两相气体泄漏（非阻塞流）
3	两相加压液体泄漏
4	两相冷冻液体泄漏
5	单相气体泄漏（阻塞流）
6	单相气体泄漏（非阻塞流）
7	单相液体泄漏（高挥发性）
8	单相液体泄漏（低挥发性）

表 6-32　SLAB 模型输入参数

输入参数名称	输入参数描述	备注
idspl	泄漏类型	1 = 液池
		2 = 水平
		3 = 垂直
		4 = 瞬时
ncalc	计算步骤数	
wms	源气体分子量/（kg/g-mole）	4.2 节
cps	恒压下的热容量/［J/（kg·K）］	4.2 节
tbp	沸点温度/K	4.2 节
cmed	初始液体质量分数	4.9 节
dhe	蒸发热/（J/kg）	4.2 节
cpsl	液体热容量/［J/（kg·K）］	4.2 节
rhosl	源物质液体密度/（kg/m³）	4.2 节
spb	饱和压力常数 b	如果未知，spb = −1
spc	饱和压力常数 c	如果未知，spc = 0
ts	源气体温度/K	4.8 节
qs	质量源率/（kg/s）	4.7 节
as	源面积/m²	4.12 节
tsd	连续源持续时间	4.4 节
qtis	瞬时源质量/kg	4.4 节
hs	源高度/m	4.14 节
tav	浓度平均时间/s	4.16 节
xffm	远场长度/m	
zp（1），zp（2），zp（3），zp（4）	浓度测量高度/m	4.18 节
Z_0	地表粗糙度-高度/m	4.17.3 节
za	环境风测量高度/m	4.17.1 节
ua	环境风速/（m/s）	4.17.1 节
ta	环境温度/K	4.17.5 节

输入参数名称	输入参数描述	备注
rh	相对湿度/%	4.17.5 节
stab	稳定性等级	4.17.2 节

表 6-33　SLAB 模型模拟八个泄漏类别的输入参数

（括号中的数字表示输入数据来源参考表）

输入参数名称	输入值 RC 1 （表 5-1）	输入值 RC 2 （表 5-2）	输入值 RC 3 （表 5-3）	输入值 RC 4 （表 5-4）	输入值 RC 5 （表 5-5）	输入值 RC 6 （表 5-6）	输入值 RC 7 （表 5-7）	输入值 RC 8 （表 5-8）
idspl	2	2	2	3	2	3	2	1
ncalc	1	1	1	1	1	1	1	1
wms	0.044 054	0.044 054	0.070 906	0.064 063	0.035 0	0.033 07	0.044 054	0.030 19
cps	1 078	1 078	481.5	623.1	1 456	1 054	1 078	980.98
tbp	283.85	283.85	239.15	263.13	292.67	188.15	283.85	370.2
cmed	0.013 3	0.013 3	0.822 1	0.786	0	0	1	1
dhe	568 954	568 994	287 775	388 747	376 440	442 708	568 994	2 354 863
cpsl	1 972	1 972	927.3	1 386	2 560	1 655.85	1 972	3 475
rhosl	882.7	882.7	1562	1460	955	1 194.2	882.7	993.3
spb	2 507.61	2 507.61	1 978.34	2 302.35	3 404.51	−1	2 507.61	−1
spc	−29.01	−29.01	−27.01	−35.97	15.06	0	−29.01	0
ts	283.85	283.85	239.09	263.13	313.6	322.04	283.85	291.48
qs	0.063 4	0.050 3	0.317 0	4.154	0.851 3	2.515 1	0.122 0	0.005 365
as	0.000 233 7	0.000 188 2	0.003 020	0.013 44	0.003 167	0.585 754	0.014 784	53.53
tsd	480	480	672	1 584	45	720	7 200	7 200
qtis	0	0	0	0	0	0	0	0
hs	0	0	2	0.304 9	3.66	8.54	0.5	0
tav	5	5	900	900	900	1 800	1 800	3 600
xffm	1 000	1 000	2 000	10 000	1 000	10 000	10 000	10 000
zp（1）	0	0	0	0	0	0	0	0
zo	0.01	0.01	0.01	0.01	0.01	0.01	0.01	0.01
za	4.57	6.10	10	6	6.1	10	10	10.7
ua	5.37	2.68	4.47	3.13	6.26	0.98	2	2.24
ta	287.52	296.48	294.38	291.15	295.15	290.9	301	291.48
rh	62	37	50	42	45	36	50	58
stab	3	3	3	5	4	2	5	3

• 两相气体泄漏（阻塞和非阻塞流）示例

泄漏高度假定为地面，即使泄漏发生在地面以上 3.66 m。如图 5-1 所示，泄漏是向下的泄漏。由于 SLAB 模型无法模拟向下的泄漏，因此假定为地面泄漏。

- 单相气体泄漏（阻塞流）示例

情景描述该泄漏为瞬时泄漏或 45 s 连续泄漏。尽管建议使用瞬时泄漏，但情景被建模为持续泄漏，持续时间为 45 s。

SLAB 模型能够模拟任何持续时间的泄漏。在本示例中，情景设定为瞬时泄漏，结果差别不大。建议如果已知泄漏持续时间，则应使用实际泄漏持续时间，而不是将泄漏模拟为瞬时泄漏。当然，这并不是说不要使用瞬时泄漏选项。如果泄漏持续时间比到达受体的行程时间短得多，就可以使用瞬时泄漏选项。

- 单相气体泄漏（非阻塞流）示例

泄漏物是氯化氢、水和空气的混合物，但唯一值得关注的化学物质是氯化氢。将该泄漏物模拟为混合物，预测的输出浓度经调整仅考虑泄漏的氯化氢部分。这是通过将预测浓度乘以 f_i 值（0.729 5）来实现的。使用 5.6.11 节中计算的表观分子量和 5.6.2 节中计算的混合物气相比热来描述该化学物质。

- 单相液体泄漏（高挥发性）示例

由于该泄漏为高度挥发性液体泄漏，因此担心实际上可能导致池的形成。4.7.7 节建议假定泄漏物在发生泄漏后立即挥发，因此这里也是这么假定的。

- 单相液体泄漏（低挥发性）示例

该情景下泄漏的是 30%氯化氢和 70%水的液体混合物。如 5.8.7 节所述，泄漏物会形成一个液池，液池中的氯化氢和水会蒸发到大气中。建议泄漏建模只考虑氯化氢部分。然而，SLAB 模型将该情景模拟为混合物泄漏，通过将浓度结果乘以 f_i 值（0.012 58）来调整预测浓度，以便仅考虑泄漏的氯化氢部分。

第 7 章　模型输出

本章给出了每个模型的输出示例，并介绍了如何使用输出质量确定以下关注的影响：最大场外浓度；指定浓度的最大下风向距离；最大指定浓度宽度；最大时均（如 30 min）场外浓度；某一特定点的最大时均浓度；某一特定点达到最大浓度的时间；某一特定点超过规定浓度的持续时间；某一特定点达到指定浓度的时间；受指定浓度影响的总面积。

并非所有上述关注影响都可从每个模型获得。此外，对于某些模型，可能需要对输出进行进一步操作，以生成此处介绍的一些影响。对于这种情况，本章中将介绍相关方法，并提供可用图形输出示例。

本指南并不旨在讨论每个模型的所有输出，而是讨论为生成关注扩散气象条件输出所需的过程。有关特定模型输出的更多讨论，请参阅模型用户指南。

7.1　ADAM 模型

在默认情况下，ADAM 模型输出使用云等值线图表示关注输入浓度或剂量。图中在代表北、南、东、西方向的 x-y 坐标系上显示叠加的浓度（ppm）或剂量（ppm-s）等值线。典型输出如图 7-1 所示。图右侧方框列出了化学物质名称、风速、源质量（瞬时泄漏）或源速率（连续泄漏）、扩散持续时间、最大云宽度以及达到指定浓度或剂量的最大中心线下风向距离。通过将屏幕转储到可用的打印机，可以获得输出的硬拷贝。

以下段落将讨论如何获得特定参数输出。包括最大场外浓度；最大时均场外浓度；某一特定点的最大时均浓度。

上述参数不能直接从 ADAM 模型获得。但是，只要最大危害距离（图 7-1 中标记的最大危害距离）大于到场地边界或特定关注点的距离，就可以估算这些参数。估算通过以下方法进行：调用重绘程序（离开图形显示后可用），指定重新绘制浓度或剂量高于原始值的云等值线。如果结果图表明相应距离大于场地边界距离，则必须增加浓度或剂量值，并重新显示该图。同样地，如果得到的距离小于场地边界距离，则应减少浓度或剂量值，并重新绘制结果。

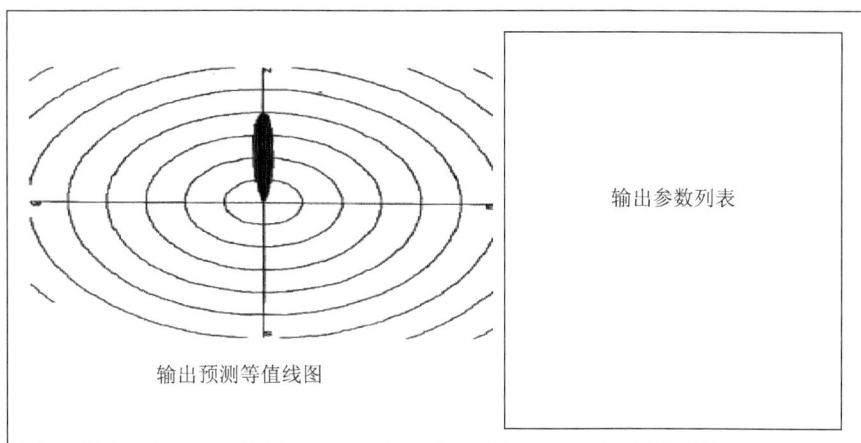

图 7-1 典型 ADAM 模型输出

由于重新绘制的等值线基于关注初始浓度或剂量的扩散计算，因此无法得到确切的关注距离。但是，可以通过在关注距离两侧之间进行插值来估计这一距离。

若要确定最大场外浓度，必须使用到场地边界的距离作为特定点。然后将最大场外浓度视为该点处的最大浓度。如果泄漏发生在地面，那么这种方法严格来说也是正确的。

指定浓度的最大下风向距离。该参数显示在标准 ADAM 模型输出中（图 7-1）。标记为"最大危害距离"。

指定浓度最大宽度。该参数也显示在标准 ADAM 模型输出中。标记为"最大危害宽度"。

某一特定点达到最大浓度的时间。

某一特定点超过规定浓度的持续时间。

某一特定点达到指定浓度的时间。

ADAM 模型可用于浓度计时的唯一信息是特定浓度前缘的位置。通过将结果（在 ADAM 模型中称为"输出数据"）存储在文件中，可以获得该信息。表 7-1 给出了一个示例。等值线浓度与源的距离（随时间变化）数据已制成表格。没有任何信息输出描述特定点最大浓度或持续时间的计时。峰值浓度是作为时间而非位置函数给出。

表 7-1 ADAM 模型示例数据输出文件

扩散计算结果

99 -# 点

浓度等值线 = 5.000 000 ppm

发生泄漏后的时间/s	与源的距离/m	羽流或喷出速度/(m/s)	峰值浓度/ppm	峰值剂量/ppm-s	等值线宽度/m
16.47	27.51	1.678 0	15 817	0.000 0	27.51
16.76	28.00	1.677 4	15 734	0.000 0	29.04
17.25	28.82	1.676 1	15 598	0.000 0	29.39
17.98	30.05	1.674 3	15 400	0.000 0	29.92
19.01	31.77	1.672 0	15 102	0.000 0	30.65
20.40	34.09	1.669 0	14 414	0.000 0	31.63
22.24	37.14	1.665 2	12 957	0.000 0	32.88
24.62	41.10	1.660 7	10 963	0.000 0	34.48
27.67	46.15	1.655 7	8 901.8	0.000 0	36.47
31.54	52.53	1.649 9	7 045.6	0.000 0	38.92
36.42	60.56	1.643 8	5 486.7	0.000 0	41.92

- 受指定浓度影响的总面积

虽然 ADAM 模型没有计算，但云等值线覆盖的地面面积可以通过假定等值线形状为椭圆形来估计。然后，可以基于椭圆的面积方程确定等值线内的危害区域。该椭圆的主轴等于中心线最大下风向距离（X_{max}），短轴等于最大云宽度（Y_{max}）。因此，云层覆盖的地面面积计算如式（7-1）所示：

$$\text{AREA} = \left(\frac{\pi}{4}\right) \times (X_{max}) \times (Y_{max}) \tag{7-1}$$

7.2 ALOHA 模型

ALOHA 模型最初设计为一项应急响应工具而不是规划工具。正因如此，可用输出在某种程度上有限。

ALOHA 模型产生的唯一影响输出是：扩散足迹；时变浓度；时变剂量。

6.2 节提供了 ALOHA 模型所需的输入文本汇总和输出示例。此外，输出参数"时变源强度"也可用。

源强度并不表示下风向影响。此外，建议瞬态泄漏不要使用足迹，除非通过逐点询问（使用"浓度"选项）确认足迹未被高估。最长输出时间为 60 min。

图 7-2～图 7-4 给出了 3 个 ALOHA 模型输出示例。已发布的 ALOHA 模型版本不包括表格输出。浓度值假定为 5 min 的平均值；其他平均时间则不可用。但是可以选择关注浓度。

足迹窗口　2804080279

化学物质名称：环氧乙烷

（注：潜在或确认的人类致癌物。）

模型运行：重气体

风向：北风 2 m/s

足迹信息：

模型运行：重气体

用户指定的关注浓度限值：等于 IDLH 限值（800 ppm）

关注浓度限值最大威胁区：50 m

（注：重气体足迹为初步筛查值。）

对于短时间泄漏来说，这可能是高估值。

务必核查特定位置的浓度信息。

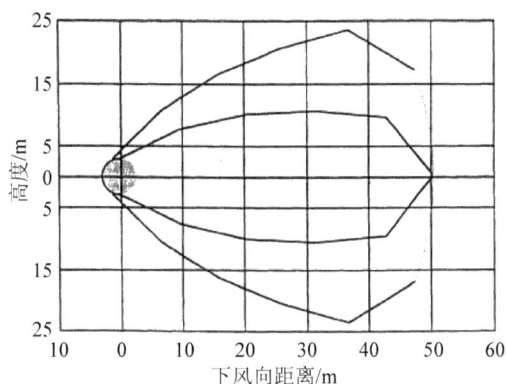

图 7-2　扩散云轨迹

浓度窗口　2804080354

化学物质名称：环氧乙烷

（注：潜在或确认的人类致癌物。）

模型运行：重气体

每小时建筑空气交换量：0.01（用户指定）

时变信息：

特定点浓度/剂量估值：

下风向：100 m

偏离中心线：0 m

最大浓度：

室外：279 ppm

室内：2.69 ppm

最大剂量：

室外：16 200（ppm/min）

室内：78.6（ppm/min）

（注：室内图以虚线表示。）

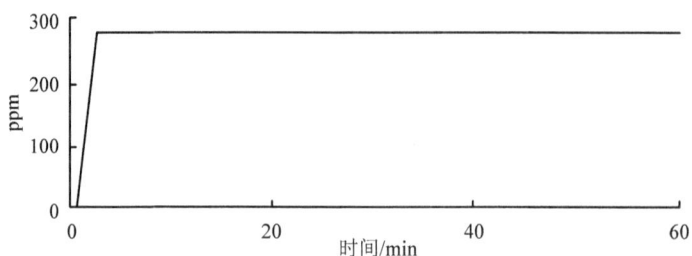

图 7-3 时变浓度曲线

剂量窗口 2804080315

化学物质名称：环氧乙烷

（注：潜在或确认的人类致癌物。）

模型运行：重气体

每小时建筑空气交换量：0.01（用户指定）

时变信息：

特定点浓度/剂量估值：

下风向：100 m

偏离中心线：0 m

最大浓度：

室外：279 ppm

室内：2.69 ppm

最大剂量：

室外：16 200（ppm/min）

室内：78.6（ppm/min）

（注：室内图以虚线表示。）

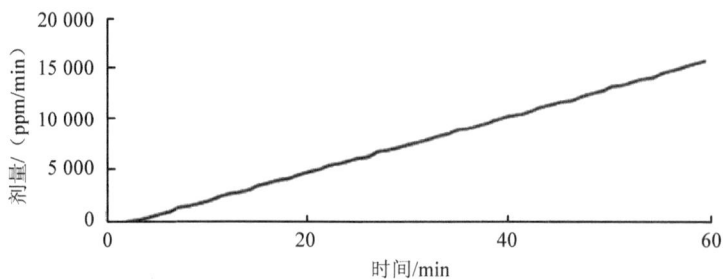

图 7-4 时变剂量曲线

　　具体参数在下面讨论。包括最大场外浓度；最大时均场外浓度；某一特定点最大时均浓度；某一特定点达到最大浓度的时间；某一点超过规定浓度的持续时间；达到指定浓度的时间。

　　若要确定最大场外浓度，必须使用到场地边界的距离作为特定点。然后将最大场外浓度视为该点处的最大浓度。如果泄漏保持在地面上，这种方法严格上来说就是正确的。

　　图 7-3 给出了浓度随时间的变化图。可选择的点的位置基于下风向和偏离中心线的距离。输出的最大浓度和剂量以数字形式给出。此图可用于确定某一点的最大浓度，以及某一浓度的持续时间（以图形表示）。可以对室内和室外情景进行浓度预测。

　　时变剂量参数（图 7-4）包含时变浓度输出中给出的相同数值。剂量图是根据 4.16 节给出的公式推导出来的。由于剂量以 ppm-min 为单位，因此可以通过将剂量除以新时间来估计平均时间大于 5 min 的新浓度。可以对室内和室外情景进行剂量预测。

　　• 指定浓度的最大下风向距离

　　该参数可从图 7-2 中显示的输出中获得，标记为"关注浓度限值最大威胁区"。

　　• 指定浓度最大宽度

　　该参数可根据图 7-2 中显示的输出进行估计。图 7-2 左轴的大小代表侧风宽度，可以用来绘制羽流。

　　• 受指定浓度影响的总面积

　　如图 7-2 所示，足迹输出以图形方式显示指定浓度的范围。对于短时间泄漏来说，足迹可能被高估。最大影响面积只能通过反复试验确定。

7.3　DEGADIS 模型

　　DEGADIS 模型输出分为两部分。第一部分给出了喷射泄漏子模型的计算结果。这个输出代表泄漏物高架喷射部分的羽流特征。输出示例如表 7-2 所示。喷射高度根据下风向距离计算。第二部分为地面扩散子模型的计算结果。一旦喷射流到达地面，DEGADIS 模型就会从喷射泄漏子模型切换到地面羽流扩散子模型。DEGADIS 地面扩散子模型的输出示例如表 7-3 所示。表 7-2 和表 7-3 给出了稳态泄漏输出示例。瞬时泄漏的输出示例非常相似，但是它会创建一个表格来显示泄漏发生后的不同时间。下面给出了一个瞬时泄漏输出示例表，并进行了相关讨论。

表 7-2 DEGADIS 模型喷射泄漏子模型—JETPLU/DEGADIS v2.1—的输出示例

1992 年 12 月 22 日 12：03：48.59

弧度案例 3：氯气从连在 1 t 汽缸上的管道中泄漏

加压（饱和）液体的两相泄漏

泄漏速率：0.313 9 kg/s；初始密度：19.71 kg/m³

环境气象条件……		
参考高度的环境风速	4.470 0	m/s
参考高度	10.000	m
地表粗糙度	1.000 00E-02	m
Pasquill 稳定性等级	C	
莫宁—奥布霍夫长度	−30.431	m
摩擦速度	0.248 14	m/s
环境温度	294.30	K
环境压力	1.000 0	atm
环境温度	7.980 79E-03	
相对湿度	50.000	X
指定平均时间	678.00	S
DELTAy	0.215 20	
BETAy	0.900 00	
DELTAz	9.623 00E-02	
BETAz	0.947 70	
GAMHAz	−2.000 00E-03	

污染物属性

污染物分子量	70.910	
初始温度	238.70	K
关注浓度上限	1.000 00E-05	
关注浓度下限	1.000 00E-06	
平均热容量	476.44	J/(kg·K)

NDEN 标志：2

摩尔分数	浓度（kg/m³）	密度（kg/m³）
0.000 00	0.000 00	1.193 6
1.000 0	19.710	19.710

ISOFL 标志：1

泄漏属性

泄漏速率	0.313 90	kg/s
泄漏高度	2.000 0	m
泄漏直径	7.036 00E-03	m

模型参数……
ALFA1: 2.800 00E-02
ALFA2: 0.370 00
DISTMX: 50.000 m

下风向距离/m	高度/m	中心线 摩尔分数浓度/（kg/m³）		密度/（kg/m³）	温度/K	Sigma y/m	Sigma z/m	摩尔分数	摩尔% 宽度/m	最大摩尔分数 宽度/m (z=0.000 m)	最大摩尔分数 高度/m	最大摩尔分数 高程/m
		摩尔分数	浓度/（kg/m³）									
3.965E-13	2.05	1.00	19.7	19.7	294.	3.880E-03	3.884E-03	0.000			1.00	2.05
26.7	8.63	4.489E-04	1.319E-03	1.19	294.	4.26	2.36	0.000			4.489E-04	8.63

57.0	1.232E-04	8.83	3.619E-04	1.19	294.	8.27	4.45	3.445E-05	17.8	13	1.232E-04	8.82
84.7	6.224E-05	8.86	1.828E-04	1.19	294.	11.8	6.33	4.578E-05	25.3	20.5	6.235E-05	8.45
111.	4.113E-05	8.86	1.208E-04	1.19	294.	14.9	8.06	4.125E-05	32.1	25.1	4.235E-05	5.94
146.	2.831E-05	8.85	8.315E-05	1.19	294.	19.1	10.4	3.190E-05	41.0	29.1	3.190E-05	0.000
179.	2.161E-05	8.83	6.346E-05	1.19	294.	23.0	12.5	2.461E-05	49.4	30.9	2.461E-05	0.000
223.	1.609E-05	8.81	4.726E-05	1.19	294.	28.0	15.3	1.800E-05	60.1	30.3	1.800E-05	0.000
273.	1.203E-05	8.78	3.533E-05	1.19	294.	33.5	18.4	1.314E-05	72.0	24.8	1.314E-05	0.000
323.	9.305E-06	8.76	2.733E-05	1.19	294.	39.0	21.5	9.971E-06	83.6		9.971E-06	0.000
373.	7.402E-06	8.73	2.174E-05	1.19	294.	44.4	24.6	7.822E-06	90.0		7.822E-06	0.000
423.	6.026E-06	8.71	1.770E-0.5	1.19	294.	49.7	27.6	6.303E-06	95.4		6.303E-06	0.000
473.	5.001E-06	8.69	1.469E-0.5	1.19	294.	55.0	30.6	5.190E-06	99.7		5.190E-06	0.000
523.	4.219E-06	8.67	1.239E-05	1.19	294.	60.2	33.6	4.352E-06	103.		4.352E-06	0.000
573.	3.608E-06	8.65	1.059E-05	1.19	294.	65.3	36.5	3.704E-06	106.		3.704E-06	0.000
623.	3.122E-06	8.63	9.167E-06	1.19	294.	70.4	39.4	3.194E-06	107.		3.194E-06	0.000
673.	2.729E-06	8.62	8.014E-06	1.19	294.	75.5	42.3	2.784E-06	108.		2.784E-06	0.000
723.	2.407E-06	8.60	7.069E-06	1.19	294.	80.5	45.2	2.450E-06	108.		2.450E-06	0.000
773.	2.140E-06	8.59	6.285E-06	1.19	294.	85.5	48.1	2.173E-06	107.		2.173E-06	0.000
823.	1.916E-06	8.57	5.626E-06	1.19	294.	90.5	51.0	1.943E-06	104.		1.943E-06	0.000
873.	1.726E-06	8.56	5.068E-06	1.19	294.	95.4	53.8	1.747E-06	101.		1.747E-06	0.000
923.	1.563E-06	8.55	4.591E-06	1.19	294.	100.	56.6	1.581E-06	96.0		1.581E-06	0.000
973.	1.423E-06	8.54	4.179E-06	1.19	294.	105.	59.5	1.438E -06	89.7		1.438E-06	0.000
1.023E+03	1.302E-06	8.52	3.822E-06	1.19	294.	110.	62.3	1.314E-06	81.3		1.314E-06	0.000
1.073E+03	1.195E-06	8.51	3.510E-06	1.19	294.	115.	65.1	1.205E-06	70.2		1.205E-06	0.000
1.123E+03	1.102E-06	8.50	3.235E-06	1.19	294.	120.	67.8	1.110E-06	54.7		1.110E-06	0.000
1.173E+03	1.019E-06	8.49	2.992E-06	1.19	294.	124.	70.6	1.026E-06	28.4		1.026E-06	0.000
1.198E+03	9.812E-07	8.49	2.881E-06	1.19	294.	127.	72.0	9.879E-07			9.879E-07	0.000

表 7-3　DEGADIS.0 地面扩散子模型的输出示例

UOA DEGADIS 模型输出 2.1 版本

******************* 1992 年 12 月 22 日 15：51：18.95*******************

数据输入时间：

源程序运行时间：

1992 年 12 月 22 日 12：31：51.90

1992 年 12 月 22 日 15：51：18.95

0 标题块

弧度案例 3：氯气从连在 1 t 汽缸上的管道中泄漏出来；

加压（饱和）液体的两相泄漏；

泄漏速率：0.313 9 kg/s；初始密度：19.71 kg/m³

	参考高度的风速		4.47 m/s
	参考高度		10.00 m
0	地表粗糙度长度		1.000E-02 m
0	Pasquill 稳定性等级		c
0	莫宁—奥布霍夫长度		−30.4 m
	高斯分布常数		
		指定平均时间	678.00 s
		Deltay	0.215 20
		Betay	0.900 00
		Alpha	0.160 70
0	风速幂律常数　摩擦速度		0.248 14 m/s
0	环境温度		294.30 K
	环境压力		1.000 个大气压
	环境绝对湿度		7.981E-03　kg/kg BDA
	环境相对湿度		50.00%

输入	摩尔分数	污染物浓度 kg/m³	气体密度 kg/m³
	0.000 00	0.000 00	1.193 57
	1.000 00	19.710 00	19.710 00
0 指定气体属性			

分子量	70.910
泄漏温度	238.70 K
泄漏温度和环境压力下的密度	19.710 kg/m³
平均热容量	476.44 J/（kg·K）
摩尔分数等值线上限	1.000 00E-05
摩尔分数等值线下限	1.000 00E-06
等值线高度	0.000 00 m

源输入数据点

云中的初始（纯污染物）质量：0.000 00 kg

时间 s	污染物质量比率 kg/s	污染物质量分数 kg 污染物/kg 混合物	源半径 m	温度 K	焓 J/kg
0.000 00	0.313 90	1.000 0	4.220 00E-02	294.30	0.000 00
60 230.	0.313 90	1.000 0	4.220 00E-02	294.30	0.000 00
60 231.	0.000 00	1.000 0	0.000 00	294.30	0.000 00
60 232.	0.000 00	1.000 0	0.000 00	294.30	0.000 00

0　ALPHA 的计算方法：1
0　PHI 的夹带方案：3
0　用于平均深度的层带厚比：2.150 0
0　使用的空气夹带系数 0.590
0　使用的重力下降速度系数 1.150
0　等温计算
0　热传递不包括在内
0　水传递不包括在内

计算的源参数……

时间/s	气体半径/m	高度/m	Qstar/[kg/(m²·s)]	SZ (x=L/2) m	污染物摩尔分数	密度/(kg/m³)	Rich No.
0.000 000	4.220 000E-02	1.100 000E-05	2.617 45	8.984 817E-03	1.000 00	19.710 0	0.756 144
2.500 000E-03	4.402 756E-02	6.497 224E-03	2.516 89	9.330 851E-03	0.993 858	18.972 5	0.756 144
5.000 000E-03	4.731 675E-02	1.196 966E-02	2.361 64	9.935 933E-03	0.983 742	17.861 1	0.756 144
7.952 711E-03	5.201 731E-02	1.706 137E-02	2.174 99	1.078 444E-02	0.970 118	16.537 7	0.756 144
1.090 542E-02	5.717 519E-02	2.091 386E-02	2.006 58	1.169 485E-02	0.956 206	15.356 3	0.756 144
1.955 035E-02	7.315 855E-02	2.759 510E-02	1.638 91	1.439 543E-02	0.918 929	12.823 4	0.756 144
2.819 529E-02	8.917 064E-02	3.062 364E-02	1.403 98	1.693 771E-02	0.888 579	11.247 9	0.756 144
4.490 576E-02	0.118 768	3.242 206E-02	1.137 04	2.129 080E-02	0.845 507	9.510 23	0.756 144
6.161 624E-02	0.146 454	3.217 368E-02	0.984 510	2.502 090E-02	0.815 847	8.555 91	0.756 144
8.933 680E-02	0.188 873	3.030 543E-02	0.836 821	3.017 611E-02	0.783 778	7.686 84	0.756 144
0.117 057	0.227 825	2.786 473E-02	0.749 758	3.436 799E-02	0.764 409	7.227 70	0.756 144
0.172 885	0.298 301	2.270 286E-02	0.653 236	4.070 046E-02	0.746 995	6.850 35	0.756 144
0.228 713	0.360 389	1.780 135E-02	0.605 643	4.485 447E-02	0.747 166	6.853 92	0.756 144
0.263 658	0.395 621	1.494 556E-02	0.589 267	4.649 787E-02	0.753 701	6.991 96	0.756 144

…计算的源参数……

时间/s	气体半径/m	高度/m	Qstar/[kg/(m²·s)]	SZ (x=L/2)/m	污染物摩尔分数	密度/(kg/m³)	Rich No.
0.298 603	0.419 034	1.285 349E-02	0.585 445	4.699 319E-02	0.764 099	7.220 69	0.756 144
0.399 346	0.412 110	1.148 123E-02	0.622 694	4.427 244E-02	0.794 083	7.950 15	0.756 144
0.498 898	0.403 627	1.034 069E-02	0.657 612	4.189 124E-02	0.818 850	8.645 31	0.756 144
0.598 449	0.394 419	9.363 875E-03	0.691 420	3.975 436E-02	0.840 267	9.329 36	0.756 144
0.759 585	0.379 492	8.077 288E-03	0.743 574	3.678 365E-02	0.869 212	10.406 1	0.756 144
0.843 749	0.372 180	7.537 811E-03	0.768 699	3.547 179E-02	0.881 694	10.935 9	0.756 144
0.927 914	0.365 451	7.082 606E-03	0.791 831	3.433 208E-02	0.892 414	11.428 4	0.756 144
1.007 90	0.359 705	6.722 174E-03	0.811 613	3.340 676E-02	0.901 025	11.851 8	0.756 144
1.169 38	0.350 221	6.180 213E-03	0.844 251	3.197 469E-02	0.914 154	12.551 3	0.756 144
1.250 88	0.346 502	5.984 797E-03	0.857 008	3.144 576E-02	0.918 930	12.823 5	0.756 144
1.422 60	0.340 688	5.701 425E-03	0.876 605	3.066 765E-02	0.925 826	13.234 9	0.756 144
1.594 32	0.337 103	5.534 678E-03	0.888 789	3.020 215E-02	0.929 921	13.490 2	0.756 144
1.905 08	0.333 952	5.393 740E-03	0.899 504	2.980 437E-02	0.933 392	13.713 3	0.756 144

计算的源参数

时间/s	气体半径/m	高度/m	Qstar/[kg/(m²·s)]	SZ (x=L/2)/m	污染物摩尔分数	密度/(kg/m³)	Rich No.
2.337 20	0.332 610	5.336 527E-03	0.903 977	2.964 218E-02	0.934 783	13.804 6	0.756 144
2.947 99	0.332 228	5.323 522E-03	0.905 023	2.960 630E-02	0.935 053	13.822 5	0.756 144
3.215 37	0.331 976	5.082 750E-03	0.911 321	2.933 861E-02	0.938 231	14.035 4	0.756 144
3.392 47	0.330 961	5.043 425E-03	0.914 620	2.922 283E-02	0.939 201	14.101 6	0.756 144
8.790 73	0.329 893	5.002 260E-03	0.918 112	2.910 116E-02	0.940 222	14.171 7	0.756 144

0	源强度/（kg/s）	0.313 90		4.220 00E-02
	等效初级源长度/m	8.440 00E-02	等效初级源半径/m	3.314 38E-02
	汰级源浓度/（kg/m³）	13 815	等效初级源半宽/m	2.910 12E-02
	污染物通量率	0.918 11	汰级源 SZ/m	
	汰级源质量传递……污染物	0.974 809	空气	2.499 13E-02
	焓	0.000 00	密度	14.172
	汰级源长度/m	0.659 79	汰级源半宽/m	0.259 10

距离/m	摩尔分数	浓度/（kg/m³）	密度/（kg/m³）	温度/K	半宽/m	S_x/m	S_y/m	Z=1.000E-0.4摩尔%处的宽度/m	Z=1.000E-0.3摩尔%处的宽度/m
0.330	0.940	13.8	14.2	294	0.259	2.910E-02	0.000	0.259	0.259
0.380	0.931	13.2	13.5	294	0.253	2.529E-02	9.419E-02	0.604	0.575
0.430	0.926	12.8	13.3	294	0.252	2.246E-02	0.139	0.795	0.753
0.563	0.903	11.4	11.9	294	0.307	1.895E-02	0.232	1.21	1.14
0.696	0.870	9.86	10.5	294	0.360	1.788E-02	0.312	1.57	1.47
0.845	0.829	8.25	8.95	294	0.414	1.790E-02	0.394	1.93	1.81
0.994	0.776	6.11	7.50	294	0.462	1.898E-02	0.471	2.27	2.12
1.36	0.628	3.96	4.91	294	0.556	2.408E-02	0.648	2.99	2.78
1.73	0.494	2.51	3.55	294	0.625	3.080E-02	0.811	3.62	3.36
2.83	0.247	920	2.06	294	0.745	5.535E-02	1.25	5.18	4.76
3.94	0.142	475	1.64	294	0.799	8.252E-02	1.64	6.47	5.89
6.72	5.571E-02	172	1.35	294	0.818	0.154	2.49	9.08	8.16
9.50	3.024E-02	9.116E-02	1.28	294	0.763	0.226	3.25	11.2	9.98
17.1	1.106E-02	3.280E-02	1.22	294	0.476	0.418	5.04	15.9	13.8

距离/m	摩尔分数	浓度/(kg/m³)	密度/(kg/m³)	温度/K	半宽/m	S_x/m	S_y/m	Z=1.000E-0.4摩尔%处的宽度/m	Z=1.000E-0.3摩尔%处的宽度/m
24.6	6.015E-03	1.775E-02	1.21	294	0.112	0.605	6.62	19.6	16.9
26.7	5.625E-03	1.660E-02	1.21	294	0.000	0.656	6.55	19.2	16.5
86.7	4.295E-04	1.262E-03	1.19	294	0.000	2.59	17.5	43.1	34.0
147	1.482E-04	4.351E-04	1.19	294	0.000	4.36	27.7	61.9	45.5
207	7.506E-05	2.204E-04	1.19	294	0.000	6.04	37.5	77.9	53.2
267	4.550E-05	1.336E-04	1.19	294	0.000	7.65	47.0	91.8	57.8
327	3.061E-05	8.989E-05	1.19	294	0.000	9.21	56.3	104.	59.5
387.	2.205E-05	6.476E-05	1.19	294.	0.000	10.7	65.4	115.	58.2
447.	1.667E-05	4.895E-05	1.19	294.	0.000	12.2	74.4	125.	53.2
507.	1.306E-05	3.836E-05	1.19	294.	0.000	13.7	83.2	133.	43.0
567.	1.052E-0S	3.090E-05	1.19	294.	0.000	15.1	92.0	141.	20.7
627.	8.665E-06	2.544E-05	1.19	294.	0.000	16.6	101.	148.	
687.	7.265E-06	2.133E-05	1.19	294.	0.000	18.0	109.	154.	
747.	6.183E-06	1.816E-05	1.19	294.	0.000	19.3	118.	159.•	
807.	5.329E-06	1.565E-05	1.19	294.	0.000	20.7	126.	163.	
867.	4.642E-06	1.363E-05	1.19	294.	0.000	22.1	135.	167.	
927.	4.082E-06	1.199E-05	1.19	294.	0.000	23.4	143.	170.	
987.	3.619E-06	1.063E-05	1.19	294.	0.000	24.7	151.	171.	
1.047E+03	3.232E-06	9.490E-06	1.19	294.	0.000	26.1	159.	173.	
1.107E+03	2.904E-06	8.528E-06	1.19	294.	0.000	27.4	168.	173.	
1.167E+03	2.624E-06	7.707E-06	1.19	294.	0.000	28.7	176.	173.	
1.227E+03	2.384E-06	7.001E-06	1.19	294.	0.000	30.0	184.	171.	

距离/m	摩尔分数	浓度/(kg/m³)	密度/(kg/m³)	温度/K	半宽/m	S_x/m	S_y/m	Z=1.000E-0.4摩尔%处的宽度/m	Z=1.000E-0.3摩尔%处的宽度/m
1.287E+03	2.176E-06	6.389E-06	1.19	294.	0.000	31.2	192.	169.	
1.347E+03	1.994E-06	5.855E-06	1.19	294.	0.000	32.5	200.	166.	
1.407E+03	1.834E-06	5.386E-06	1.19	294.	0.000	33.8	208.	162.	
1.467E+03	1.693E-06	4.972E-06	1.19	294.	0.000	35.0	216.	157.	
1.527E+03	1.568E-06	4.605E-06	1.19	294.	0.000	36.3	224.	150.	
1.587E+03	1.457E-06	4.278E-06	1.19	294.	0.000	37.5	232.	142.	
1.647E+03	1.357E-06	3.985E-06	1.19	294.	0.000	38.8	239.	132.	
1.707E+03	1.267E-06	3.721E-06	1.19	294.	0.000	40.0	247.	120.	
1.767E+03	1.186E-06	3.483E-06	1.19	294.	0.000	41.2	255.	105.	
1.827E+03	1.113E-06	3.268E-06	1.19	294.	0.000	42.4	263.	85.9	
1.887E+03	1.046E-06	3.072E-06	1.19	294.	0.000	43.7	271.	57.4	
1.947E+03	9.854E-07	2.894E-06	1.19	294.	0.000	44.9	278.		

燃烧上限为 1.000 00E-03 摩尔%，燃烧下限为 1.000 00E-04 摩尔%：

燃烧上限和燃烧下限之间的污染物质量为 54.399 kg。

高于可燃性下限的污染物质量为 85.514 kg。

可能需要某一受体高度两种浓度影响的信息。DEGADIS 高架喷射和地面泄漏子模型都报告了受体高度处所需浓度的宽度，随下风向距离而变化。当羽流接触地面或最低要求浓度不再存在时，高架喷射泄漏子模型会停止运行。如果羽流到达地面后仍然存在最低浓度，则开始运行地面扩散模型。当最低浓度不再存在时，地面模型将停止运行。

用于确定影响的重要输出表是喷射泄漏子模型的中心线表（表 7-2 中标记为 1），以及地面扩散子模型计算的源参数信息之后的表格（表 7-3 中标记为 2）。在这两个表中，给出了所要求两个浓度的宽度（随距离变化），还包括最大浓度（随所要求高度处的下风向距离变化）。浓度是指定平均时间内的平均浓度。指定平均时间应该是泄漏持续时间和所要求平均时间的最小值。如果平均时间小于要求的平均时间，或者如果泄漏被模拟为瞬时泄漏，则可能需要对报告的浓度和距离进行某种操作。有关解释输出的更多讨论，请参见下文。

具体参数在下面讨论。

最大场外浓度。

最大时均场外浓度。

某一特定点的最大时均浓度。

对于喷射泄漏子模型，给出了 3 种中心线浓度。第一种是羽流垂直中心的浓度；第二种是所要求高度处的浓度；第三种是最大浓度。垂直中心摩尔分数浓度在表 7-2 中标记为 3 的列中给出。恒定高度浓度在表 7-2 中标记为 4 的列中给出。最大浓度及其高度在表 7-2 中标记为 5 的列中给出。

在地面泄漏子模型中，摩尔分数在图 7-3 中标记为 6 的列中给出。由于泄漏发生在地面上，因此这个值也是最大浓度。

通过在喷射或地面泄漏子模型的第一列中找到关注下风向距离，然后从相关列读取最大浓度，可以找到任何下风向位置的最大浓度。

指定浓度的最大下风向距离。

指定浓度最大宽度。

受指定浓度影响的总面积。

对于喷射泄漏子模型，"到摩尔%的宽度"下的列包含宽度信息。对于地面泄漏子模型，表的最后两列包含宽度信息。浓度的最大下风向距离是该浓度具有宽度的最后距离。浓度的最大宽度可以通过选择列出的最大宽度来确定。所提供的数据足以计算羽流扩散面积，但 DEGADIS 模型没有计算该值。使用宽度/距离数据计算指定高度处的影响面积。

某一特定点达到最大浓度的时间。

某一点超过规定浓度的持续时间。

达到指定浓度的时间。

DEGADIS 模型输出中没有明确提供特定浓度到达特定位置的时间。但是，可以通过将特定位置到泄漏地点的距离除以环境风速来进行估计。然而，随着位置越靠近源，且泄漏的出口速度越来越高，该方法也变得不那么可靠。影响的持续时间可以估计为与泄漏持续时间相同。

特别注意事项：

以上对 DEGADIS 模型输出的讨论基于假定泄漏模拟为连续泄漏。当泄漏持续时间小于期望的平均时间时，DEGADIS 模型的平均时间输入应该是泄漏持续时间。当使用的平均时间小于所需的平均时间时，必须对所报告的平均浓度进行校正，以表示所要求的平均时间。当泄漏被模拟为瞬时泄漏时，则需要采取额外步骤来确定浓度。本章介绍了所需的一些方法。

- 当使用的平均时间少于所要求的时间时

当使用的平均时间小于要求的平均时间时，必须转换输出以表示要求的平均时间。要从报告的平均浓度推断出要求的平均时间，将报告的平均浓度乘以实际平均时间与要求的平均时间的比率。这意味着要确定要求时间内的平均浓度，可能需要从输出中找到更高的浓度。例如，如果泄漏持续时间是 680 s，要求的平均时间是 900 s，那么 DEGADIS 模型应被告知平均时间超过 680 s。要将输出中报告的浓度转换为要求的平均时间浓度，每个报告的浓度必须乘以（680 s/9 000 s）或 0.756。这意味着，如果 900 s 的平均浓度为 1 ppm，则必须从输出中搜索（1 ppm/0.756）或 1.32 ppm 的浓度。

- 瞬时泄漏模拟

每次模拟之后，DEGADIS 模型将估计到关注距离的行程时间。如果行程时间长于泄漏持续时间，则执行瞬态泄漏模拟。由于 DEGADIS 模型目前不直接输出时均浓度，因此需要额外进行瞬时泄漏模拟。

例如，假设正在模拟稳态地面泄漏，其中泄漏持续时间为 45 s，并且要求平均时间为 15 min（900 s）。该模拟的部分输出如表 7-4 所示。在这一模拟中，到下风向位置（场地边界）的行程时间大于泄漏持续时间，因此必须进行瞬时泄漏模拟。瞬时泄漏模拟的部分输出如表 7-5 所示。虽然该示例中没有用到，但表 7-4 中显示了稳态泄漏输出和瞬时泄漏输出之间的差别。

表 7-4 稳态泄漏模拟的部分输出列表

距离/m	摩尔分数	浓度/(kg/m³)	密度/(kg/m³)	温度/K	半宽/m	S_x/m	S_y/m	Z=6.000E-0.4 摩尔%处的宽度/m	Z=1.200E-0.3 摩尔%处的宽度/m
1.23	0.569	0.605	1.27	295.	0.965	0.263	2.680E-07	0.965	0.965
1.28	0.565	0.600	1.27	295.	0.890	0.263	9.368E-02	1.21	1.20
1.33	0.561	0.594	1.26	295.	0.863	0.263	0.133	1.32	1.30
2.73	0.453	0.455	1.25	295.	0.705	0.281	0.537	2.52	2.46
7.06	0.250	0.229	1.22	295.	0.653	0.371	1.17	4.49	4.37
11.4	0.115	0.136	1.21	295.	0.629	0.476	1.66	5.94	5.76
20.9	7.367E-02	6.265E-02	1.20	295.	0.538	0.712	2.57	8.44	8.15
30.5	4.412E-02	3.708E-02	1.20	295.	0.409	0.943	3.37	10.5	10.1
54.5	2.090E-02	1.741E-02	1.19	295.	0.000	1.50	4.68	13.4	12.8
114.	4.333E-03	3.585E-03	1.19	295.	0.000	3.36	8.63	22.1	20.9
174.	1.861E-03	1.538E-03	1.19	295.	0.000	5.03	12.4	29.6	27.8
234.	1.039E-03	8.586E-04	1.19	295.	0.000	6.60	16.0	36.3	33.8
294.	6.658E-04	5.500E-04	1.19	295.	0.000	8.10	19.5	42.4	39.1
354.	4.643E-04	3.835E-04	1.19	295.	0.000	9.55	23.0	48.0	44.0
414.	3.430E-04	2.833E-04	1.19	295.	0.000	11.0	26.4	53.1	48.3
474.	2.642E-04	2.182E-04	1.19	295.	0.000	12.3	29.8	57.9	52.3
534.	2.100E-04	1.734E-04	1.19	295.	0.000	13.7	33.1	62.4	56.0
594.	1.711E-04	1.413E-04	1.19	295.	0.000	15.0	36.4	66.5	59.3
654.	1.422E-04	1.174E-04	1.19	295.	0.000	16.3	39.6	70.5	62.3
714.	1.202E-04	9.923E-05	1.19	295.	0.000	17.5	42.8	74.1	65.0
774.	1.029E-04	8.501E-0.5	1.19	295.	0.000	18.8	46.0	77.6	67.4
834.	8.920E-0.5	7.367E-05	1.19	295.	0.000	20.0	49.2	80.8	69.6
894.	7.809E-0.5	6.449E-05	1.19	295.	0.000	21.3	52.3	83.8	71.6
954.	6.895E-05	5.695E-05	1.19	295.	0.000	22.5	55.4	86.6	73.3

表 7-5　瞬时泄漏模拟的部分输出列表

泄漏开始后的时间　96.000 00 s

距离/m	摩尔分数	浓度/（kg/m³）	密度/（kg/m³）	温度/K	半宽/m	S_x/m	S_y/m	Z=6.000E-0.4 摩尔%处的宽度/m	Z=1.200E-0.3 摩尔%处的宽度/m
258.	2.218E-04	1.832E-04	1.190 4	295.	0.000	7.69	17.0	32.3	29.1
269.	3.286E-04	2.714E-04	1.190 4	295.	0.000	7.82	17.8	35.7	32.4
279.	4.311E-04	3.561E-04	1.190 5	295.	0.000	7.77	18.9	39.0	35.7
290.	5.064E-04	4.183E-04	1.190 5	295.	0.000	7.99	19.5	41.1	37.8
301.	5.510E-04	4.551E-04	1.190 5	295.	0.000	8.26	20.2	42.9	39.4
312.	5.565E-04	4.597E-04	1.190 5	295.	0.000	8.52	20.8	44.3	40.7
323.	5.421E-04	4.478E-04	1.190 5	295.	0.000	8.79	21.4	45.5	41.8
334.	5.164E-04	4.266E-04	1.190 5	295.	0.000	9.06	22.1	46.6	42.8
345.	4.876E-04	4.028E-04	1.190 5	295.	0.000	9.32	22.7	47.6	43.7
356.	4.592E-04	3.793E-04	1.190 5	295.	0.000	9.59	23.3	48.6	44.6
368.	4.315E-04	3.564E-04	1.190 5	295.	0.000	9.85	24.0	49.6	45.4
379.	4.070E-04	3.362E-04	1.190 5	295.	0.000	10.1	24.6	50.6	46.3
390.	3.842E-04	3.174E-04	1.190 5	295.	0.000	10.4	25.3	51.6	47.1
402.	3.633E-04	3.001E-04	1.190 4	295.	0.000	10.7	25.9	52.5	47.9
413.	3.442E-04	2.843E-04	1.190 4	295.	0.000	10.9	26.6	53.5	48.7
425.	3.261E-04	2.693E-04	1.190 4	295.	0.000	11.2	27.2	54.4	49.5
436.	3.090E-04	2.552E-04	1.190 4.	295.	0.000	11.5	27.9	55.4	50.3

距离/m	摩尔分数	浓度/(kg/m³)	密度/(kg/m³)	温度/K	半宽/m	S_x/m	S_y/m	Z=6.000E-0.4 摩尔%处的宽度/m	Z=1.200E-0.3 摩尔%处的宽度/m
448.	2.929E-04	2.419E-04	1.190 4	295.	0.000	11.7	28.5	56.3	51.0
460.	2.775E-04	2.292E-04	1.190 4	295.	0.000	12.0	29.2	57.2	51.7
471.	2.626E-04	2.169E-04	1.190 4	295.	0.000	12.3	29.8	58.0	52.4
483.	2.475E-04	2.044E-04	1.190 4	295.	0.000	12.5	30.5	58.8	53.1
495.	2.318E-04	1.914E-04	1.190 4	295.	0.000	12.8	31.2	59.6	53.6
507.	2.162E-04	1.786E-04	1.190 4	295.	0.000	13.0	31.8	60.2	54.1
519.	1.998E-04	1.650E-04	1.190 4	295.	0.000	13.3	32.5	60.8	54.5
531.	1.826E-04	1.508E-04	1.190 4	295.	0.000	13.6	33.1	61.3	54.7
543.	1.646E-04	1.359E-04	1.190 4	295.	0.000	13.8	33.8	61.6	54.7
555.	1.459E-04	1.205E-04	1.190 4	295.	0.000	14.1	34.5	61.7	54.6
567.	1.250E-04	1.032E-04	1.190 4	295.	0.000	14.4	35.1	61.1	53.7
579.	1.056E-04	8.723E-05	1.190 4	295.	0.000	14.7	35.7	60.5	52.7
592.	8.684E-05	7.172E-05	1.190 4	295.	0.000	15.2	36.0	58.9	50.7

以下步骤演示了如何确定 6 ppm（15 min）浓度的最大下风向范围：

根据稳态泄漏输出，到 6 ppm（900 s/45 s）=120 ppm 的距离约为 700 m。因此，使用 DEG4 模型得到 700 m 和 0.8（700 m）= 560 m（根据经验选择系数 0.8）的浓度时间历程记录。DEG 4 模型将创建类似于如表 7-6 所示的输出。总是会显示所要求的下风向距离处羽流中心线处的摩尔分数。同一下风向距离偏离中心点处的摩尔分数是可选的。可以通过将预测浓度（摩尔分数列）乘以预测浓度之间的时间间隔（时间列）来估算下风向点处的剂量（D）：

$$D = \sum F_i \Delta t \tag{7-2}$$

ULC 为 1.200 00E-03 摩尔%，LLC 为 6.000 00E-04 摩尔%：

ULC 和 LLC 之间的污染物质量为 256 61 kg。

高于 LLC 的污染物质量为 40.109 kg。

其中 F_i = 摩尔分数；

Δt =时间间隔（在本示例中为 1 s）。

该剂量可乘以 1×10^6，以 ppm·s 为单位。

560 m 和 700 m 的整合浓度时间历程分别为 6 782 ppm·s 和 4173 ppm·s。因此，560 m 和 700 m（15 min 的平均浓度分别为 6 782 ppm·s/900 s=）7.54 ppm 和（4 173 ppm·s/900 s=）4.64 ppm。在对数插值的基础上，到短期暴露限值的距离约为 620 m；这可以通过在 620 m 处整合浓度时间历程来确认。

使用相同的方法，可以使用以下步骤确定 6 ppm（15 min）浓度的最大云宽度：根据稳态泄漏输出（表 7-4），620 m 的浓度约为 159 ppm，350 m 下风向距离处（159 ppm/1.1=）140 ppm 的最大宽度为约为 50 m（根据经验选择 1.1 的系数）。因此，利用 DEG 4 模型得到了 x=350 m、y=25 m、z=0 m 的浓度时间历程（50 m 的总宽度是半宽为 25 m）。表 7-6 中给出了浓度时间历程。

在这一点（x=350 m、y=25 m 和 z=0 m）行，整合浓度时间历程为 5 329 ppm·s，得到 15 min 平均浓度为 5 329 ppm·s / 900 s = 5.9 ppm。因此，最大云宽的合理估计为 50 m。

7.4　HGSYSTEM 模型

HGSYSTEM 模型中包含多个模型。因此，可以有多个输出。此外，后处理器可用于读取模型输出文件，并创建可导入其他程序（如 Lotus®1-2-3 或 GRAPHER®）的文件。然后可以使用这些其他程序来创建图形或图表。然而，在本节讨论中，只考虑 HGSYSTEM 模型的标准表格输出。

表 7-6　DEG4 模型的部分输出列表

0	应用了 X 方向纠正	
	系数	4.000 00E-02
	功率	1.140 0
	最小距离	100.00 m
0	特定位置中心线值	
	X：350.0 m	

0 时间/s	摩尔分数	浓度/(kg/m^3)	密度/(kg/m^3)	温度/K	半宽/m	S_x/m	S_y/m	Z=6.000E-0.4 摩尔%处的宽度/m	Z=1.200E-0.3 摩尔%处的宽度/m
63.0	2.685E-04	2.218E-04	1.190 4	295.	0.000	9.58	22.8	44.4	40.1
64.0	3.067E-04	2.533E-04	1.190 4	295.	0.000	9.45	23.0	45.5	41.3
65.0	3.430E-04	2.833E-04	1.190 4	295.	0.000	9.44	23.0	46.2	42.1
66.0	3.732E-04	3.083E-04	1.190 5	295.	0.000	9.43	23.0	46.8	42.7
67.0	3.968E-04	3.277E-04	1.190 5	295.	0.000	9.43	23.1	47.2	43.1
68.0	4.146E-04	3.424E-04	1.190 5	295.	0.000	9.43	23.1	47.4	43.4
69.0	4.306E-04	3.557E-04	1.190 5	295.	0.000	9.44	23.0	47.6	43.6
70.0	4.427E-04	3.656E-04	1.190 5	295.	0.000	9.44	23.0	47.7	43.7
71.0	4.519E-04	3.733E-04	1.190 5	295.	0.000	9.44	23.0	47.8	43.8
72.0	4.594E-04	3.795E-04	1.190 5	295.	0.000	9.44	23.0	47.9	43.9
73.0	4.647E-04	3.838E-04	1.190 5	295.	0.000	9.44	23.0	48.0	44.0
74.0	4.688E-04	3.813E-04	1.190 5	295.	0.000	9.44	23.0	48.0	44.0
75.0	4.714E-04	3.894E-04	1.190 5	295.	0.000	9.44	23.0	48.0	44.1
76.0	4.730E-04	3.907E-04	1.190 5	295.	0.000	9.44	23.0	48.1	44.1
77.0	4.742E-04	3.917E-04	1.190 5	295.	0.000	9.44	23.0	48.1	44.1
78.0	4.753E-04	3.926E-04	1.190 5	295.	0.000	9.44	23.0	48.1	44.1
79.0	4.759E-04	3.931E-04	1.190 5	295.	0.000	9.44	23.0	48.1	44.1
80.0	4.764E-04	3.935E-04	1.190 5	295.	0.000	9.44	23.0	48.1	44.1
81.0	4.766E-04	3.937E-04	1.190 5	295.	0.000	9.44	23.0	48.1	44.1
82.0	4.765E-04	3.936E-04	1.190 5	295.	0.000	9.44	23.0	48.1	44.1
83.0	4.767E-04	3.937E-04	1.190 5	295.	0.000	9.44	23.0	48.1	44.1
84.0	4.765E-04	3.936E-04	1.190 5	295.	0.000	9.44	23.0	48.1	44.1
85.0	4.764E-04	3.936E-04	1.190 5	295.	0.000	9.44	23.0	48.1	44.1
86.0	4.765E-04	3.936E-04	1.190 5	295.	0.000	9.44	23.0	48.1	44.1
87.0	4.761E-04	3.933E-04	1.190 5	295.	0.000	9.44	23.0	48.1	44.1
88.0	4.763E-04	3.934E-04	1.190 5	295.	0.000	9.44	23.0	48.1	44.1
89.0	4.762E-04	3.934E-04	1.190 5	295.	0.000	9.44	23.0	48.1	44.1
90.0	4.759E-04	3.931E-04	1.190 5	295.	0.000	9.44	23.0	48.1	44.1
91.0	4.762E-04	3.933E-04	1.190 5	295.	0.000	9.44	23.0	48.1	44.1

92.0	4.760E-04	3.932E-04	1.190 5	295.	0.000	9.44	23.0	48.1	44.1
93.0	4.761E-04	3.932E-04	1.190 5	295.	0.000	9.44	23.0	48.1	44.1
94.0	4.760E-04	3.932E-04	1.190 5	295.	0.000	9.44	23.0	48.1	44.1
95.0	4.755E-04	3.927E-04	1.190 5	295.	0.000	9.44	23.0	48.1	44.1
96.0	4.753E-04	3.926E-04	1.190 5	295.	0.000	9.44	23.0	48.1	44.1
97.0	4.738E-04	3.913E-04	1.190 5	295.	0.000	9.44	23.0	48.0	44.1
98.0	4.713E-04	3.893E-04	1.190 5	295.	0.000	9.44	23.0	48.0	44.0
99.0	4.658E-04	3.848E-04	1.190 5	295.	0.000	9.44	23.0	48.0	44.0
100.	4.583E-04	3.786E-04	1.190 5	295.	0.000	9.44	23.0	47.9	43.9
101.	4.433E-04	3.662E-04	1.190 5	295.	0.000	9.44	23.0	47.7	43.7

0 时间/s	以下点的摩尔分数:	以下点的摩尔分数	以下点的摩尔分数	以下点的摩尔分数		
	y =25.000 m	y =.000 00 m	y =0.000 00 m	y =0.000 00 m		
	z =0.000 00 m	z =.000 00 m	z =0.000 00 m	z =0.000 00 m		
62.000 00	0.000 000 0					
63.000 00	8.042 514 7E-05					
64.000 00	9.362 854 9E-05					
65.000 00	1.049 119 4E-04					
66.000 00	1.146 403 6E-04					
67.000 00	1.225 883 4E-04					
68.000 00	1.279 318 0E-04					
69.000 00	1.326 527 7E-04					
70.000 00	1.365 242 0E-04					
71.000 00	1.388 177 8E-04					
72.000 00	1.409 815 9E-04					
73.000 00	1.425 806 2E-04					
74.000 00	1.438 584 3E-04					
75.000 00	1.446 157 6E-04					
76.000 00	1.451 160 3E-04					
77.000 00	1.454 761 3E-04					
78.000 00	1.458 034 6E-04					
79.000 00	1.459 909 3E-04					
80.000 00	1.461 134 1E-04					
81.000 00	1.461 710 5E-04					
82.000 00	1.461 573 3E-04					
83.000 00	1.461 749 8E-04					
84.000 00	1.461 399 5E-04					
85.000 00	1.460 924 4E-04					
86.000 00	1.461 013 3E-04					
87.000 00	1.459 939 9E-04					
88.000 00	1.460 197 7E-04					
89.000 00	1.459 997 1E-04					

90.000 00	1.458 906 6E-04						
91.000 00	1.459 550 5E-04						
92.000 00		1.459 196 8E-04					
93.000 00		1.459 047 7E-04					
94.000 00		1.458 993 6E-04					
95.000 00		1.457 088 4E-04					
96.000 00		1.456 342 0E-04					
97.000 00		1.451 809 7E-04					
98.000 00		1.444 016 3E-04					
99.000 00		1.427 211 5E-04					
100.000 0		1.404 135 9E-04					
101.000 0		1.357 989 9E-04					

  HGSYSTEM 模型是独立的计算机程序，可以单独运行，也可以链接在一起来模拟大气意外泄漏的所有方面。当模型被链接时，第一个模型计算以下模型输入所需的参数。例如，喷射/羽流模型 HFPLUME 将计算重质羽流的触地，但之后，需通过地面扩散模型 HEGADAS 进行进一步的计算。HFPLUME 模型通过检查特定标准（如喷射速度）来确定何时停止计算。然后使用与用户生成的文件相同的自由格式安排将相关参数写入 ASCII 文件。在允许模型按顺序自动运行之前，鼓励用户至少检查少数示例的上游模型结果。

  • HEGADASS 模型

  HEGADASS 模型输出示例如表 7-7 所示。输出包括输入数据列表、一些计算参数（例如，气体覆盖层的长度和宽度），以及随下风向距离变化的羽流参数表。在表 7-7 中，只显示了输出表的第一页。但是，该表可以包含多页。表的长度取决于描述输出步长和范围的输入参数。

  最有可能关注的信息列如下：

  DISTANCE—下风向距离（m）；

  CONC—浓度百分比；

  YCU—上限浓度的水平范围，CU，以 m 为单位；

  YCL—下限浓度的水平范围，CL，以 m 为单位。

表 7-7　HEGADASS 模型输出示例

HSMAIN 日期：29/12/1992	HEGADAS-S 程序（版本 NOV90） 标准报告文件	页码：0 时间：11: 03

情景 1　阻塞流　环氧乙烷泄漏

HEGADAS-S 程序输入数据

CONTROL 数据块：控制参数

输出代码	ICNT = 1（累积云数据的输出）	
表面传递代码	ISURF = 3（只有热传递，没有水蒸气传递）	
		AMBIENT 数据块：环境数据
ZAIRTEMP 高度的空气温度	AIRTEMP= 30.000℃	
空气温度参考高度	ZAIRTEMP = 4.600 0 m	
相对湿度	RHPERC = 62.000%	
高度 Z_0 处的风速	U_0 = 5.370 0 m/s	
风速参考高度	Z_0 = 4.600 0 m	
地面温度	TGROUND = 30.000℃	
		DISP 数据块：扩散数据
地表粗糙度参数	ZR = 1.000 00E-02 m	
Pasquill 稳定性等级	PQSTAB = C	
可测量浓度的平均时间	AVTIMC = 18.750 s（瞬时泄漏值）	
莫宁—奥布霍夫长度	OBUKL = −30.400 m	
SigmaY 的公式类型	MODSY = 2（布里格斯公式）	
参数:	DELTA = 5.500 00E-02	
	BETA = 1.000 00E-04 M** (−1)	
重力扩散定律中的常数	CE = 1.150 0	
重力扩散定律中的常数	CD = 5.000 0	

描述	参数值	数据块	M
蒸发速率	GASFLOW = 6.340 00E-02 kg/s	GASDATA 数据块：气体数据	
蒸发流量	FLUX = 1.585 0 kg/（m²·s）		
泄漏气体温度	TEMPGAS = 10.850℃		
泄漏气体比热	CPGAS = 24.490 J/（mol·℃）		
泄漏气体的分子量	MWGAS = 44.000 kg/gmol		
排放气体的水吸收	WATGAS = 0.000 00E-01（摩尔分数）		
热通量 QH 的热量组	HEATGR = 29.000		
热力学模型	THERMOD = 1（正常，非活性气体）		
源长度	PLL = 0.200 00 m	POOL 数据块：池大小	
源半宽	PLHW = 0.100 00 m		
源输出步骤数	NSOURCE = 4	CLOUD 数据块：控制云输出	
固定输出步长	DXFIX = 0.500 00 m		
固定步长数	NFIX = 300		
变量步长的增加系数	XGEOM = 1.200 0		
计算停止的 X 值	XEND = 3 000.0 m		
计算停止的 CA 值	CAMIN = 1.000 00E-05 kg/m³		
浓度上限	CU = 1.440 0 kg/m³		
浓度下限	CL = 5.397 00E-02 kg/m³		
风廓线指数	ALPHA = 0.189 86		
摩擦速度	USTAR = 0.388 98 m/s		
地面空气温度	TAP = 30.500℃		
气体覆盖层长度	L = 0.490 91 m		M
气体覆盖层宽度	B = 0.245 46 m		M

HSMAIN 日期: 29/12/1992 HEGADAS-S 程序（版本 NOV90）标准报告文件 页码: 0 时间: 11: 03

情景 1　阻塞流　环氧乙烷泄漏

DISTANCE/m	CONC/(%体积)	SZ/m	SY/m	MIDP/m	YCU/m	ZCU/m	YCL/m	ZCL/m	RIB	TMP/℃	CA/(kg/m³)
−0.245	100.	0.00	0.00	0.245	0.245	0.00	0.245	0.00		10.8	1.9
−0.123	100.	1.330E-02	0.000E-01	0.245	0.245	4.446E-03	0.245	3.862E-02	0.519	10.8	1.9
0.000E-01	100.	2.261E-02	0.000E-01	0.245	0.245	7.558E-03	0.245	6.565E-02	0.881	10.8	1.9
0.123	100.	3.058E-02	0.000E-01	0.245	0.243	1.022E-02	0.245	8.881E-02	1.19	10.8	1.9
0.245	100.	3.774E-02	0.000E-01	0.245	0.245	1.262E-02	0.245	0.110	1.47	10.8	1.9
吸收通量											
0.500	65.9	4.652E-02	0.110	0.201	0.000E-01	0.000E-01	0.396	0.121	1.13	19.5	1.2
1.00	34.3	6.524E-02	0.207	0.209	0.000E-01	0.000E-01	0.532	0.138	0.782	25.8	0.62
1.50	21.0	8.486E-02	0.284	0.220	0.000E-01	0.000E-01	0.616	0.148	0.598	27.9	0.37
2.00	14.5	0.113	0.351	0.174	0.000E-01	0.000E-01	0.613	0.165	0.529	28.8	0.26
2.50	11.0	0.143	0.407	0.126	0.000E-01	0.000E-01	0.588	0.177	0.482	29.3	0.20
3.00	8.88	0.171	0.457	8.435E-02	0.000E-01	0.000E-01	0.557	0.181	0.441	29.5	0.16
3.5	7.41	0.198	0.502	4.706E-02	0.000E-01	0.000E-01	0.520	0.179	0.404	29.7	0.13
4.00	6.34	0.225	0.543	1.304E-02	0.000E-01	0.000E-01	0.478	0.173	0.369	29.8	0.11
4.20	5.98	0.236	0.559	0.000E-01	0.000E-01	0.000E-01	0.459	0.169	0.356	29.9	0.11
4.50	5.31	0.252	0.582	0.000E-01	0.000E-01	0.000E-01	0.433	0.153	0.317	30.0	9.40E-02
5.00	4.40	0.279	0.621	0.000E-01	0.000E-01	0.000E-01	0.376	0.120	0.258	30.1	7.79E-02
5.50	3.71	0.307	0.660	0.000E-01	0.000E-01	0.000E-01	0.291	7.751E-02	0.203	30.2	6.56E-02
6.00	3.16	0.334	0.699	0.000E-01	0.000E-01	0.000E-01	0.131	2.014E-02	0.153	30.2	5.59E-02
6.50	2.73	0.362	0.737	0.000E-01	0.000E-01	0.000E-01	0.000E-01	0.000E-01	0.106	30.3	4.82E-02
7.00	2.37	0.389	0.776	0.000E-01	0.000E-01	0.000E-01	0.000E-01	0.000E-01	6.106E-02	30.3	4.20E-02

DISTANCE/m	CONC/(%体积)	SZ/m	SY/m	MIDP/m	YCU/m	ZCU/m	YCL/m	ZCL/m	RIB	TMP/°C	CA/(kg/m³)
7.50	2.08	0.417	0.815	0.000E-01	0.000E-01	0.000E-01	0.000E-01	0.000E-01	1.859E-02	30.3	3.68E-02
8.00	1.84	0.445	0.854	0.000E-01	0.000E-01	0.000E-01	0.000E-01	0.000E-01	-2.212E-02	30.3	3.26E-02
8.50	1.64	0.472	0.893	0.000E-01	0.000E-01	0.000E-01	0.000E-01	0.000E-01	-6.131E-02	30.4	2.90E-02
9.00	1.47	0.500	0.932	0.000E-01	0.000E-01	0.000E-01	0.000E-01	0.000E-01	-9.920E-02	30.4	2.59E-02
9.50	1.32	0.528	0.970	0.000E-01	0.000E-01	0.000E-01	0.000E-01	0.000E-01	-0.136	30.4	2.34E-02
10.0	1.20	0.556	1.01	0.000E-01	0.000E-01	0.000E-01	0.000E-01	0.000E-01	-0.172	30.4	2.11E-02
10.5	1.09	0.583	1.05	0.000E-01	0.000E-01	0.000E-01	0.000E-01	0.000E-01	-0.207	30.4	1.92E-02
11.0	0.991	0.611	1.09	0.000E-01	0.000E-01	0.000E-01	0.000E-01	0.000E-01	-0.241	30.4	1.75E-02
11.5	0.908	0.639	1.13	0.000E-01	0.000E-01	0.000E-01	0.000E-01	0.000E-01	-0.275	30.4	1.60E-02
12.0	0.834	0.667	1.16	0.000E-01	0.000E-01	0.000E-01	0.000E-01	0.000E-01	-0.308	30.4	1.47E-02
12.5	0.769	0.694	1.20	0.000E-01	0.000E-01	0.000E-01	0.000E-01	0.000E-01	-0.341	30.4	1.36E-02
13.0	0.711	0.722	1.24	0.000E-01	0.000E-01	0.000E-01	0.000E-01	0.000E-01	-0.374	30.4	1.26E-02
13.5	0.659	0.750	1.28	0.000E-01	0.000E-01	0.000E-01	0.000E-01	0.000E-01	-0.406	30.4	1.17E-02
14.0	0.613	0.778	1.32	0.000E-01	0.000E-01	0.000E-01	0.000E-01	0.000E-01	-0.437	30.4	1.08E-02
14.5	0.571	0.806	1.36	0.000E-01	0.000E-01	0.000E-01	0.000E-01	0.000E-01	-0.469	30.4	1.01E-02
15.0	0.533	0.833	1.40	0.000E-01	0.000E-01	0.000E-01	0.000E-01	0.000E-01	-0.500	30.5	9.42E-03
15.5	0.499	0.861	1.44	0.000E-01	0.000E-01	0.000E-01	0.000E-01	0.000E-01	-0.531	30.5	8.81E-03
16.0	0.468	0.889	1.48	0.000E-01	0.000E-01	0.000E-01	0.000E-01	0.000E-01	-0.562	30.5	8.26E-03
16.5	0.439	0.917	1.51	0.000E-01	0.000E-01	0.000E-01	0.000E-01	0.000E-01	-0.593	30.5	7.76E-03
17.0	0.413	0.945	1.55	0.000E-01	0.000E-01	0.000E-01	0.000E-01	0.000E-01	-0.624	30.5	7.30E-03
17.5	0.389	0.973	1.59	0.000E-01	0.000E-01	0.000E-01	0.000E-01	0.000E-01	-0.655	30.5	6.88E-03
18.0	0.367	1.00	1.63	0.000E-01	0.000E-01	0.000E-01	0.000E-01	0.000E-01	-0.685	30.5	6.49E-03
18.5	0.347	1.03	1.67	0.000E-01	0.000E-01	0.000E-01	0.000E-01	0.000E-01	-0.716	30.5	6.14E-03
19.0	0.329	1.06	1.71	0.000E-01	0.000E-01	0.000E-01	0.000E-01	0.000E-01	-0.746	30.5	5.81E-03
19.5	0.311	1.09	1.75	0.000E-01	0.000E-01	0.000E-01	0.000E-01	0.000E-01	-0.777	30.5	5.50E-03
20.0	0.296	1.11	1.79	0.000E-01	0.000E-01	0.000E-01	0.000E-01	0.000E-01	-0.807	30.5	5.22E-03

具体关注参数在下面讨论。

最大场外浓度。

最大时均场外浓度。

某一特定点的最大时均浓度。

指定浓度的最大下风向距离。

指定浓度最大宽度。

受指定浓度影响的总面积。

可以从 DISTANCE 和 CONC 列确定特定距离下风向的最大时均浓度和某一特定时均浓度的最大下风向范围。宽度和宽度存在的下风向距离可以从 DISTANCE 和 YCU 或 YCL 列确定。尽管未明确输出，但是可以根据下风向距离信息得出的宽度来确定受浓度影响的面积。可以从 HEGADASS 模型的次级输出读取浓度上限和浓度下限内的体积和质量。部分输出如表 7-8 所示。

某一特定点达到最大浓度的时间。

某一特定点超过指定浓度的持续时间。

某一特定点达到指定浓度的时间。

由于 HEGADASS 为稳态泄漏模型，因此无法从输出中推断出影响时间的信息。然而，从泄漏到某一特定下风向位置受到影响的时间，可以通过假设羽流以与环境风速相同的速度移动来估算。但是，如果特定距离接近源，或者泄漏为喷射泄漏，那么这种假设就不成立。

表 7-8　HEGADASS 模型浓度体积相关输出示例

HSMAIN 日期：29/12/1992			HEGADAS-S 程序（版本 NOV90）等浓度/云数据文件			页码：1 时间：11：03			
情景 1　阻塞流环氧乙烷泄漏									
DISTANCE/m	YCU/m	ZCU/m	YCL/m	ZCL/m	累计含量/kg		累计体积/m³		
					C>CU	C>CL	C>CU	C>CL	
−0.123	0.245	4.446E-03	0.245	3.862E-02	4.685E-04	1.399E-03	2.679E-04	2.327E-03	
0.000E-01	0.245	7.558E-03	0.245	6.565E-02	1.211E-03	3.776E-03	7.233E-04	6.282E-03	
0.123	0.245	1.022E-02	0.245	8.811E-02	2.242E-03	6.991E-03	1.339E-03	1.163E-02	
0.245	0.245	1.262E-02	0.245	0.110	3.515E-03	1.096E-02	2.099E-03	1.824E-02	
0.500	0.000E-01	0.000E-01	0.396	0.121	3.515E-03	1.856E-02	2.099E-03	3.896E-02	
1.00	0.000E-01	0.000E-01	0.532	0.138	3.515E-03	3.198E-02	2.099E-03	9.884E-02	
1.50	0.000E-01	0.000E-01	0.616	0.148	3.515E-03	4.366E-02	2.099E-03	0.172	
2.00	0.000E-01	0.000E-01	0.613	0.165	3.515E-03	5.353E-02	2.099E-03	0.252	
2.50	0.000E-01	0.000E-01	0.588	0.117	3.515E-03	6.181E-02	2.099E-03	0.331	
3.00	0.000E-01	0.000E-01	0.557	0.181	3.515E-03	6.867E-02	2.099E-03	0.406	

DISTANCE/m	YCU/m	ZCU/m	YCL/m	ZCL/m	累计含量/kg		累计体积/m³	
					C>CU	C>CL	C>CU	C>CL
3.50	0.000E-01	0.000E-01	0.520	0.179	3.515E-03	7.424E-02	2.099E-03	0.474
4.00	0.000E-01	0.000E-01	0.478	0.173	3.515E-03	7.866E-02	2.099E-03	0.532
4.20	0.000E-01	0.000E-01	0.459	0.169	3.515E-03	8.027E-02	2.099E-03	0.554
4.50	0.000E-01	0.000E-01	0.433	0.153	3.515E-03	8.218E-02	2.099E-03	0.582
5.00	0.000E-01	0.000E-01	0.376	0.120	3.515E-03	8.418E-02	2.099E-03	0.613
5.50	0.000E-01	0.000E-01	0.291	7.751E-02	3.515E-03	8.511E-02	2.099E-03	0.629
6.00	0.000E-01	0.000E-01	0.131	2.014E-02	3.515E-03	8.521E-02	2.099E-03	0.631
6.50	0.000E-01	0.000E-01	0.000E-01	0.000E-01	3.515E-03	8.521E-02	2.099E-03	0.631
7.00	0.000E-01	0.000E-01	0.000E-01	0.000E-01	3.515E-03	8.521E-02	2.099E-03	0.631
7.50	0.000E-01	0.000E-01	0.000E-01	0.000E-01	3.515E-03	8.521E-02	2.099E-03	0.631
8.00	0.000E-01	0.000E-01	0.000E-01	0.000E-01	3.515E-03	8.521E-02	2.099E-03	0.631
8.50	0.000E-01	0.000E-01	0.000E-01	0.000E-01	3.515E-03	8.521E-02	2.099E-03	0.631
9.00	0.000E-01	0.000E-01	0.000E-01	0.000E-01	3.515E-03	8.521E-02	2.099E-03	0.631
9.0	0.000E-01	0.000E-01	0.000E-01	0.000E-01	3.515E-03	8.521E-02	2.099E-03	0.631
10.0	0.000E-01	0.000E-01	0.000E-01	0.000E-01	3.515E-03	8.521E-02	2.099E-03	0.631
10.5	0.000E-01	0.000E-01	0.000E-01	0.000E-01	3.515E-03	8.521E-02	2.099E-03	0.631
11.0	0.000E-01	0.000E-01	0.000E-01	0.000E-01	3.515E-03	8.521E-02	2.099E-03	0.631
11.5	0.000E-01	0.000E-01	0.000E-01	0.000E-01	3.515E-03	8.521E-02	2.099E-03	0.631
12.0	0.000E-01	0.000E-01	0.000E-01	0.000E-01	3.515E-03	8.521E-02	2.099E-03	0.631
12.5	0.000E-01	0.000E-01	0.000E-01	0.000E-01	3.515E-03	8.521E-02	2.099E-03	0.631
13.0	0.000E-01	0.000E-01	0.000E-01	0.000E-01	3.515E-03	8.521E-02	2.099E-03	0.631
13.5	0.000E-01	0.000E-01	0.000E-01	0.000E-01	3.515E-03	8.521E-02	2.099E-03	0.631
14.0	0.000E-01	0.000E-01	0.000E-01	0.000E-01	3.515E-03	8.521E-02	2.099E-03	0.631
14.5	0.000E-01	0.000E-01	0.000E-01	0.000E-01	3.515E-03	8.521E-02	2.099E-03	0.631
15.0	0.000E-01	0.000E-01	0.000E-01	0.000E-01	3.515E-03	8.521E-02	2.099E-03	0.631
15.5	0.000E-01	0.000E-01	0.000E-01	0.000E-01	3.515E-03	8.521E-02	2.099E-03	0.631
16.0	0.000E-01	0.000E-01	0.000E-01	0.000E-01	3.515E-03	8.521E-02	2.099E-03	0.631
16.5	0.000E-01	0.000E-01	0.000E-01	0.000E-01	3.515E-03	8.521E-02	2.099E-03	0.631
17.0	0.000E-01	0.000E-01	0.000E-01	0.000E-01	3.515E-03	8.521E-02	2.099E-03	0.631
17.5	0.000E-01	0.000E-01	0.000E-01	0.000E-01	3.515E-03	8.521E-02	2.099E-03	0.631
18.0	0.000E-01	0.000E-01	0.000E-01	0.000E-01	3.515E-03	8.521E-02	2.099E-03	0.631
18.5	0.000E-01	0.000E-01	0.000E-01	0.000E-01	3.515E-03	8.521E-02	2.099E-03	0.631
19.0	0.000E-01	0.000E-01	0.000E-01	0.000E-01	3.515E-03	8.521E-02	2.099E-03	0.631
19.5	0.000E-01	0.000E-01	0.000E-01	0.000E-01	3.515E-03	8.521E-02	2.099E-03	0.631
20.0	0.000E-01	0.000E-01	0.000E-01	0.000E-01	3.515E-03	8.521E-02	2.099E-03	0.631

- HEGADAST 模型

HEGADAST 模型输出与 HEGADASS 模型相同，只是该模型假设的是瞬时泄漏，而不是稳态泄漏。因此，HEGADAST 模型输出由多个表组成，而不是（如 HEGADASS 模型）由单个羽流参数（随下风向距离变化）表组成。每个表格显示泄漏的不同时间。另外，请注意，每个表只显示浓度为非零的下风向距离。

具体关注参数在下面讨论。

最大场外浓度。

最大时均场外浓度。

某一特定点的最大时均浓度。

指定浓度的最大下风向距离。

指定浓度最大宽度。

受指定浓度影响的总面积。

HEGADAST 模型输出包括两种类型的表格：一种显示羽流参数和一些浓度参数；另一种显示超过指定浓度的累积体积。表 7-9 和表 7-10 中提供了这两种输出示例。从 HEGADAST 模型输出中找到上述参数的方法与 HEGADASS 模型输出一样，除了必须使用所有 HEGADAST 模型临时"快照"。

某一特定点达到最大浓度的时间。

某一点超过规定浓度的持续时间。

某一特定点达到指定浓度的时间。

可以基于 HEGADAST 模型输出的快照合集构建浓度的时间历程。也就是说，对于特定的下风向距离，可以生成一个时变浓度表。例如，在表 7-9 中，下风向 150 m 处的浓度首先出现在 40 s，并且是 0.179%的体积。在 60 s 下风向 150 m 处的浓度为 0.274%的体积。因为泄漏后 20 s，在下风向 150 m 处没有报告浓度，所以羽流必须在泄漏后 20～40 s 到达下风向 150 m 处。

表 7-9　HEGADAST 模型输出示例

HTAMIN 日期：29/12/1992	HEGADAS-T 程序（版本 NOV90）标准报告文件	页码：0 时间 14：25
情景 5　使用 EPA 排放估算		
HEGADAS-T 输入数据		
CONTROL 数据块：控制参数		
输出代码	ICNT = 1（累积云数据的输出）	
表面传递代码	ISURF = 3（只有热传递，没有水蒸气传递）	

气体覆盖层构成	BLMODEL = 1（新的、非振动构成）	
云形状校正代码	ICSCOR = 1（包括校正）	
AMBIENT 数据块：环境数据		
ZAIRTEMP 高度的空气温度	AIRTEMP= 22.000℃	
空气温度参考高度	ZAIRTEMP = 22.000 m	
相对湿度	RHPERC = 45.000%	
高度 Z_0 处的风速	U_0 = 6.260 0 m/s	
风速参考高度	Z_0 = 6.100 0 m	
地面温度	TGROUND = 22.000℃	
DISP 数据块：扩散数据		
地表粗糙度参数	ZR = 1.000 00E-02 m	
Pasquill 稳定性等级	PQSTAB = D	
可测量浓度的平均时间	AVTIMC = 45.000 s	
莫宁—奥布霍夫长度	OBUKL = 1.000 00E+05 m	
SigmaY 的公式类型	MODSY = 2（布里格斯公式）	
参数	DETA = 1.000 00E-04 M** （-1）	
重力扩散定律中的常数	CE = 1.150 0	
重力扩散定律中的常数	CD = 5.000 0	
SigmaX 的公式类型	MODSX = 3（查特/威尔逊）	
参数：	ASIGX = 10.000	
	BSIGX = 0.100 00	
GASDATA 数据块：气体数据		
排放气体温度	TEMPGAS = 27.000℃	
排放气体比热	CPGAS = 29.000 J/（mol·℃）	
排放气体的分子量	MWGAS = 20.010 kg/gmol	
排放气体的水吸收	WATGAS = 0.000 00E-01（摩尔分数）	
热通量 QH 的热量组	HEATGR = 24.000	
热力学模型	THERMOD = 2（氟化氢）	
氟化氢的初始液体	HFLIQFR = 1.000 0（质量分数）	
TIMEDATA 数据块：源/断点数据		
与时间有关的记录数据：	ITYPBR = 0（主要池数据：半径、强度）	
读取跳过增量	INCRT = 0	
数据的开始时间	TSTPOOL = 0.000 00E-01 s	
读取记录之间的时间步长	DF = 5.000 0 s	
读取的记录数	NTYD = 9（有关记录数据，请参阅下面的池数据列表）	
CLOUD 数据块：控制云输出		
输出步长	XSTEP = 50.000 m	
计算停止的 CA 值	CAMIN = 5.000 00E-05 kg/m^3	
浓度上限	CU = 5.000 00E-05 kg/m^3	
浓度下限	CL = 4.088 00E-06 kg/m^3	

CALC 数据块：输出时间控制

云计算 PNT 时间 TSTAR	10.000 s 12.000 s 15.000 s 20.000 s 40.000 s 60.000 s 80.000 s 100.00 s 120.00 s 140.00 s 160.00 s 180.00 s 200.00 s 220.00 s 240.00 s 260.00 s 280.00 s 300.00 s	

风廓线指数	ALPHA= 0.202 95	
摩擦速度	USTAR = 0.400 06 m/s	
地面空气温度	TAP = 22.000℃	

HTAMIN 日期：29/12/1992	HEGADAS-T 程序（版本 NOV90） 标准报告文件	页码：1 时间：14：25

情景 5　使用 EPA 排放估算

主要池和次级蒸汽覆盖层的数据

时间- TSTPOOL/s	池半径/m	池强度/ （kg/s）	覆盖层 半径/m	覆盖层 高度/m	覆盖层蒸发 速率/（kg/s）	覆盖层 质量/kg	
0.00	0.00	0.00	—	—	—	—	
2.50	5.000E-02	0.437	0.817	7.129E-03	0.269	0.283	
5.00	0.100	0.874	1.50	5.310E-03	0.715	0.711	
7.50	0.100	0.874	2.04	2.078E-03	1.17	0.513	
8.91	0.100	0.874	2.18	0.00	1.30	0.00	覆盖层高 度降至 0
10.0	0.100	0.874	1.70	0.000E-01	0.874	0.000E-01	
12.5	0.100	0.874	1.70	0.000E-01	0.874	0.000E-01	
15.0	0.100	0.874	1.70	0.000E-01	0.874	0.000E-01	
17.5	0.100	0.874	1.70	0.000E-01	0.874	0.000E-01	
20.0	0.100	0.874	1.70	0.000E-01	0.874	0.000E-01	

时间-TSTPOOL/s	池半径/m	池强度/(kg/s)	覆盖层半径/m	覆盖层高度/m	覆盖层蒸发速率/(kg/s)	覆盖层质量/kg	
22.5	0.100	0.874	1.70	0.000E-01	0.874	0.000E-01	
25.5	0.100	0.874	1.70	0.000E-01	0.874	0.000E-01	
25.0	0.100	0.874	1.70	0.000E-01	0.874	0.000E-01	
27.5	0.100	0.874	1.70	0.000E-01	0.874	0.000E-01	
30.0	0.100	0.874	1.70	0.000E-01	0.874	0.000E-01	
32.5	0.100	0.874	1.70	0.000E-01	0.874	0.000E-01	
35.0	0.100	0.874	1.70	0.000E-01	0.874	0.000E-01	
37.5	0.100	0.874	1.70	0.000E-01	0.874	0.000E-01	
40.0	0.100	0.874	1.70	0.000E-01	0.874	0.000E-01	
42.5	0.100	0.874	1.70	0.000E-01	0.874	0.000E-01	
45.0	0.100	0.874	1.70	0.000E-01	0.874	0.000E-01	
47.5	5.000E-02	0.437	1.10	0.000E-01	0.437	0.000E-01	
50.0	0.000E-01	0.000E-01	—	—	—	—	
最大源半径				RGMAX = 2.175 2 m			
源/覆盖层数据集				总 CPU =7 s			

观测器看到的源数据

观测器	开始时间-TSTPOOL/s	下风向边缘/m	长度/m	半宽/m	吸收通量/[kg/(m²·s)]	吸收速率/(kg/s)
1	−0.423 8	0.277 4	0.486 3	0.192 3	0.160 4	2.999 7E-02
9	1.989	1.110	1.981	0.784 0	0.118 7	0.368 5
17	4.402	1.783	3.235	1.287	9.781 0E-02	0.814 6
25	6.815	2.145	4.066	1.666	8.883 9E-02	1.204
33	9.228	1.675	3.372	1.343	9.633 0E-02	0.872 6
41	11.64	1.673	3.371	1.343	9.633 0E-02	0.872 5
49	14.05	1.697	3.378	1.341	9.633 0E-02	0.872 8
57	16.47	1.695	3.392	1.336	9.633 0E-02	0.873 3
65	18.88	1.693	3.390	1.337	9.633 0E-02	0.873 3
73	21.29	1.690	3.388	1.338	9.633 0E-02	0.873 2
81	23.71	1.688	3.375	1.342	9.633 0E-02	0.872 9
89	26.12	1.686	3.375	1.342	9.633 0E-02	0.872 9
91	28.53	1.684	3.374	1.343	9.633 0E-02	0.872 8
105	30.94	1.682	3.374	1.343	9.633 0E-02	0.172 8
113	33.36	1.680	3.377	1.342	9.633 0E-02	0.872 8
121	35.77	1.677	3.375	1.342	9.633 0E-02	0.872 7
129	38.18	1.675	3.373	1.343	9.633 0E-02	0.872 6
137	40.60	1.699	3.397	1.334	9.633 0E-02	0.873 2
145	43.01	1.697	3.378	1.341	9.633 0E-02	0.872 8
153	45.42	1.210	2.724	1.076	0.104 9	0.614 7
161	47.83	0.540 6	1.294	0.519 1	0.139 7	0.187 8

HTAMIN 日期：29/12/1992	HEGADAS-T 程序（版本 NOV90） 标准报告文件	页码：2 时间：14：25

情景 5 使用 EPA 排放估算

观测器－泄漏频率=32	{观测器浓度的平均误差} / {峰值浓度} = 0.470 的所有时间的最大值
观测器－泄漏频率=16	{观测器浓度的平均误差} / {峰值浓度} = 0.277 的所有时间的最大值
观测器－泄漏频率=8	{观测器浓度的平均误差} / {峰值浓度} = 6.271E-02 的所有时间的最大值
观测器－泄漏频率=4	{观测器浓度的平均误差} / {峰值浓度} = 3.678E-02 的所有时间的最大值

满足收敛公差 OBSEPS = 5.000E-02

进行云形校正

为 41 个观测器提供观测器扩散数据；总 CPU = 983 s

DISTANCE/ m	CONC/ (%体积)	S_z/m	S_y/m	MIDP/m	YCU/m	ZCU/m	YCL/m	ZCL/m	CA/ （kg/m³）
时间= 10.00 s 的扩散数据									
0.000E-01	97.3	1.501E-02	9.116E-02	1 31	1.60	9.947E-02	1.63	0.120	0.841
50.0	8.149E-05	2.00	3.43	0.000E-01	0.000E-01	0.000E-01	0.000E-01	0.000E-01	6.764E-07
时间= 12.00 s 的扩散数据									
0.000E-01	99.0	7.465E-03	0.000E-01	1.34	1.34	4.951E-02	1 34	5.988E-02	0.846
50.0	1.731E·02	2.02	3.43	0.000E-01	3.52	2.11	6.47	5.80	1.434E-04
100.	9.192E-22	3.59	6.78	0.000E-01	0.000E-01	0.000E-01	0.000E-01	0.000E-01	7.613E-24
时间= 15.00 s 的扩散数据									
0.000E-01	97.3	1.427E-02	5.511E-02	1.29	1.46	9.455E-02	1.49	0.114	0.838
50.0	0.488	2.00	3.45	0.000E -01	7.24	6.85	9.06	9.96	4.080E-03
100.	2.309E-10	3.63	6.76	0.000E-01	0.000E-01	0.000E-01	0.000E-01	0.000E-01	1.913E-12
时间= 20.00 s 的扩散数据									
0.000E-01	99.2	0.000E-01	0.000E-01	1.34	1.34	0.000E-01	1.34	0.000E-01	0.847
50.0	3.30	1.16	4.10	0.000E-01	10.3	5.41	12.2	7.13	2.856E-02
100.	6.448E-04	3.71	6.78	0.000E-01	0.000E-01	0.000E-01	3.52	1.25	5.352E-06
时间= 40.00 s 的扩散数据									
0.000E-01	98.6	9.841E-03	6.209E-02	1.29	1.48	6.527E-02	1.50	7.894E-02	0.846
50.0	3.23	1.17	4.13	0.000E-01	10.4	5.41	12.3	7.14	2.727E-02
100.	0.650	2.83	7.47	0.000E-01	16.2	10.2	20.0	14.5	5.375E-03
150.	0.179	4.36	10.5	0.000E-01	19.4	12.0	25.6	19.1	1.482E-03
200.	3.597E-03	6.93	13.4	0.000E-01	0.000E-01	0.000E-01	18.9	12.3	2.985E-05
时间= 60.00 s 的扩散数据									
50.0	2.15	1.27	4.07	0.000E-01	9.87	5.51	11.8	7.41	1.781E-02
100.	0.639	2.83	7.48	0.000E-01	16.1	10.2	20.0	14.5	5.290E-03
150.	0.274	4.18	10.8	0.000E-01	21.1	12.7	27.2	19.3	2.280E-03
200.	0.156	5.29	14.1	0.000E-01	25.5	14.1	33.9	22.7	1.300E-03
250.	6.708E-02	6.75	17.2	0.000E-01	26.7	14.0	38.1	25.4	5.571E-04
300.	7.965E-03	9.93	20.0	0.000E-01	10.6	3.43	33.4	23.3	6.606E-05
350.	1.856E-04	11.3	23.3	0.000E-01	0.000E-01	0.000E-01	0.000E-01	0.000E-01	1.538E-06

表 7-10   HEGADAST 模型浓度体积相关输出示例

DISTANCE/ m	YCU/m	ZCU/m	YCL/m	ZCL/m	累计含量 C>CU/ kg	累计含量 C>CL/ kg	累计体积 C>CU/ m³	累计体积 C>CL/ m³
时间 = 10.00 s 的等浓度和累积云数据								
0.000E-01	1.60	9.947E-02	1.63	0.120	1.65	1.65	15.0	18.5
50.0	0.000E-01	0.000E-01	0.000E-01	0.000E-01	1.65	1.65	15.0	18.5
时间 = 12.00 s 的等浓度和累积云数据								
0.000E-01	1.34	4.951E-02	1.34	5.988E-02	0.797	0.797	6.65	8.04
50.0	3.52	2.11	6.47	5.80	0.840	0.875	527.	2.637E+03
100.	0.000E-01	0.000E-01	0.000E-01	0.000E-01	0.840	0.875	527.	2.637E+03
时间 = 15.00 s 的等浓度和累积云数据								
0.000E-01	1.46	9.455E-02	1.49	0.114	1.51	1.51	13.4	16.3
50.0	7.24	6.85	9.06	9.96	3.79	3.84	3.485E+03	6.338E+03
100.	0.000E-01	0.000E-01	0.000E-01	0.000E-01	3.79	3.84	3.485E+03	6.338E+03
时间 = 20.00 s 的等浓度和累积云数据								
0.000E-01	1.34	0.000E-01	1.34	0.000E-01	0.000E-01	0.000E-01	0.000E-01	0.000E-01
50.0	10.3	5.41	12.2	7.13	11.3	11.4	3.917E+03	6.099E+03
100.	0.000E-01	0.000E-01	3.52	1.25	11.3	11.4	3.917E+03	6.406E+03
时间 = 40.00 s 的等浓度和累积云数据								
0.000E-01	1.48	6.527E-02	1.50	7.894E-02	1.05	1.05	9.28	11.3
50.0	10.4	5.41	12.3	7.14	12.0	12.0	3.936E+03	6.142E+03
100.	16.2	10.2	20.0	14.5	21.3	21.5	1.547E+04	2.655E+04
150.	19.4	12.0	25.6	19.1	26.6	27.1	3.182E+04	6.070E+04
200.	0.000E-01	0.000E-01	18.9	12.3	26.6	27.3	3.182E+04	7.699E+04
时间 = 60.00 s 的等浓度和累积云数据								
50.0	9.87	5.51	11.8	7.14	7.60	7.64	3.813E+03	6.116E+03
100.	16.1	10.2	20.0	14.5	16.8	17.0	1.532E+04	2.652E+04
150.	21.1	12.7	27.2	19.3	25.0	25.5	3.415E+04	6.334E+04
200.	25.5	14.1	33.9	22.7	32.5	33.5	5.935E+04	1.172E+05
250.	26.7	14.0	38.1	25.4	37.1	38.8	8.559E+04	1.849E+05
300.	10.6	3.43	33.4	23.3	37.2	39.8	8.813E+04	2.393E+05
350.	0.000E-01	0.000E-01	0.000E-01	0.000E-01	37.2	39.8	8.813E+04	2.393E+05

- 特别注意事项

以上对 HEGADST 模型输出的讨论基于假定泄漏模拟为连续泄漏。当泄漏持续时间小于期望的平均时间时，使用的平均时间应该是泄漏持续时间。当使用的平均时间小于所需的平均时间时，必须对所报告的平均浓度进行校正，以表示所要求的平均时间。

- 当使用的平均时间少于所要求的时间时

当平均时间长于泄漏持续时间时，必须采取特殊步骤以确保计算出正确的时均浓度。这些特殊步骤在情景 5 中列出，其中泄漏持续时间为 45 s，但平均时间为 15 min。要计算准确的 15 min 平均浓度，必须将模型预测置于固定的下风向位置，以考虑浓度随时间的变化。这是使用 HTPOST 后处理实用程序完成的。HTPOST 是一个交互式程序，从 HEGADAST 模型生成的二进制数据文件（*.HTM）中提取模型结果。HTPOST 实用程序可以使用 DOS 重定向功能（HTPOST<HTPOST.INP）以批处理模式运行。该功能设置以批处理模式运行所需的输入文件。为每一个下风向距离写入一个单独文件。表 7-11 提供了用于该分析的文件副本。该实用程序的一个重要方面是能够以 σx 的形式求解预测浓度。随着平均时间长于泄漏持续时间，并且泄漏物随时间变化，这个概念变得非常重要。

- PLUME 模型

PLUME 模型输出示例如表 7-12 所示。如表 7-12 所示，可能会有多页输出。输出的页数取决于输出所涵盖的下风向距离。请注意，每个列标题的定义位于每个表的底部。最可能使用的列是 x（水平位移）和 β（污染物摩尔浓度）。

具体关注参数在下面讨论。

最大场外浓度。

最大时均场外浓度。

某一特定点的最大时均浓度。

指定浓度的最大下风向距离。

列出的浓度在羽流中心线（z）水平给出。如果需要除中心线以外的某个高度，则必须对浓度进行外推。

指定浓度的最大宽度。

受指定浓度影响的总面积。

特定浓度的宽度不是直接给出的。除非也使用参数 D（羽流有效直径）进行了外部计算，否则无法计算该面积。

表 7-11　HTPOST 模型情景 5 输入文件

Scen5.htm	输入文件
900	平均时间/s。仅使用一次
2	要求一个历史时间序列。仅使用一次
1	图形、时间和数据
a62.dat	输出文件名称
10　180	最小时间和最大时间
1	体积浓度百分比图
62.	下风向距离/m
1	图形、时间和数据
a76.dat	输出文件名称
10　180	最小时间和最大时间
1	体积浓度百分比图
76	下风向距离/m
1	图形、时间和数据
a94.dat	输出文件名称
10　180	最小时间和最大时间
1	体积浓度百分比图
94	下风向距离/m
1	图形、时间和数据
a125.dat	输出文件名称
10　180	最小时间和最大时间
1	体积浓度百分比图
125	下风向距离/m
1	图形、时间和数据
a188.dat	输出文件名称
10　180	最小时间和最大时间
1	体积浓度百分比图
188	下风向距离/m
1	图形、时间和数据
a250.dat	输出文件名称
10　180	最小时间和最大时间
1	体积浓度百分比图
250	下风向距离/m
1	图形、时间和数据
a 313.dat	输出文件名称
10　180	最小时间和最大时间
1	体积浓度百分比图
313	下风向距离/m
1	图形、时间和数据
a 376.dat	输出文件名称

10　180	最小时间和最大时间
1	体积浓度百分比图
376	下风向距离/m
1	图形、时间和数据
a 438.dat	输出文件名称
10　180	最小时间和最大时间
1	体积浓度百分比图
438	下风向距离/m
1	图形、时间和数据
a 563.dat	输出文件名称
10　180	最小时间和最大时间
1	体积浓度百分比图
563	下风向距离/m
1	图形、时间和数据
a 626.dat	输出文件名称
10　180	最小时间和最大时间
1	体积浓度百分比图
626	下风向距离/m
1	图形、时间和数据
a 688.dat	输出文件名称
10　180	最小时间和最大时间
1	体积浓度百分比图
688	下风向距离/m
1	图形、时间和数据
a 751.dat	输出文件名称
10　180	最小时间和最大时间
1	体积浓度百分比图
751	下风向距离/m
1	图形、时间和数据
a 876.dat	输出文件名称
10　180	最小时间和最大时间
1	体积浓度百分比图
876	下风向距离/m
1	图形、时间和数据
a 939.dat	输出文件名称
10　180	最小时间和最大时间
1	体积浓度百分比图
939	下风向距离/m
1	图形、时间和数据
a 1001.dat	输出文件名称
10　180	最小时间和最大时间
1	体积浓度百分比图

1001	下风向距离/m
0	结束
0	结束
0	结束

表 7-12　PLUME 模型输出示例

PLUME 模型输出	版本 NOV90	标题：	情景 4　二氧化硫泄漏	日期：29/12/1992	时间：8：22
孔口条件：		大气条件：		闪蒸条件：	
孔口温度：−10.00℃		数据参考高度：6.00 m		闪蒸温度：******C	
孔口压力：67.19 个标准大气压		大气温度：18.00℃		闪蒸压力：1.00 个标准大气压	
孔口直径：0.01 m		大气压力：1.00 标准大气压		气体喷射速度：379.19 m/s	
孔口高度：0.01 m		相对湿度：0.00		闪蒸密度：5.99 kg/m³	
孔口质量流量：5.99 kg/s		环境风速：3.20 m/s		闪蒸直径：0.06 m	
污染物质量流量：5.99 kg/s		大气密度：1.22 kg/m³			
泄漏倾角：90.00°		地表粗糙度：0.010 0 m			
		Pasquill/Gifford 稳定性等级："E"			

X	Z	D	u	phi	T	beta	r	c	dm/dt	hmd	××
2.984E-03	1.01	0.313	138.	89.6	14.0	20.7	1.54	0.562	16.4	0.000E-01	0.365
1.681E-02	2.01	0.610	75.6	88.8	18.6	10.2	1.36	0.271	30.0	0.000E-01	0.199
4.556E-02	3.01	0.931	50.6	87.9	19.0	6.53	1.30	0.174	44.9	0.000E-01	0.133
9.221E-02	4.01	1.28	37.3	86.8	18.9	4.71	1.28	0.126	60.9	0.000E-01	9.825E-02
0.160	5.01	1.65	29.0	85.5	18.8	3.62	1.26	9.654E-02	78.3	0.000E-01	7.645E-02
0.251	6.00	2.06	23.4	84.0	18.7	2.89	1.25	7.699E-02	97.4	0.000E-01	6.147E-02
0.371	6.99	2.51	19.3	82.2	18.6	2.36	1.24	6.281E-02	119.	0.000E-01	5.046E-02
0.523	7.98	3.02	16.1	80.2	18.5	1.95	1.24	5.198E-02	143.	0.000E-01	4.195E-02
0.714	8.96	3.60	13.6	77.8	18.5	1.63	1.23	4.338E-02	170.	0.000E-01	3.514E-02
0.950	9.94	4.26	11.6	74.9	18.4	1.36	1.23	3.637E-02	203.	0.000E-01	2.956E-02
1.24	10.9	5.02	9.89	71.5	18.4	1.15	1.23	3.056E-02	240.	0.000E-01	2.490E-02
1.59	11.8	5.89	8.54	67.5	18.4	0.963	1.22	2.569E-02	285.	0.000E-01	2.098E-02
2.01	12.7	6.87	7.46	62.9	18.4	0.811	1.22	2.162E-02	338.	0.000E-01	1.769E-02
2.50	13.6	7.94	6.62	57.8	18.4	0.684	1.22	1.824E-02	400	0.000E-01	1.495E-02
3.07	14.4	9.07	5.98	52.5	18.4	0.581	1.22	1.548E-02	471.	0.000E-01	1.270E-02
3.72	15.2	10.2	5.53	47.3	18.4	0.497	1.22	1.325E-02	550.	0.000E-01	1.089E-02
4.43	15.9	11.3	5.21	42.4	18.4	0.431	1.22	1.148E-02	634.	0.000E-01	9.440E-03
5.19	16.5	12.3	5.00	38.0	18.4	0.378	1.22	1.008E-02	722.	0.000E-01	8.291E-03
6.00	17.1	13.2	4.85	34.1	18.4	0.336	1.21	8.956E-03	812.	0.000E-01	7.374E-03
6.84	17.7	14.1	4.76	30.9	18.5	0.302	1.21	8.055E-03	902.	0.000E-01	6.636E-03
7.71	18.2	14.9	4.70	28.1	18.5	0.275	1.21	7.322E-03	992.	0.000E-01	6.035E-03
8.61	18.6	15.6	4.67	25.7	18.5	0.252	1.21	6.718E-03	1.081E+03	0.000E-01	5.539E-03

X	Z	D	u	phi	T	beta	r	c	dm/dt	hmd	××
9.51	19.0	16.2	4.65	23.7	18.5	0.233	1.21	6.213E-03	1.168E+03	0.000E-01	5.124E-03
10.4	19.4	16.9	4.64	21.9	18.5	0.217	1.21	5.786E-03	1.254E+03	0.000E-01	4.773E-03
11.4	19.8	17.4	4.63	20.4	18.5	0.204	1.21	5.420E-03	1.338E+03	0.000E-01	4.473E-03
12.3	20.1	18.0	4.64	19.0	18.5	0.192	1.21	5.101E-03	1.422E+03	0.000E-01	4.210E-03
13.3	20.4	18.5	4.64	17.9	18.5	0.181	1.21	4.821E-03	1.504E+03	0.000E-01	3.979E-03
14.2	20.7	19.0	4.65	16.8	18.6	0.171	1.21	4.562E-03	1.589E+03	0.000E-01	3.767E-03
15.2	21.0	19.4	4.66	15.8	18.6	0.163	1.21	4.341E-03	1.670E+03	0.000E-01	3.585E-03
16.1	21.3	19.8	4.67	15.0	18.6	0.156	1.21	4.143E-03	1.749E+03	0.000E-01	3.422E-03
17.1	21.5	20.3	4.69	14.2	18.6	0.149	1.21	3.965E-03	1.828E+03	0.000E-01	3.275E-03
18.1	21.8	20.6	4.70	13.5	18.6	0.143	1.21	3.803E-03	1.906E+03	0.000E-01	3.141E-03
19.1	22.0	21.0	4.71	12.9	18.6	0.137	1.21	3.655E-03	1.982E+03	0.000E-01	3.020E-03
20.0	22.2	21.4	4.73	12.3	18.6	0.132	1.21	3.520E-03	2.058E+03	0.000E-01	2.908E-03
21.0	22.4	21.8	4.74	11.7	18.6	0.128	1.21	3.395E-03	2.133E+03	0.000E-01	2.806E-03
22.0	22.6	22.1	4.76	11.3	18.6	0.123	1.21	3.281E-03	2.207E+03	0.000E-01	2.712E-03
23.0	22.8	22.4	4.77	10.8	18.6	0.119	1.21	3.175E-03	2.281E+03	0.000E-01	2.624E-03
24.0	23.0	22.8	4.79	10.4	18.6	0.116	1.21	3.077E-0）	2.353E+03	0.000E-01	2.543E-03
24.9	23.2	23.1	4.80	9.97	18.6	0.112	1.21	2.985E-03	2.425E+03	0.000E-01	2.468E-03
25.9	23.3	23.4	4.81	9.60	18.7	0.109	1.21	2.900E-03	2.497E+03	0.000E-01	2.398E-03
26.9	23.5	23.7	4.83	9.25	18.7	0.106	1.21	2.820E-03	2.567E+03	0.000E-01	2.332E-03
27.9	23.7	24.0	4.84	8.93	18.7	0.103	1.21	2.745E-03	2.637E+03	0.000E-01	2.270E-03
28.9	23.8	24.2	4.85	8.62	18.7	0.101	1.21	2.675E-03	2.706E+03	0.000E-01	2.212E-03
29.9	24.0	24.5	4.87	8.33	18.7	9.805E-02	1.21	2.608E-03	2.775E+o3	0.000E-01	2.157E-03
30.9	24.1	24.8	4.88	8.06	18.7	9.570E-02	1.21	2.546E-03	2.843E+03	0.000E-01	2.106E-03
31.9	24.2	25.0	4.89	7.80	18.7	9.348E-02	1.21	2.487E-03	2.910E+03	0.000E-01	2.057E-03
32.8	24.4	25.3	4.90	7.56	18.7	9.138E-02	1.21	2.431E-03	2.977E+03	0.000E-01	2.011E-03
33.8	24.5	25.5	4.91	7.33	18.7	8.939E-02	1.21	2.378E-03	3.043E+03	0.000E-01	1.967E-03
34.8	24.6	25.8	4.93	7.11	18.7	8.749E-02	1.21	2.327E-03	3.109E+03	0.000E-01	1.925E-03
35.8	24.8	26.0	4.94	6.90	18.7	8.569E-02	1.21	2.279E-03	3.174E+03	0.000E-01	1.886E-03
36.8	24.9	26.3	4.95	6.70	18.7	8.398E-02	1.21	2.234E-03	3.239E+03	0.000E-01	1.848E-03
37.8	25.0	26.5	4.96	6.51	18.7	8.234E-02	1.21	2.190E-03	3.304E+03	0.000E-01	1.812E-03
38.8	25.1	26.7	4.97	6.32	18.1	8.078E-02	1.21	2.148E-03	3.367E+03	0.000E-01	1.778E-03
39.8	25.2	26.9	4.98	6.15	18.7	7.928E-02	1.21	2.109E-03	3.431E+03	0.000E-01	1.745E-03
40.8	25.3	27.2	4.99	5.98	18.7	7.785E-02	1.21	2.070E-03	3.494E+03	0.000E-01	1.713E-03
41.8	25.4	27.4	5.00	5.82	18.7	7.649E-02	1.21	2.034E-03	3.556E+03	0.000E-01	1.683E-03
42.8	25.5	27.6	5.01	5.66	18.7	7.517E-02	1.21	1.999E-03	3.618E+03	0.000E-01	1.654E-03
43.8	25.6	27.8	5.02	5.52	18.7	7.391E-02	1.21	1.965E-03	3.680E+03	0.000E-01	1.627E-03
44.8	25.7	28.0	5.03	5.37	18.8	7.270E-02	1.21	1.933E-03	3.741E+03	0.000E-01	1.600E-03
45.8	25.8	28.2	5.04	5.24	18.8	7.154E-02	1.21	1.902E-03	3.802E+03	0.000E-01	1.574E-03
46.8	25.9	28.4	5.05	5.10	18.8	7.042E-02	1.21	1.872E-03	3.862E+03	0.000E-01	1.550E-03
47.8	26.0	28.6	5.06	4.97	18.8	6.934E-02	1.21	1.844E-03	3.922E+03	0.000E-01	1.526E-03
48.8	26.1	28.8	5.07	4.85	18.8	6.830E-02	1.21	1.816E-03	3.982E+03	0.000E-01	1.503E-03

X	Z	D	u	phi	T	beta	r	c	dm/dt	hmd	××
49.8	26.1	29.0	5.08	4.73	18.8	6.729E-02	1.21	1.789E-03	4.042E+03	0.000E-01	1.481E-03
50.7	26.2	29.2	5.08	4.61	18.8	6.632E-02	1.21	1.763E-03	4.100E+03	0.000E-01	1.460E-03
51.7	26.3	29.3	5.09	4.50	18.8	6.539E-02	1.21	1.739E-03	4.159E+03	0.000E-01	1.439E-03
52.7	26.4	29.5	5.10	4.39	18.8	6.449E-02	1.21	1.714E-03	4.217E+03	0.000E-01	1.419E-03
53.7	26.5	29.7	5.11	4.29	18.8	6.361E-02	1.21	1.691E-03	4.275E+03	0.000E-01	1.400E-03
54.7	26.5	29.9	5.12	4.19	18.8	6.277E-02	1.21	1.669E-03	4.333E+03	0.000E-01	1.382E-03
55.7	26.6	30.1	5.12	4.09	18.8	6.195E-02	1.21	1.647E-03	4.390E+03	0.000E-01	1.363E-03
56.7	26.7	30.2	5.13	3.99	18.8	6.115E-02	1.21	1.626E-03	4.447E+03	0.000E-01	1.346E-03
57.7	26.7	30.4	5.14	3.90	18.8	6.038E-02	1.21	1.605E-03	4.504E+03	0.000E-01	1.329E-03
58.7	26.8	30.6	5.15	3.81	18.8	5.964E-02	1.21	1.585E-03	4.560E+03	0.000E-01	1.313E-03
59.7	26.9	30.7	5.15	3.72	18.8	5.891E-02	1.21	1.566E-03	4.616E+03	0.000E-01	1.297E-03
60.7	26.9	30.9	5.16	3.63	18.8	5.821E-02	1.21	1.547E-03	4.672E+03	0.000E-01	1.281E-03
61.7	27.0	31.1	5.17	3.55	18.8	5.753E-02	1.21	1.529E-03	4.727E+03	0.000E-01	1.266E-03
62.7	27.1	31.2	5.18	3.47	18.8	5.687E-02	1.21	1.512E-03	4.782E+03	0.000E-01	1.252E-03
63.7	27.1	31.4	5.18	3.39	18.8	5.622E-02	1.21	1.494E-03	4.837E+03	0.000E-01	1.238E-03
64.7	27.2	31.5	5.19	3.31	18.8	5.559E-02	1.21	1.478E-03	4.891E+03	0.000E-01	1.224E-03
65.7	27.2	31.7	5.20	3.23	18.8	5.498E-02	1.21	1.462E-03	4.945E+03	0.000E-01	1.210E-03
66.7	27.3	31.8	5.20	3.16	18.8	5.439E-02	1.21	1.446E-03	4.999E+03	0.000E-01	1.197E-03
67.7	27.4	32.0	5.21	3.09	18.8	5.381E-02	1.21	1.430E-03	5.053E+03	0.000E-01	1.185E-03
68.7	27.4	32.1	5.22	3.02	18.8	5.325E-02	1.21	1.415E-03	5.106E+03	0.000E-01	1.172E-03
69.7	27.5	32.3	5.22	2.95	18.8	5.270E-02	1.21	1.401E-03	5.159E+03	0.000E-01	1.160E-03
70.7	27.5	32.4	5.23	2.88	18.8	5.217E-02	1.21	1.387E-03	5.212E+03	0.000E-01	1.148E-03
71.7	27.6	32.6	5.23	2.82	18.8	5.165E-02	1.21	1.373E-03	5.265E+03	0.000E-01	1.137E-03
72.7	27.6	32.7	5.24	2.75	18.8	5.114E-02	1.21	1.359E-03	5.317E+03	0.000E-01	1.126E-03
73.7	27.7	32.9	5.25	2.69	18.8	5.064E-02	1.21	1.346E-03	5.369E+03	0.000E-01	1.115E-03
74.7	27.7	33.0	5.25	2.63	18.8	5.016E-02	1.21	1.333E-03	5.421E+03	0.000E-01	1.104E-03
75.7	27.7	33.1	5.26	2.57	18.8	4.969E-02	1.21	1.321E-03	5.472E+03	0.000E-01	1.094E-03
76.7	27.8	33.3	5.26	2.51	18.8	4.923E-02	1.21	1.308E-03	5.524E+03	0.000E-01	1.084E-03
77.7	27.8	33.4	5.27	2.45	18.9	4.878E-02	1.21	1.296E-03	5.575E+03	0.000E-01	1.074E-03
78.7	27.9	33.5	5.27	2.39	18.9	4.834E-02	1.21	1.285E-03	5.625E+03	0.000E-01	1.064E-03
79.7	27.9	33.7	5.28	2.34	18.9	4.791E-02	1.21	1.273E-03	5.676E+03	0.000E-01	1.055E-03
80.7	28.0	33.8	5.28	2.28	18.9	4.749E-02	1.21	1.262E-03	5.726E+03	0.000E-01	1.045E-03
81.7	28.0	33.9	5.29	2.23	18.9	4.707E-02	1.21	1.251E-03	5.776E+03	0.000E-01	1.036E-03
82.7	28.0	34.1	5.29	2.17	18.9	4.667E-02	1.21	1.240E-03	5.826E+03	0.000E-01	1.027E-03
83.7	28.1	34.2	5.30	2.12	18.9	4.628E-02	1.21	1.230E-03	5.875E+03	0.000E-01	1.019E-03
84.7	28.1	34.3	5.31	2.07	18.9	4.589E-02	1.21	1.220E-03	5.925E+03	0.000E-01	1.010E-03
85.7	28.1	34.4	5.31	2.02	18.9	4.552E-02	1.21	1.210E-03	5.974E+03	0.000E-01	1.002E-03

气体组分：	注释：	注释：
水蒸气摩尔分数：0.00E-01%	x：水平位移/m	Beta：污染物摩尔浓度/%
干空气摩尔分数：0.00E-01%	z：羽轴高度/m	r：喷射平均速度/（kg/m³）
污染气体摩尔分数：1.00E+02%	D：羽流有效直径/m	c：污染物浓度/（kg/m³）
出口平面相对湿度：0.00E-01%	U：平均羽流速度/（m/s）	xx：污染质量分数（-）
污染物分子量：64 g/mol	Phl：羽轴倾角/（°）	hmd：羽流相对湿度/%
污染物比热：0.33 kJ/kg/℃	T：平均羽流温度/℃	y H_2O：羽流相对湿度/%

某一特定点达到最大浓度的时间。

某一点超过规定浓度的持续时间。

某一特定点达到指定浓度的时间。

泄漏假定为稳态泄漏，因此无法获得影响的时间。

· PGPLUME 模型

PGPLUME 模型输出示例如表 7-13 所示。此示例仅显示模型的一页输出；但是，根据请求的输出步数，可能会有多页输出。每个输出包括下风向距离处的羽流横截面。

具体关注参数在下面讨论。

最大场外浓度。

最大时均场外浓度。

某一特定点的最大时均浓度。

指定浓度的最大下风向距离。

需要对每个横截面进行检查，以确定最大浓度。最大浓度可以存在于平面的任何位置或特定高度。对于特定下风向距离，该距离任一侧的横截面可以提供边界值。在两个下风向距离和期望的下风向距离处，可以使用这两处的浓度对所需位置的浓度进行插值。

指定浓度最大宽度。

受指定浓度影响的总面积。

特定浓度的宽度不是直接给出的。但是，可以通过横截面数据外部计算来计算该面积。每个横截面给出下风向特定距离处的浓度分布。通过合并所有的横截面，任何高度上整个羽流的形状都可以用数学方法得到。此外，还可以推导出特定浓度的三维形状，然后计算出该浓度的面积。但是，PGPLUME 模型目前不执行这样的计算。相反，需要创建另一个软件包，或者需要使用能够进行数学操作的现有软件包（如 Lotus 1-2-3）。

表 7-13 PGPLUME 模型输出示例

PGPLUME 模型输出	版本 jan92 mo	标题：情景 4 二氧化硫泄漏	日期：01/12/1992	时间：20：57	
横截面数据：		横截面数据：		虚拟源数据：	
下风向位移：	0.161 km	峰值超速：	-29 cm/s	下风向位移：	−5.24E+02 m;
气体峰值摩尔浓度：	1.20E-02 x	峰值超密度：	0.56 g/m³	距离地面的高度：	29 m
羽流平均时间：	15 mins	峰值质量浓度：	0.32 g/m³	污染物源质量流量：	6.0 kg/s
横向羽流"宽度"：	39 m	垂直羽流"高度"：	13 m	实现匹配：	"完美"匹配：
最大浓度高度：	29 m	剖面质心高度：	29 m		

在距离地面的几个高度（z）（m）处以及在水平离轴测量的若干距离（y）（m）处的气体摩尔浓度表（ppm）：

高于地面的高度/m 水平轴外位移/m

	0.000E-01	7.82	15.6	23.5	31.3	39.1	46.9	54.7	62.5	70.4
0.000E-01	17.7	17.3	16.3	14.7	12.8	10.7	8.59	6.63	4.91	3.49
16.3	73.1	71.7	67.5	61.1	53.1	44.4	35.6	27.5	20.3	14.5
19.5	90.8	89.0	83.9	75.9	66.0	55.1	44.2	34.1	25.3	18.0
22.7	106.	104.	98.0	88.7	77.1	64.4	51.7	39.8	29.5	21.0
25.8	117.	114.	108.	97.4	84.6	70.7	56.7	43.7	32.4	23.1
29.0	120.	118.	111.	100.	87.3	72.9	58.5	45.1	33.4	23.8
32.2	117.	114.	108.	97.3	84.6	70.7	56.7	43.7	32.4	23.1
35.3	106.	104.	98.0	88.6	77.1	64.4	51.7	39.8	29.5	21.0
38.5	90.8	89.0	83.8	75.8	65.9	55.1	44.2	34.1	25.2	18.0
41.7	72.9	71.5	67.3	60.9	53.0	44.2	35.5	27.4	20.3	14.4

距离地面的高度/m 水平离轴位移/m

近场匹配数据：		大气条件：		Pasquill/Gifford 匹配数据：	
平均羽流超过速度：	−49.cm/s	大气密度：	1.2 kg/m³	峰值超速：	−29 cm/s
平均羽流超过密度：	1.4 g/m³	大气温度：	21℃	峰值超密度：	0.56 g/m³
气体平均羽流浓度：	0.79 g/m³	大气压力：	1.00 个标准大气压	气体峰值浓度：	0.32 g/m³
有效羽流"直径"：	42.m	相对湿度：	0.00E-01%	气体峰值摩尔浓度：	1.20E-02%
羽流下风向位移：	1.61E+02 m	环境风速：	6.0 m/s	峰值浓度高度：	29 m
羽流质心高度：	29 m	地表粗糙度：	1.00E-02 m	羽流平均时间：	15 min
羽流横截面积：	1.36E+03 m²	Pasquill/Gifford 稳定性等级：	E（-）	横向羽流"宽度"：	39 m
平均羽流倾角：	−0.30°			垂直羽流"高度"：	13 m

必须使用所有横截面来创建浓度等值线。为此，首先将数学上的横截面连接起来，形成浓度的完整三维轮廓。然后可以通过水平平面用数学方法切割该三维轮廓，以确定任何高度处的浓度面积。

某一特定点达到最大浓度的时间。

某一点超过规定浓度的持续时间。

某一特定点达到指定浓度的时间。

泄漏假定为稳态泄漏，因此 PCPLUME 模型无法获得影响的时间。

7.5　SLAB 模型

除总面积外，SLAB 模型为每个要求的参数提供响应，每个情景只需要运行一个模型。SLAB 模型输出示例如表 7-14 所示。为了确定指定浓度的云面积，使用了 Golden Software 的 UTIL 程序，UTIL 程序是 SURFUR 系统的一部分。该软件通过对模型输出的预测浓度进行网格化和插值来确定等值线内的面积。由于使用了插值，等值线的面积表示原始模型输出中存在的云。然而，插值引起的误差并不是很大。对于那些愿意接受粗略近似值的人来说，更简单的选择是，通过假设它大致等于具有相同最大长度和宽度的椭圆的面积来得到近似封闭区域。

SLAB 模型模拟的输出包括：

- 模型输入；
- 瞬时空间平均云参数（两个表）；
- 时均浓度参数；
- 特定高度的时均浓度（最多四个表）；
- 沿中心线的时均浓度。

其中，在指定高度和沿中心线的特定浓度最重要。请注意，每个模拟都有一个平均时间输出。瞬时空间平均云参数可用于确定其他平均时间，但如果需要不同的平均时间，则有必要重新运行模型。

对于无论高度如何，都需要最大浓度和/或最大下风向范围的情况，应使用中心线浓度表。中心线可能被抬高。如果只需要特定高度（通常是表面高度）的最大值，则应使用指定高度的浓度表。如果羽流始终位于地面，则 "z=0.00 平面" 表中标记为 "y/bbc=0.0" 的列应与中心线表中标记为 "最大浓度" 的列一致。

表 7-14 SLAB 模型输出示例

会话信息
输入数据文件名：epalagl.dta
输出列表文件名：epalagl.LST
图形数据文件名：epalagl.DAT
图形图片文件名：epalagl.XZ
问题输入

Jdspl	=2
ncalc	=1
wms	=0.044 054
cps	=1 121.00
tbp	=283.85
cmed0	=0.02
dhe	=579 450.
cpsl	=1 954.00
rhosl	=882.70
spb	=2 507.61
spc	=−29.01
ts	=283.85
qs	=0.06
as	=0.00
tsd	=480.
qtls	=0.00
hs	=0.00
tav	=5.00
xffm	=1 000.00
zp (1)	=0.00

zp (2)	=3.66
zp (3)	=0.00
zp (4)	=0.00
z0	=0.010 000
za	5.37
ua =	287.52
ta =	62.00
rh =	3.00
stab =	

泄漏气体属性

源气体分子量量/kg	-wms = 4.405 4E-02
蒸汽热容量常数 p./ (J/kg-K)	-cps = 1.121 0E+03
源气体温度/K	-ts = 2.838 5E+02
源气体密度/ (kg/m³)	-rhos = 1.891 4E+00
沸点温度	-tbp = 2.838 5E+02
液体质量分数	-cmedO= 1.720 0E-02
液体热容量/ (J/kg-K)	-cpsl = 1.954 0E+03
蒸发热/ (J/kg)	-dhe = 5.794 5E+05
源液体密度/ (kg/m³)	-rhosl= 8.827 0E+02
饱和压力常数	-spa = 9.839 9E+00
饱和压力常数/K	-spb = 2.507 6E+03
饱和压力常数/K	-spc = -2.901 0E+01

泄漏特性

泄漏类型	-i dsp1 = 2
质量源率/ (kg/s)	-qs = 6.340 0E-02
连续源持续时间/s	-tsd = 4.800 0E+02
连续源质量/kg	-qtcs = 3.043 2E+01

项目	变量	数值
瞬时源质量/kg	-qtis	= 0.000 0E+00
源面积/m²	-as	= 2.326 0E-04
垂直蒸汽速度/(m/s)	-ws	= 0.000 0E+00
源半宽/m	-bs	= 7.625 6E-03
源高度/m	-hs	= -0.000 0E+00
水平蒸汽速度/(m/s)	-us	= 1.416 4E+02

场地参数

项目	变量	数值
浓度平均时间/s	-tav	= 5.000 0E+00
混合层高度/m	-hmx	= 2.080 0E+03
最大下风向距离/m	-xffm	= 1.000 0E+03
浓度测量高度/m	-zp (1)	= 0.000 0E+00
	-zp (2)	= 3.660 0E+00
	-zp (3)	= 0.000 0E+00
	-zp (4)	= 0.000 0E+00

环境气象属性

项目	变量	数值
环境空气分子量/kg	-wmae	= 2.884 7E-02
环境空气热容量常数 p./[J/(kg·K)]	$-cp_a$a	= 1.011 3E+03
环境空气密度/(kg/m³)	-rhoa	= 1.222 7E+00
环境测量高度/m	-za	= 4.570 0E+00
环境大气压（pa=N/m²=J/m³）	-pa	= 1.013 3E+05
环境风速/(m/s)	-ua	= 5.370 0E+00
环境温度/K	-ta	= 2.875 2E+02
相对湿度/%	-rh	= 6.200 0E+01
环境摩擦速度/(m/s)	-uastr	= 3.926 7E-01
大气稳定性等级值	-stab	= 3.000 0E+00
逆莫宁—奥布霍夫长度 (1/m)	-ala	= 3.290 7E-02
地表粗糙度-高度/m	-z0	= 1.000 0E-02

其他参数

分步乘数	-ncalc = 1
计算分步数量	-nssm = 3
重力加速度（m/s²）	-grav = 9.806 7E+00
气体常数（J/mol-K）	-rr = 8.314 3E+00
冯卡门常数	-xk = 4.100 0E-01

瞬时空间平均云参数

x	zc	h	bb	b	bbx	bx	cv	rho	t	u	ua
1.00E+00	0.00E+00	1.08E-02	1.08E-02	9.71E-03	0.00E+00	0.00E+00	1.00E+00	1.92E+00	2.84E+02	1.42E+02	1.89E-01
1.02E+00	0.00E+00	1.09E-01	5.44E-02	3.04E-02	1.66E-02	1.66E-02	1.35E-01	1.32E+00	2.85E+02	2.10E+01	1.44E+00
1.04E+00	0.00E+00	1.27E-01	6.34E-02	3.29E-02	3.59E-02	3.59E-02	1.16E-01	1.31E+00	2.86E+02	1.81E+01	1.56E+00
1.06E+00	0.00E+00	1.46E-01	7.28E-02	3.52E-02	5.85E-02	5.85E-02	1.00E-01	1.29E+00	2.86E+02	1.59E+01	1.68E+00
1.08E+00	0.00E+00	1.66E-01	8.29E-02	3.74E-02	8.48E-02	8.48E-02	8.74E-02	1.29E+00	2.86E+02	1.40E+01	1.79E+00
1.12E+00	0.00E+00	1.88E-01	9.38E-02	3.96E-02	1.15E-01	1.15E-01	7.67E-02	1.28E+00	2.86E+02	1.25E+01	1.89E+00
1.15E+00	0.00E+00	2.11E-01	1.05E-01	4.18E-02	1.51E-01	1.51E-01	6.76E-02	1.27E+00	2.86E+02	1.12E+01	1.99E+00
1.19E+00	0.00E+00	2.36E-01	1.18E-01	4.39E-02	1.93E-01	1.93E-01	5.97E-02	1.27E+00	2.87E+02	1.02E+01	2.09E+00
1.24E+00	0.00E+00	2.63E-01	1.32E-01	4.61E-02	2.41E-01	2.41E-01	5.29E-02	1.26E+00	2.87E+02	9.24E+00	2.18E+00
1.30E+00	0.00E+00	2.93E-01	1.46E-01	4.82E-02	2.98E-01	2.98E-01	4.69E-02	1.26E+00	2.87E+02	8.45E+00	2.28E+00
1.36E+00	0.00E+00	3.24E-01	1.62E-01	5.02E-02	3.64E-01	3.64E-01	4.16E-02	1.25E+00	2.87E+02	7.76E+00	2.37E+00
1.44E+00	0.00E+00	3.58E-01	1.79E-01	5.23E-02	4.41E-01	4.41E-01	3.69E-02	1.25E+00	2.87E+02	7.17E+00	2.45E+00
1.53E+00	0.00E+00	3.94E-01	1.97E-01	5.43E-02	5.31E-01	5.31E-01	3.27E-02	1.25E+00	2.87E+02	6.66E+00	2.54E+00
1.64E+00	0.00E+00	4.33E-01	2.17E-01	5.62E-02	6.36E-01	6.35E-01	2.90E-02	1.24E+00	2.87E+02	6.22E+00	2.62E+00
1.76E+00	0.00E+00	4.75E-01	2.38E-01	5.81E-02	7.58E-01	7.57E-01	2.57E-02	1.24E+00	2.87E+02	5.84E+00	2.70E+00
1.90E+00	0.00E+00	5.20E-01	2.60E-01	5.99E-02	9.00E-01	9.00E-01	2.27E-02	1.24E+00	2.87E+02	5.51E+00	2.78E+00
2.07E+00	0.00E+00	5.69E-01	2.84E-01	6.16E..02	1.07E+00	1.07E+00	2.01E-02	1.24E+00	2.87E+02	5.23E+00	2.86E+00
2.26E+00	0.00E+00	6.21E-01	3.10E-01	6.31E-02	1.26E+00	1.26E+00	1.77E-02	1.24E+00	2.87E+02	4.99E+00	2.93E+00

x	zc	h	bb	b	bbx	bx	cv	rho	t	u	ua
2.48E+00	0.00E+00	6.77E-01	3.38E-01	6.45E-02	1.48E+00	1.48E+00	1.55E-02	1.23E+00	2.87E+02	4.78E+00	3.01E+00
2.75E+00	0.00E+00	7.38E-01	3.69E-01	6.59E-02	1.75E+00	1.75E+00	1.35E-02	1.23E+00	2.87E+02	4.61E+00	3.08E+00
3.05E+00	0.00E+00	8.05E-01	4.02E-01	6.73E-02	2.05E+00	2.05E+00	1.17E-02	1.23E+00	2.87E+02	4.46E+00	3.16E+00
3.41E+00	0.00E+00	8.79E-01	4.39E-01	6.86E-02	2.41E+00	2.41E+00	1.01E-02	1.23E+00	2.87E+02	4.34E+00	3.23E+00
3.83E+00	0.00E+00	9.61E-01	4.80E-01	6.98E-02	2.83E+00	2.83E+00	8.67E-03	1.23E+00	2.87E+02	4.24E+00	3.31E+00
4.31E+00	0.00E+00	1.05E+00	5.26E-01	7.11E-02	3.31E+00	3.31E+00	7.37E-03	1.23E+00	2.87E+02	4.16E+00	3.36E+00
4.86E+00	0.00E+00	1.15E+00	5.77E-01	7.20E-02	3.66E+00	3.68E+00	6.20E-03	1.23E+00	2.87E+02	4.11E+00	3.46E+00
5.54E+00	0.00E+00	1.27E+00	6.34E-01	7.30E-02	4.54E+00	4.54E+00	5.17E-03	1.23E+00	2.67E+02	4.07E+00	3.54E+00
6.31E+00	0.00E+00	1.40E+00	7.00E-01	7.39E-02	5.31E+00	5.31E+00	4.27E-03	1.23E+00	2.67E+02	4.06E+00	3.63E+00
7.21E+00	0.00E+00	1.55E+00	7.74E-01	7.48E-02	6.21E+00	6.21E+00	3.49E-03	1.23E+00	2.87E+02	4.06E+00	3.71E+00
8.25E+00	0.00E+00	1.72E+00	8.60E-01	7.56E-02	7.25E+00	7.25E+00	2.82E-03	1.22E+00	2.67E+02	4.07E+00	3.80E+00
9.47E+00	0.00E+00	1.91E+00	9.57E-01	7.66E-02	6.47E+00	6.47E+00	2.26E-03	1.22E+00	2.67E+02	4.10E+00	3.89E+00
1.09E+01	0.00E+00	2.14E+00	1.07E+00	7.74E-02	9.90E+00	9.90E+00	1.79E-03	1.22E+00	2.67E+02	4.14E+00	3.96E+00
1.26E+01	0.00E+00	2.39E+00	1.20E+00	7.82E-02	1.16E+01	1.16E+01	1.41E-03	1.22E+00	2.87E+02	4.19E+00	4.07E+00
1.45E+01	0.00E+00	2.66E+00	1.35E+00	7.66E-02	1.35E+01	1.35E+01	1.10E-03	1.22E+00	2.86E+02	4.25E+00	4.16E+00
1.67E+01	0.00E+00	3.02E+00	1.52E+00	7.92E-02	1.57E+01	1.57E+01	8.54E-04	1.22E+00	2.66E+02	4.33E+00	4.26E+00
1.94E+01	0.00E+00	3.41E+00	1.72E+00	7.94E-02	1.84E+01	1.84E+01	6.57E-04	1.22E+00	2.88E+02	4.41E+00	4.35E+00
2.24E+01	0.00E+00	3.86E+00	1.95E+00	7.96E-02	2.14E+01	2.14E+01	5.03E-04	1.22E+00	2.88E+02	4.49E+00	4.45E+00
2.60E+01	0.00E+00	4.37E+00	2.21E+00	7.97E-02	2.50E+01	2.50E+01	3.84E-04	1.22E+00	2.88E+02	4.58E+00	4.55E+00
3.02E+01	0.00E+00	4.96E+00	2.52E+00	7.97E-02	2.92E+01	2.92E+01	2.91E-04	1.22E+00	2.88E+02	4.67E+00	4.65E+00
3.50E+01	0.00E+00	5.63E+00	2.88E+00	7.97E-02	3.40E+01	3.40E+01	2.20E-04	1.22E+00	2.88E+02	4.76E+00	4.75E+00
4.07E+01	0.00E+00	6.41E+00	3.29E+00	7.96E-02	3.97E+01	3.97E+01	1.66E-04	1.22E+00	2.88E+02	4.85E+00	4.85E+00
4.73E+01	0.00E+00	7.29E+00	3.77E+00	7.94E-02	4.63E+01	4.63E+01	1.25E-04	1.22E+00	2.88E+02	4.95E+00	4.95E+00
5.50E+01	0.00E+00	8.30E+00	4.32E+00	7.92E-02	5.40E+01	5.40E+01	9.37E-05	1.22E+00	2.88E+02	5.05E+00	5.05E+00
6.40E+01	0.00E+00	9.42E+00	4.99E+00	7.93E-02	6.30E+01	6.30E+01	7.02E-05	1.22E+00	2.88E+02	5.14E+00	5.14E+00
7.44E+01	0.00E+00	1.07E+01	5.77E+00	7.96E-02	7.34E+01	7.34E+01	5.25E-05	1.22E+00	2.88E+02	5.23E+00	5.24E+00
8.66E+01	0.00E+00	1.21E+01	6.68E+00	7.97E-02	8.56E+01	8.56E+01	3.93E-05	1.22E+00	2.88E+02	5.33E+00	5.33E+00

x	zc	h	bb	b	bbx	bx	cv	rho	t	u	ua
1.01E+02	0.00E+00	1.38E+01	7.74E+00	7.99E-02	9.98E+01	9.98E+01	2.93E-05	1.22E+00	2.88E+02	5.42E+00	5.43E+00
1.17E+02	0.00E+00	1.57E+01	8.96E+00	8.00E-02	1.16E+02	1.16E+02	2.19E-05	1.22E+00	2.88E+02	5.52E+00	5.52E+00
1.37E+02	0.00E+00	1.78E+01	1.04E+01	8.01E-02	1.36E+02	1.36E+02	1.64E-05	1.22E+00	2.88E+02	5.61E+00	5.61E+00
1.59E+02	0.00E+00	2.03E+01	1.20E+01	8.02E-02	1.58E+02	1.58E+02	1.22E-05	1.22E+00	2.88E+02	5.70E+00	5.71E+00
1.86E+02	0.00E+00	2.31E+01	1.39E+01	8.03E-02	1.85E+02	1.85E+02	9.11E-06	1.22E+00	2.88E+02	5.80E+00	5.80E+00
2.16E+02	0.00E+00	2.63E+01	1.61E+01	8.04E-02	2.15E+02	2.15E+02	6.80E-06	1.22E+00	2.88E+02	5.89E+00	5.89E+00
2.52E+02	0.00E+00	2.99E+01	1.87E+01	8.04E-02	2.51E+02	2.51E+02	5.08E-06	1.22E+00	2.88E+02	5.98E+00	5.99E+00
2.94E+02	0.00E+00	3.41E+01	2.17E+01	8.05E-02	2.93E+02	2.93E+02	3.79E-06	1.22E+00	2.88E+02	6.07E+00	6.08E+00
3.42E+02	0.00E+00	3.88E+01	2.51E+01	8.05E-02	3.41E+02	3.41E+02	2.84E-06	1.22E+00	2.88E+02	6.15E+00	6.17E+00
3.99E+02	0.00E+00	4.41E+01	2.90E+01	8.05E-02	3.98E+02	3.98E+02	2.12E-06	1.22E+00	2.88E+02	6.24E+00	6.26E+00
4.65E+02	0.00E+00	5.02E+01	3.36E+01	8.06E-02	4.64E+02	4.64E+02	1.59E-06	1.22E+00	2.88E+02	6.33E+00	6.35E+00
5.42E+02	0.00E+00	5.72E+01	3.88E+01	8.06E-02	5.41E+02	5.41E+02	1.19E-06	1.22E+00	2.88E+02	6.42E+00	6.44E+00
6.31E+02	0.00E+00	6.51E+01	4.49E+01	8.06E-02	6.30E+02	6.30E+02	8.93E-07	1.22E+00	2.88E+02	6.51E+00	6.53E+00
7.36E+02	0.00E+00	7.40E+01	5.18E+01	8.06E-02	7.35E+02	7.35E+02	6.71E-07	1.22E+00	2.88E+02	6.60E+00	6.62E+00
8.58E+02	0.00E+00	8.42E+01	5.98E+01	8.06E-02	8.57E+02	8.57E+02	5.05E-07	1.22E+00	2.88E+02	6.68E+00	6.71E+00
1.00E+03	0.00E+00	9.57E+01	6.68E+01	8.07E-02	9.99E+02	9.99E+02	3.81E-07	1.22E+00	2.88E+02	6.77E+00	6.79E+00

x	cm	cmv	cmda	cmw	cmwv	wc	vg	ug	w	v	vx
1.00E+00	1.00E+00	9.83E-01	0.00E+00	0.00E+00	0.00E+00	0.00E+00	0.00E+00	0.00E+00	2.52E+03	7.82E+00	0.00E+00
1.02E+00	1.93E-01	1.93E-01	8.02E-01	5.19E-03	5.19E-03	0.00E+00	7.25E-04	0.00E+00	9.06E+00	1.58E+00	4.35E-01
1.04E+00	1.66E-01	1.66E-01	8.28E-01	5.36E-03	5.36E-03	0.00E+00	1.56E-03	0.00E+00	6.86E+00	1.35E+00	4.50E-01
1.06E+00	1.45E-01	1.45E-01	8.49E-01	5.50E-03	5.50E-03	0.00E+00	2.45E-03	0.00E+00	5.36E+00	1.17E+00	4.63E-01
1.08E+00	1.28E-01	1.28E-01	8.67E-01	5.61E-03	5.61E-03	0.00E+00	3.43E-03	0.00E+00	4.30E+00	1.02E+00	4.73E-01
1.12E+00	1.13E-01	1.13E-01	8.82E-01	5.71E-03	5.71E-03	0.00E+00	4.49E-03	0.00E+00	3.50E+00	8.88E-01	4.82E-01
1.15E+00	9.97E-02	9.97E-02	8.95E-01	5.79E-03	5.79E-03	0.00E+00	5.67E-03	0.00E+00	2.90E+00	7.79E-01	4.90E-01
1.19E+00	8.84E-02	8.84E-02	9.06E-01	5.86E-03	5.86E-03	0.00E+00	6.98E-03	0.00E+00	2.42E+00	6.85E-01	4.97E-01
1.24E+00	7.86E-02	7.86E-02	9.16E-01	5.93E-03	5.93E-03	0.00E+00	8.42E-03	0.00E+00	2.05E+00	6.03E-01	5.03E-01
1.30E+00	6.99E-02	6.99E-02	9.24E-01	5.98E-03	5.98E-03	0.00E+00	1.00E-02	0.00E+00	1.75E+00	5.32E-01	5.08E-01

5.13E-01	4.70E-01	1.51E+00	0.00E+00	1.18E-02	0.00E+00	6.03E-03	6.03E-03	9.32E-01	6.21E-02	6.21E-02	1.36E+00
5.17E-01	4.16E-01	1.31E+00	0.00E+00	1.37E-02	0.00E+00	6.08E-03	6.08E-03	9.39E-01	5.53E-02	5.53E-02	1.44E+00
5.20E-01	3.69E-01	1.14E+00	0.00E+00	1.58E-02	0.00E+00	6.12E-03	6.12E-03	9.45E-01	4.91E-02	4.91E-02	1.53E+00
5.23E-01	3.28E-01	1.01E+00	0.00E+00	1.80E-02	0.00E+00	6.15E-03	6.15E-03	9.50E-01	4.37E-02	4.37E-02	1.64E+00
5.25E-01	2.93E-01	9.01E-01	0.00E+00	2.04E-02	0.00E+00	6.18E-03	6.18E-03	9.55E-01	3.87E-02	3.87E-02	1.76E+00
5.27E-01	2.63E-01	8.11E-01	0.00E+00	2.29E-02	0.00E+00	6.21E-03	6.21E-03	9.59E-01	3.43E-02	3.43E-02	1.90E+00
5.29E-01	2.38E-01	7.36E-01	0.00E+00	2.55E-02	0.00E+00	6.24E-03	6.24E-03	9.63E-01	3.03E-02	3.03E-02	2.07E+00
5.30E-01	2.17E-01	6.76E-01	0.00E+00	2.82E-02	0.00E+00	6.26E-03	6.26E-03	9.67E-01	2.67E-02	2.67E-02	2.26E+00
5.31E-01	2.00E-01	6.26E-01	0.00E+00	3.08E-02	0.00E+00	6.28E-03	6.28E-03	9.70E-01	2.35E-02	2.35E-02	2.48E+00
5.32E-01	1.87E-01	5.85E-01	0.00E+00	3.34E-02	0.00E+00	6.30E-03	6.30E-03	9.73E-01	2.05E-02	2.05E-02	2.75E+00
5.32E-01	1.76E-01	5.52E-01	0.00E+00	3.57E-02	0.00E+00	6.32E-03	6.32E-03	9.76E-01	1.78E-02	1.78E-02	3.05E+00
5.33E-01	1.69E-01	5.26E-01	0.00E+00	3.79E-02	0.00E+00	6.33E-03	6.33E-03	9.78E-01	1.54E-02	1.54E-02	3.41E+00
5.33E-01	1.63E-01	5.04E-01	0.00E+00	3.97E-02	0.00E+00	6.35E-03	6.35E-03	9.80E-01	1.32E-02	1.32E-02	3.83E+00
5.33E-01	1.60E-01	4.88E-01	0.00E+00	4.10E-02	0.00E+00	6.36E-03	6.36E-03	9.82E-01	1.12E-02	1.12E-02	4.31E+00
5.32E-01	1.59E-01	4.75E-01	0.00E+00	4.18E-02	0.00E+00	6.37E-03	6.37E-03	9.84E-01	9.44E-03	9.44E-03	4.88E+00
5.32E-01	1.59E-01	4.65E-01	0.00E+00	4.20E-02	0.00E+00	6.38E-03	6.38E-03	9.86E-01	7.88E-03	7.88E-03	5.54E+00
5.31E-01	1.60E-01	4.57E-01	0.00E+00	4.15E-02	0.00E+00	6.39E-03	6.39E-03	9.87E-01	6.51E-03	6.51E-03	6.31E+00
5.30E-01	1.62E-01	4.52E-01	0.00E+00	4.05E-02	0.00E+00	6.40E-03	6.40E-03	9.88E-01	5.32E-03	5.32E-03	7.21E+00
5.29E-01	1.65E-01	4.48E-01	0.00E+00	3.90E-02	0.00E+00	6.40E-03	6.40E-03	9.89E-01	4.30E-03	4.30E-03	8.25E+00
5.28E-01	1.68E-01	4.45E-01	0.00E+00	3.70E-02	0.00E+00	6.41E-03	6.41E-03	9.90E-01	3.45E-03	3.45E-03	9.47E+00
5.27E-01	1.71E-01	4.43E-01	0.00E+00	3.46E-02	0.00E+00	6.42E-03	6.42E-03	9.91E-01	2.74E-03	2.74E-03	1.09E+01
5.25E-01	1.75E-01	4.41E-01	0.00E+00	3.20E-02	0.00E+00	6.42E-03	6.42E-03	9.91E-01	2.15E-03	2.15E-03	1.26E+01
5.23E-01	1.79E-01	4.40E-01	0.00E+00	2.92E-02	0.00E+00	6.42E-03	6.42E-03	9.92E-01	1.68E-03	1.68E-03	1.45E+01
5.22E-01	1.83E-01	4.39E-01	0.00E+00	2.65E-02	0.00E+00	6.43E-03	6.43E-03	9.92E-01	1.30E-03	1.30E-03	1.67E+01
5.20E-01	1.87E-01	4.38E-01	0.00E+00	2.37E-02	0.00E+00	6.43E-03	6.43E-03	9.93E-01	1.00E-03	1.00E-03	1.94E+01
5.18E-01	1.91E-01	4.37E-01	0.00E+00	2.11E-02	0.00E+00	6.43E-03	6.43E-03	9.93E-01	7.68E-04	7.68E-04	2.24E+01
5.16E-01	1.95E-01	4.36E-01	0.00E+00	1.86E-02	0.00E+00	6.43E-03	6.43E-03	9.93E-01	5.86E-04	5.86E-04	2.60E+01
5.14E-01	1.99E-01	4.35E-01	0.00E+00	1.63E-02	0.00E+00	6.43E-03	6.43E-03	9.93E-01	4.45E-04	4.45E-04	3.02E+01

3.50E+01	3.36E-04	3.36E-04	9.93E-01	6.43E-03	6.43E-03	0.00E+00	1.42E-02	0.00E+00	4.33E-01	2.03E-01	5.12E-01
4.07E+01	2.53E-04	2.53E-04	9.93E-01	6.43E-03	6.43E-03	0.00E+00	1.23E-02	0.00E+00	4.31E-01	2.07E-01	5.11E-01
4.73E+01	1.91E-04	1.91E-04	9.93E-01	6.43E-03	6.43E-03	0.00E+00	1.07E-02	0.00E+00	4.29E-01	2.11E-01	5.09E-01
5.50E+01	1.43E-04	1.43E-04	9.93E-01	6.43E-03	6.43E-03	0.00E+00	9.18E-03	0.00E+00	4.26E-01	2.15E-01	5.07E-01
6.40E+01	1.07E-04	1.07E-04	9.93E-01	6.43E-03	6.43E-03	0.00E+00	7.88E-03	0.00E+00	4.24E-01	2.18E-01	5.06E-01
7.44E+01	8.02E-05	8.02E-05	9.93E-01	6.43E-03	6.43E-03	0.00E+00	6.73E-03	0.00E+00	4.21E-01	2.22E-01	5.05E-01
8.66E+01	6.00E-05	6.00E-05	9.94E-01	6.43E-03	6.43E-03	0.00E+00	5.74E-03	0.00E+00	4.18E-01	2.25E-01	5.04E-01
1.01E+02	4.48E-05	4.48E-05	9.94E-01	6.43E-03	6.43E-03	0.00E+00	4.88E-03	0.00E+00	4.14E-01	2.29E-01	5.03E-01
1.17E+02	3.35E-05	3.35E-05	9.94E-01	6.43E-03	6.43E-03	0.00E+00	4.14E-03	0.00E+00	4.10E-01	2.32E-01	5.02E-01
1.37E+02	2.50E-05	2.50E-05	9.94E-01	6.43E-03	6.43E-03	0.00E+00	3.51E-03	0.00E+00	4.07E-01	2.35E-01	5.01E-01
1.59E+02	1.86E-05	1.86E-05	9.94E-01	6.43E-03	6.43E-03	0.00E+00	2.97E-03	0.00E+00	4.03E-01	2.38E-01	5.01E-01
1.86E+02	1.39E-05	1.39E-05	9.94E-01	6.43E-03	6.43E-03	0.00E+00	2.51E-03	0.00E+00	3.98E-01	2.41E-01	5.00E-01
2.16E+02	1.04E-05	1.04E-05	9.94E-01	6.43E-03	6.43E-03	0.00E+00	2.13E-03	0.00E+00	3.94E-01	2.43E-01	5.00E-01
2.52E+02	7.75E-06	7.75E-06	9.94E-01	6.43E-03	6.43E-03	0.00E+00	1.79E-03	0.00E+00	3.90E-01	2.45E-01	5.00E-01
2.94E+02	5.79E-06	5.79E-06	9.94E-01	6.43E-03	6.43E-03	0.00E+00	1.51E-03	0.00E+00	3.85E-01	2.47E-01	5.00E-01
3.42E+02	4.33E-06	4.33E-06	9.94E-01	6.43E-03	6.43E-03	0.00E+00	1.26E-03	0.00E+00	3.80E-01	2.49E-01	5.00E-01
3.99E+02	3.24E-06	3.24E-06	9.94E-01	6.43E-03	6.43E-03	0.00E+00	1.06E-03	0.00E+00	3.75E-01	2.50E-01	5.00E-01
4.65E+02	2.43E-06	2.43E-06	9.94E-01	6.43E-03	6.43E-03	0.00E+00	8.98E-04	0.00E+00	3.71E-01	2.51E-01	5.00E-01
5.42E+02	1.82E-06	1.82E-06	9.94E-01	6.43E-03	6.43E-03	0.00E+00	7.66E-04	0.00E+00	3.66E-01	2.51E-01	5.01E-01
6.31E+02	1.36E-06	1.36E-06	9.94E-01	6.43E-03	6.43E-03	0.00E+00	6.46E-04	0.00E+00	3.60E-01	2.51E-01	5.01E-01
7.36E+02	1.02E-06	1.02E-06	9.94E-01	6.43E-03	6.43E-03	0.00E+00	5.46E-04	0.00E+00	3.55E-01	2.50E-01	5.02E-01
8.58E+02	7.71E-07	7.71E-07	9.94E-01	6.43E-03	6.43E-03	0.00E+00	4.55E-04	0.00E+00	3.50E-01	2.49E-01	5.02E-01
1.00E+03	5.81E-07	5.81E-07	9.94E-01	6.43E-03	6.43E-03	0.00E+00	3.75E-04	0.00E+00	3.44E-01	2.47E-01	5.03E-01

时均（tav=5.s）体积浓度：浓度等高线参数

c（x, y, z, t）= cc（x）*[erf（xa）-erf（xb）]*[erf（ya）-erf（yb）]*[exp（-za*za）+exp（-zb*zb）]

c（x, y, z, t）=（x, y, z, t）处的浓度（体积分数）

x = 下风向距离/m

y = 侧风水平距离/m

z = 高度/m

t = 时间/s

erf = 误差函数

xa =（x-xc+bx）/（sr2*betax）

xb =（x xc-bx）/（sr2*betax）

ya =（y+b）/（sr2*betac）

yb =（y-b）/（sr2*betac）

exp = 指数函数

za =（z-zc）/（sr2*sig）

'zb =（z+zc）/（sr2 sig）

sr2 = sqrt（2.0）

X	cc（x）	b（x）	betac（x）	zc（x）	slg（x）	t	xc（t）	bx（t）	betax（t）
1.00E+00	0.00E+00	9.71E-03	2.71E-03	0.00E+00	6.23E-03	0.00E+00	1.00E+00	0.00E+00	0.00E+00
1.02E+00	4.18E-02	3.04E-02	2.61E-02	0.00E+00	6.29E-02	1.34E-03	1.02E+00	1.66E-02	1.35E-04
1.04E+00	3.86E-02	3.29E-02	3.13E-02	0.00E+00	7.32E-02	3.33E-03	1.04E+00	3.59E-02	2.93E-04
1.06E+00	3.58E-02	3.52E-02	3.68E-02	0.00E+00	8.42E-02	6.00E-03	1.06E+00	5.85E-02	4.78E-04
1.08E+00	3.35E-02	3.74E-02	4.27E-02	0.00E+00	9.58E-02	9.53E-03	1.08E+00	8.48E-02	6.92E-04
1.12E+00	3.14E-02	3.96E-02	4.91E-02	0.00E+00	1.08E-01	1.42E-02	1.12E+00	1.15E-01	9.43E-04
1.15E+00	2.95E-02	4.18E-02	5.59E-02	0.00E+00	1.22E-01	2.02E-02	1.15E+00	1.51E-01	1.23E-03
1.19E+00	2.77E-02	4.39E-02	6.32E-02	0.00E+00	1.36E-01	2.80E-02	1.19E+00	1.93E-01	1.57E-03
1.24E+00	2.61E-02	4.61E-02	7.11E-02	0.00E+00	1.52E-01	3.81E-02	1.24E+00	2.41E-01	1.97E-03
1.30E+00	2.46E-02	4.82E-02	7.97E-02	0.00E+00	1.69E-01	5.09E-02	1.30E+00	2.98E-01	2.43E-03
1.36E+00	2.32E-02	5.02E-02	8.89E-02	0.00E+00	1.87E-01	6.72E-02	1.36E+00	3.64E-01	2.97E-03

%	cc/%	b/%	betac/%	zc/%	sig/%	t	xc (t)	bx (t)	betax (t)
1.44E+00	2.18E-02	5.23E-02	9.88E-02	0.00E+00	2.07E-01	8.79E-02	1.44E+00	4.41E-01	3.60E-03
1.53E+00	2.05E-02	5.43E-02	1.09E-01	0.00E+00	2.28E-01	1.14E-01	1.53E+00	5.31E-01	4.34E-03
1.64E+00	1.93E-02	5.62E-02	1.21E-01	0.00E+00	2.50E-01	1.46E-01	1.64E+00	6.35E-01	5.19E-03
1.76E+00	1.82E-02	5.81E-02	1.33E-01	0.00E+00	2.74E-01	1.87E-01	1.76E+00	7.57E-01	6.19E-03
1.90E+00	1.71E-02	5.99E-02	1.46E-01	0.00E+00	3.00E-01	2.37E-01	1.90E+00	9.00E-01	7.35E-03
2.07E+00	1.60E-02	6.16E-02	1.60E-01	0.00E+00	3.28E-01	2.99E-01	2.07E+00	1.07E+00	8.70E-03
2.26E+00	1.50E-02	6.31E-02	1.75E-01	0.00E+00	3.58E-01	3.75E-01	2.26E+00	1.26E+00	1.03E-02
2.48E+00	1.40E-02	6.45E-02	1.92E-01	0.00E+00	3.91E-01	4.67E-01	2.48E+00	1.48E+00	1.21E-02
2.75E+00	1.31E-02	6.59E-02	2.10E-01	0.00E+00	4.26E -01	5.79E-01	2.75E+00	1.75E+00	1.43E-02
3.05E+00	1.21E-02	6.73E-02	2.29E-01	0.00E+00	4.65E-01	7.75E-01	3.05E+00	2.05E+00	1.68E-02
3.41E+00	1.12E-02	6.86E-02	2.51E-01	0.00E+00	5.08E-01	8.77E-01	3.41E+00	2.41E+00	1.97E-02
3.83E+00	1.03E-02	6.98E-02	2.74E-01	0.00E+00	5.55E-01	1.07E+00	3.83E+00	2.83E+00	2.31E-02
4.31E+00	9.42E-03	7.11E-02	3.01E-01	0.00E+00	6.07E-01	1.30E+00	4.31E+00	3.31E+00	2.71E-02
4.88E+00	8.59E-03	7.20E-02	3.31E-01	0.00E+00	6.66E-01	1.58E+00	4.88E+00	3.88E+00	3.17E-02
5.54E+00	7.78E-03	7.30E-02	3.64E-01	0.00E+00	7.33E-01	1.90E+00	5.54E+00	4.54E+00	3.71E-02
6.31E+00	6.99E-03	7.39E-02	4.02E-01	0.00E+00	8.08E-01	2.28E+00	6.31E+00	5.31E+00	4.34E-02
7.21E+00	6.25E-03	7.48E-02	4.46E-01	0.00E+00	8.94E-01	2.72E+00	7.21E+00	6.21E+00	5.07E-02
8.25E+00	5.54E-03	7.58E-02	4.95E-01	0.00E+00	9.92E-01	3.24E+00	8.25E+00	7.25E+00	5.92E-02
9.47E+00	4.89E-03	7.66E-02	5.52E-01	0.00E+00	1.10E+00	3.83E+00	9.47E+00	8.47E+00	6.92E-02
1.09E+01	4.30E-03	7.74E-02	6.18E-01	0.00E+00	1.23E+00	4.52E+00	1.09E+01	9.90E+00	8.08E-02
1.26E+01	3.76E-03	7.82E-02	6.94E-01	0.00E+00	1.38E+00	5.32E+00	1.26E+01	1.16E+01	9.44E-02
1.45E+01	3.28E-03	7.88E-02	7.82E-01	0.00E+00	1.55E+00	6.24E+00	1.45E+01	1.35E+01	1.10E-01
1.67E+01	2.85E-03	7.92E-02	8.82E-01	0.00E+00	1.75E+00	7.29E+00	1.67E+01	1.57E+01	1.29E-01
1.94E+01	2.47E-03	7.94E-02	9.98E-01	0.00E+00	1.97E+00	8.49E+00	1.94E+01	1.84E+01	1.50E-
2.24E+01	2.15E-03	7.96E-02	1.13E+00	0.00E+00	2.23E+00	9.87E+00	2.24E+01	2.14E+01	1.75E-01
2.60E+01	1.86E-03	7.97E-02	1.29E+00	0.00E+00	2.52E+00	1.14E+01	2.60E+01	2.50E+01	2.04E-01
3.02E+01	1.61E-03	7.97E-02	1.47E+00	0.00E+00	2.86E+00	1.32E+01	3.02E+01	2.92E+01	2.38E-01

时均 (tav = 5.s) 体积浓度：沿中心线的最大浓度（体积分数）

X	cc/%	b/%	betac/%	zc/%	sig/%	t	xc(t)	bx(t)	betax(t)
3.50E+01	1.39E-03	7.97E-02	1.68E+00	0.00E+00	3.25E+00	1.53E+01	3.50E+01	3.40E+01	2.78E-01
4.07E+01	1.20E-03	7.96E-02	1.92E+00	0.00E+00	3.70E+00	1.77E+01	4.07E+01	3.97E+01	3.24E-01
4.73E+01	1.04E-03	7.94E-02	2.21E+00	0.00E+00	4.21E+00	2.04E+01	4.73E+01	4.63E+01	3.78E-01
5.50E+01	8.97E-04	7.92E-02	2.53E+00	0.00E+00	4.79E+00	2.34E+01	5.50E+01	5.40E+01	4.41E-01
6.40E+01	7.75E-04	7.93E-02	2.93E+00	0.00E+00	5.44E+00	2.70E+01	6.40E+01	6.30E+01	5.14E-01
7.44E+01	6.70E-04	7.96E-02	3.39E+00	0.00E+00	6.17E+00	3.10E+01	7.44E+01	7.34E+01	5.99E-01
8.66E+01	5.78E-04	7.97E-02	3.92E+00	0.00E+00	7.01E+00	3.56E+01	8.66E+01	8.56E+01	6.99E-01
1.01E+02	5.00E-04	7.99E-02	4.54E+00	0.00E+00	7.96E+00	4.09E+01	1.01E+02	9.98E+01	8.15E-01
1.17E+02	4.31E-04	8.00E-02	5.27E+00	0.00E+00	9.05E+00	4.70E+01	1.17E+02	1.16E+02	9.51E-01
1.37E+02	3.73E-04	8.01E-02	6.10E+00	0.00E+00	1.03E+01	5.39E+01	1.37E+02	1.36E+02	1.11E+00
1.59E+02	3.22E-04	8.02E-02	7.07E+00	0.00E+00	1.17E+01	6.19E+01	1.59E+02	1.58E+02	1.29E+00
1.86E+02	2.78E-04	8.03E-02	8.19E+00	0.00E+00	1.33E+01	7.10E+01	1.86E+02	1.85E+02	1.51E+00
2.16E+02	2.40E-04	8.04E-02	9.49E+00	0.00E+00	1.52E+01	8.15E+01	2.16E+02	2.15E+02	1.76E+00
2.52E+02	2.08E-04	8.04E-02	1.10E+01	0.00E+00	1.73E+01	9.35E+01	2.52E+02	2.51E+02	2.05E+00
2.94E+02	1.80E-04	8.05E-02	1.27E+01	0.00E+00	1.97E+01	1.07E+02	2.94E+02	2.93E+02	2.39E+00
3.42E+02	1.56E-04	8.05E-02	1.48E+01	0.00E+00	2.24E+01	1.23E+02	3.42E+02	3.41E+02	2.79E+00
3.99E+02	1.35E-04	8.05E-02	1.71E+01	0.00E+00	2.55E+01	1.42E+02	3.99E+02	3.98E+02	3.25E+00
4.65E+02	1.17E-04	8.06E-02	1.98E+01	0.00E+00	2.90E+01	1.62E+02	4.65E+02	4.64E+02	3.79E+00
5.42E+02	1.01E-04	8.06E-02	2.29E+01	0.00E+00	3.30E+01	1.87E+02	5.42E+02	5.41E+02	4.41E+00
6.31E+02	8.76E-05	8.06E-02	2.64E+01	0.00E+00	3.76E+01	2.14E+02	6.31E+02	6.30E+02	5.15E+00
7.36E+02	7.60E-05	8.06E-02	3.05E+01	0.00E+00	4.27E+01	2.46E+02	7.36E+02	7.35E+02	6.00E+00
8.58E+02	6.60E-05	8.06E-02	3.52E+01	0.00E+00	4.86E+01	2.83E+02	8.58E+02	8.57E+02	7.00E+00
1.00E+03	5.73E-05	8.07E-02	4.05E+01	0.00E+00	5.53E+01	3.25E+02	1.00E+03	9.99E+02	8.16E+00

(x, y, z) 处的平均浓度（体积分数）

下风向距离 x/m	最大浓度 时间/s	云持续 时间/s	有效半宽 bbc/m	y/bbc=0.0	y/bbc=0.5	y/bbc=1.0	y/bbc=1.5	y/bbc=2.0	y/bbc=2.5
1.00E+00	2.40E+02	4.80E+02	1.08E-	1.00E+00	1.00E+00	5.31E-01	1.31E-02	9.52E-06	0.00E+00

8.44E-06	4.37E-04	8.25E-03	5.94E-02	1.79E-01	2.53E-01	5.44E-02	4.80E+02	2.40E+02	1.02E+00
9.23E-06	4.15E-04	7.21E-03	5.04E-02	1.53E-01	2.18E-01	6.34E-02	4.80E+02	2.40E+02	1.04E+00
9.48E-06	3.86E-04	6.33E-03	4.34E-02	1.32E-01	1.89E-01	7.28E-02	4.80E+02	2.40E+02	1.06E+00
9.37E-06	3.54E-04	5.57E-03	3.77E-02	1.15E-01	1.66E-01	8.29E-02	4.80E+02	2.40E+02	1.08E+00
9.02E-06	3.23E-04	4.92E-03	3.30E-02	1.01E-	1.46E-01	9.38E-02	4.80E+02	2.40E+02	1.12E+00
8.52E-06	2.92E-04	4.36E-03	2.90E-02	8.89E-02	1.29E-01	1.05E-01	4.80E+02	2.40E+02	1.15E+00
7.94E-06	2.63E-04	3.86E-03	2.56E-02	7.85E-02	1.14E-01	1.18E-	4.80E+02	2.40E+02	1.19E+00
7.32E-06	2.37E-04	3.43E-03	2.26E-02	6.95E-02	1.01E-	1.32E-01	4.80E+02	2.40E+02	1.24E+00
6.70E-06	2.12E-04	3.05E-03	2.00E-02	6.16E-02	8.94E-02	1.46E-01	4.80E+02	2.40E+02	1.30E+00
6.10E-06	1.90E-04	2.71E-03	1.78E-02	5.46E-02	7.93E-02	1.62E-01	4.80E+02	2.40E+02	1.36E+00
5.53E-06	1.70E-04	2.40E-03	1.58E-02	4.84E-02	7.04E-02	1.79E-01	4.80E+02	2.40E+02	1.44E+00
4.98E-06	1.52E-04	2.13E-03	1.40E-02	4.30E-02	6.25E-02	1.97E-01	4.80E+02	2.40E+02	1.53E+00
4.47E-06	1.35E-04	1.89E-03	1.24E-02	3.81E-02	5.54E-02	2.17E-01	4.80E+02	2.40E+02	1.64E+00
4.00E-06	1.20E-04	1.68E-03	1.10E-02	3.37E-02	4.91E-02	2.38E-01	4.80E+02	2.40E+02	1.76E+00
3.57E-06	1.06E-04	1.48E-03	9.70E-03	2.98E-02	4.34E-02	2.60E-01	4.80E+02	2.40E+02	1.90E+00
3.17E-06	9.42E-05	1.31E-03	8.56E-03	2.63E-02	3.83E-02	2.84E-01	4.80E+02	2.40E+02	2.07E+00
2.80E-06	8.30E-05	1.15E-03	7.53E-03	2.32E-02	3.37E-02	3.10E-01	4.80E+02	2.40E+02	2.26E+00
2.47E-06	7.29E-05	1.01E-03	6.60E-03	2.03E-02	2.96E-02	3.38E-01	4.80E+02	2.40E+02	2.48E+00
2.17E-06	6.31E-05	8.83E-04	5.76E-03	1.77E-02	2.58E-02	3.69E-01	4.80E+02	2.40E+02	2.75E+00
1.88E-06	5.54E-05	7.67E-04	5.00E-03	1.54E-02	2.24E-02	4.03E-01	4.80E+02	2.40E+02	3.05E+00
1.63E-06	4.78E-05	6.61E-04	4.31E-03	1.33E-02	1.93E-02	4.39E-01	4.80E+02	2.40E+02	3.41E+00

下风向距离/m x/m	最大浓度时间/s	云持续时间/s	有效半宽 bbc/m	沿中心线的最大浓度（体积分数）			(x, y, z) 处的平均浓度（体积分数）		
				y/bbc=0.0	y/bbc=0.5	y/bbc=1.0	y/bbc=1.5	y/bbc=2.0	y/bbc=2.5
3.83E+00	2.40E+02	4.80E+02	4.80E-01	1.66E-02	1.14E-02	3.70E-03	5.67E-04	4.10E-05	1.40E-06
4.31E+00	2.41E+02	4.80E+02	5.26E-01	1.41E-02	9.67E-03	3.14E-03	4.81E-04	3.48E-05	1.19E-06
4.88E+00	2.41E+02	4.80E+02	5.77E-01	1.18E-02	8.14E-03	2.64E-03	4.05E-04	2.93E-05	1.00E-06
5.54E+00	2.41E+02	4.80E+02	6.35E-01	9.87E-03	6.78E-03	2.20E-03	3.38E-04	2.45E-05	8.35E-07
6.31E+00	2.41E+02	4.80E+02	7.00E-01	8.15E-03	5.60E-03	1.82E-03	2.79E-04	2.02E-05	6.91E-07
7.21E+00	2.41E+02	4.80E+02	7.76E-01	6.65E-03	4.57E-03	1.48E-03	2.28E-04	1.65E-05	5.64E-07
8.25E+00	2.41E+02	4.80E+02	8.61E-01	5.38E-03	3.70E-03	1.20E-03	1.84E-04	1.33E-05	4.56E-07
9.47E+00	2.41E+02	4.80E+02	9.60E-01	4.31E-03	2.96E-03	9.61E-04	1.47E-04	1.07E-05	3.64E-07
1.09E+01	2.42E+02	4.80E+02	1.07E+00	3.41E-03	2.35E-03	7.62E-04	1.17E-04	8.46E-06	2.90E-07
1.26E+01	2.42E+02	4.80E+02	1.20E+00	2.68E-03	1.84E-03	5.99E-04	9.18E-05	6.65E-06	2.27E-07
1.45E+01	2.42E+02	4.80E+02	1.36E+00	2.09E-03	1.44E-03	4.67E-04	7.16E-05	5.19E-06	1.78E-07
1.67E+01	2.43E+02	4.80E+02	1.53E+00	1.62E-03	1.11E-03	3.61E-04	5.54E-05	4.01E-06	1.38E-07
1.94E+01	2.43E+02	4.80E+02	1.73E+00	1.25E-03	8.56E-04	2.78E-04	4.26E-05	3.09E-06	1.06E-07
2.24E+01	2.43E+02	4.80E+02	1.96E+00	9.53E-04	6.55E-04	2.13E-04	3.26E-05	2.36E-06	8.11E-08
2.60E+01	2.44E+02	4.80E+02	2.23E+00	7.25E-04	4.99E-04	1.62E-04	2.48E-05	1.80E-06	6.14E-08
3.02E+01	2.45E+02	4.80E+02	2.55E+00	5.50E-04	3.78E-04	1.23E-04	1.88E-05	1.36E-06	4.66E-08
3.50E+01	2.46E+02	4.80E+02	2.91E+00	4.15E-04	2.85E-04	9.27E-05	1.42E-05	1.03E-	3.53E-08
4.07E+01	2.46E+02	4.80E+02	3.33E+00	3.13E-04	2.15E-04	6.98E-05	1.07E-05	7.16E-01	2.66E-08
4.73E+01	2.48E+02	4.80E+02	3.82E+00	2.35E-04	1.62E-04	5.25E-05	8.04E-06	5.83E-07	2.00E-08
5.50E+01	2.49E+02	4.80E+02	4.39E+00	1.76E-04	1.21E-04	3.93E-05	6.03E-06	4.37E-07	1.50E-08
6.40E+01	2.50E+02	4.80E+02	5.07E+00	1.32E-04	9.07E-05	2.95E-05	4.52E-06	3.27E-07	1.13E-08
7.44E+01	2.52E+02	4.80E+02	5.87E+00	9.87E-05	6.79E-05	2.20E-05	3.38E-06	2.45E-07	8.48E-09
8.66E+01	2.54E+02	4.80E+02	6.80E+00	7.38E-05	5.07E-05	1.65E-05	2.52E-06	1.83E-07	6.24E-09
1.01E+02	2.56E+02	4.80E+02	7.87E+00	5.51E-05	3.79E-05	1.23E-05	1.88E-06	1.37E-07	4.56E-09

时均（tav = 5.s）体积浓度：

时均（tav = 5.s）体积浓度：沿中心线的最大浓度（体积分数）　　　　　(x, y, z) 处的平均浓度（体积分数）

下风[向]距离/m x/m	最大浓度 时间/s	云持续 时间/s	有效半宽 bbc/m	y/bbc=0.0	y/bbc=0.5	y/bbc=1.0	y/bbc=1.5	y/bbc=2.0	y/bbc=2.5
1.17E+02	2.59E+02	4.80E+02	9.12E+00	4.11E-05	2.83E-05	9.17E-06	1.41E-06	1.02E-07	3.54E-09
1.37E+02	2.62E+02	4.80E+02	1.06E+01	3.07E-05	2.11E-05	6.84E-06	1.05E-06	7.61E-08	2.62E-09
1.59E-02	2.66E+02	4.80E+02	1.22E+01	2.29E-05	1.57E-05	5.11E-06	7.83E-07	5.67E-08	1.96E-09
1.86E+02	2.70E+02	4.80E+02	1.42E+01	1.71E-05	1.17E-05	3.81E-06	5.84E-07	4.23E-08	1.43E-09
2.16E+02	2.75E+02	4.80E+02	1.64E+01	1.27E-05	8.76E-06	2.84E-06	4.36E-07	3.16E-08	1.07E-09
2.52E+02	2.81E+02	4.80E+02	1.91E+01	9.52E-06	6.54E-06	2.12E-06	3.26E-07	2.36E-08	7.78E-10
2.94E+02	2.88E+02	4.80E+02	2.21E+01	7.11E-06	4.89E-06	1.59E-06	2.43E-07	1.76E-08	5.89E-10
3.42E+02	2.96E+02	4.80E+02	2.56E+01	5.31E-06	3.65E-06	1.19E-06	1.82E-01	1.32E-08	4.37E-10
3.99E+02	3.05E+02	4.80E+02	2.96E+01	3.97E-06	2.73E-06	8.87E-07	1.36E-07	9.86E-09	3.15E-10
4.65E+02	3.15E +02	4.80E+02	3.43E+01	2.97E-06	2.04E-06	6.64E-07	1.02E-07	7.36E-09	2.73E-10
5.42E+02	3.28E+02	4.80E+02	3.96E+01	2.23E-06	1.53E-06	4.97E-07	7.63E-08	5.53E-09	1.89E-10
6.31E+02	3.43E+02	4.80E+02	4.58E+01	1.67E-06	1.15E-06	3.73E-07	5.72E-08	4.14E-09	1.23E-10
7.36E+02	3.60E+02	4.80E+02	5.29E+01	1.26E-06	8.64E-07	2.80E-07	4.30E-08	3.13E-09	1.07E-10
8.58E+02	3.80E+02	4.80E+02	6.10E+01	9.46E-07	6.50E-07	2.11E-07	3.24E-08	2.34E-09	9.25E-11
1.00E+03	4.03E+02	4.80E+02	7.02E+01	7.13E-07	4.90E-07	1.59E-07	2.44E-08	1.77E-09	5.35E-11
1.00E+00	2.40E+02	4.80E+02	1.08E-	0.00E+00	0.00E+00	0.00E+00	0.00E+00	0.00E+00	0.00E+00
1.02E+00	2.40E+02	4.80E+02	5.44E-02	0.00E+00	0.00E+00	0.00E+00	0.00E+00	0.00E+00	0.00E+00
1.04E+00	2.40E+02	4.80E+02	6.34E-02	0.00E+00	0.00E+00	0.00E+00	0.00E+00	0.00E+00	0.00E+00
1.06E+00	2.40E+02	4.80E+02	7.28E-02	0.00E+00	0.00E+00	0.00E+00	0.00E+00	0.00E+00	0.00E+00
1.08E+00	2.40E+02	4.80E+02	8.29E-02	0.00E+00	0.00E+00	0.00E+00	0.00E+00	0.00E+00	0.00E+00
1.12E+00	2.40E+02	4.80E+02	9.38E-02	0.00E+00	0.00E+00	0.00E+00	0.00E+00	0.00E+00	0.00E+00
1.15E+00	2.40E+02	4.80E+02	1.05E-01	0.00E+00	0.00E+00	0.00E+00	0.00E+00	0.00E+00	0.00E+00
1.19E+00	2.40E+02	4.80E+02	1.18E-	0.00E+00	0.00E+00	0.00E+00	0.00E+00	0.00E+00	0.00E+00
1.24E+00	2.40E+02	4.80E+02	1.32E-01	0.00E+00	0.00E+00	0.00E+00	0.00E+00	0.00E+00	0.00E+00
1.30E+00	2.40E+02	4.80E+02	1.46E-01	0.00E+00	0.00E+00	0.00E+00	0.00E+00	0.00E+00	0.00E+00

时均（tav＝5.s）体积浓度　　沿中心线的最大浓度（体积分数）　　（x, y, z）处的平均浓度（体积分数）

下风向距离/m x/m	最大浓度 时间/s	云持续时间/s	有效半宽 bbc/m	y/bbc=0.0	y/bbc=0.5	y/bbc=1.0	y/bbc=1.5	y/bbc=2.0	y/bbc=2.5
1.36E+00	2.40E+02	4.80E+02	1.62E-01	0.00E+00	0.00E+00	0.00E+00	0.00E+00	0.00E+00	0.00E+00
1.44E+00	2.40E+02	4.80E+02	1.79E-01	0.00E+00	0.00E+00	0.00E+00	0.00E+00	0.00E+00	0.00E+00
1.53E+00	2.40E+02	4.80E+02	1.97E-01	0.00E+00	0.00E+00	0.00E+00	0.00E+00	0.00E+00	0.00E+00
1.64E+00	2.40E+02	4.80E+02	2.17E-01	0.00E+00	0.00E+00	0.00E+00	0.00E+00	0.00E+00	0.00E+00
1.76E+00	2.40E+02	4.80E+02	2.38E-01	1.14E-40	7.83E-41	2.54E-41	3.89E-42	2.79E-43	9.81E-45
1.90E+00	2.40E+02	4.80E+02	2.60E-01	2.50E-34	1.72E-34	5.59E-35	8.56E-36	6.14E-37	2.06E-38
2.07E+00	2.40E+02	4.80E+02	2.84E-01	4.07E-29	2.80E-29	9.09E-30	1.39E-30	1.00E-31	3.37E-33
2.26E+00	2.40E+02	4.80E+02	3.10E-01	7.66E-25	5.26E-25	1.71E-25	2.62E-26	1.89E-27	6.37E-29
2.48E+00	2.40E+02	4.80E+02	3.38E-01	2.74E-21	1.88E-21	6.11E-22	9.36E-23	6.75E-24	2.28E-25
2.75E+00	2.40E+02	4.80E+02	3.69E-01	2.55E-18	1.75E-18	5.68E-19	8.71E-20	6.29E-21	2.14E-22
3.05E+00	2.40E+02	4.80E+02	4.03E-01	7.89E-16	5.43E-16	1.76E-16	2.70E-17	1.95E-18	6.63E-20
3.41E+00	2.40E+02	4.80E+02	4.39E-01	9.91E-14	6.81E-14	2.21E-14	3.39E-15	2.45E-16	8.34E-18
3.83E+00	2.40E+02	4.80E+02	4.80E-01	5.85E-12	4.02E-12	1.31E-12	2.00E-13	1.45E-14	4.94E-16
4.31E+00	2.41E+02	4.80E+02	5.26E-01	1.83E-10	1.26E-10	4.09E-11	6.27E-12	4.53E-13	1.55E-14
4.88E+00	2.41E+02	4.80E+02	5.77E-01	3.34E-09	2.29E-09	7.44E-10	1.14E-10	8.26E-12	2.82E-13
5.54E+00	2.41E+02	4.80E+02	6.35E-01	3.78E-08	2.60E-08	8.44E-09	1.29E-09	9.37E-11	3.20E-12
6.31E+00	2.41E+02	4.80E+02	7 00E-01	2.88E-07	1.98E-07	6.42E-06	9.85E-09	7.13E-10	2.44E-11
7.21E+00	2.41E+02	4.80E+02	7.76E-01	1.52E-06	1.05E-	3.40E-07	5.21E-08	3.77E-09	1.29E-10
8.25E+00	2.41E+02	4.80E+02	8.61E-01	5.98E-06	4.11E-06	1.33E-06	2.04E-07	1.48E-08	5.07E-10
9.47E+00	2.41E+02	4.80E+02	9.60E-01	1.78E-05	1.22E-05	3.97E-06	6.09E-07	4.41E-08	1.51E-09
1.09E+01	2.42E+02	4.80E+02	1.07E+00	4.19E-05	2.88E-05	9.35E-06	1.43E-06	1.04E-07	3.56E-09
1.26E+01	2.42E+02	4.80E+02	1.20E+00	8.02E-05	5.51E-05	1.79E-05	2.74E-06	1.99E-07	6.80E-09
1.45E+01	2.42E+02	4.80E+02	1.36E+00	1.29E-	8.85E-05	2.87E-05	4.41E-06	3.19E-07	1.10E-08
1.67E+01	2.43E+02	4.80E+02	1.53E+00	1.80E-04	1.24E-	4.01E-05	6.15E-06	4.46E-07	1.53E-08
1.94E+01	2.43E+02	4.80E+02	1.73E+00	2.22E-04	1.52E-	4.95E-05	7.59E-06	5.50E-07	1.89E-08

时均（tav = 5.s）体积浓度：沿中心线的最大浓度（体积分数）；(x, y, z) 处的平均浓度（体积分数）

下风向距离/m x/m	最大浓度 时间/s	云持续 时间/s	有效半宽 bbc/m	y/bbc=0.0	y/bbc=0.5	y/bbc=1.0	y/bbc=1.5	y/bbc=2.0	y/bbc=2.5
2.24E+01	2.43E+02	4.80E+02	1.96E+00	2.47E-04	1.70E-04	5.52E-05	8.46E-06	6.13E-07	2.10E-08
2.60E+01	2.44E+02	4.80E+02	2.23E+00	2.53E-04	1.74E-04	5.66E-05	8.67E-06	6.28E-07	2.14E-08
3.02E+01	2.45E+02	4.80E+02	2.55E+00	2.43E-04	1.67E-04	5.42E-05	8.31E-06	6.02E-07	2.06E-08
3.50E+01	2.46E+02	4.80E+02	2.91E+00	2.21E-04	1.52E-04	4.92E-05	7.55E-06	5.47E-07	1.88E-08
4.07E+01	2.46E+02	4.80E+02	3.33E+00	1.92E-04	1.32E-04	4.28E-05	6.56E-06	4.75E-07	1.63E-08
4.73E+01	2.48E+02	4.80E+02	3.82E+00	1.61E-04	1.11E-04	3.59E-05	5.51E-06	3.99E-07	1.37E-08
5.50E+01	2.49E+02	4.80E+02	4.39E+00	1.32E-04	9.05E-05	2.94E-05	4.51E-06	3.26E-07	1.12E-
6.40E+01	2.50E+02	4.80E+02	5.07E+00	1.05E-04	7.24E-05	2.35E-05	3.60E-06	2.61E-07	9.00E-09
7.44E+01	2.52E+02	4.80E+02	5.87E+00	8.28E-05	5.69E-05	1.85E-05	2.83E-06	2.05E-07	7.11E-09
8.66E+01	2.54E+02	4.80E+02	6.80E+00	6.44E-05	4.42E-05	1.44E-05	2.20E-06	1.60E-07	5.44E-09
1.01E+02	2.56E+02	4.80E+02	7.87E+00	4.96E-05	3.41E-05	1.11E-05	1.70E-06	1.23E-07	4.11E-09
1.17E+02	2.59E+02	4.80E+02	9.12E+00	3.79E-05	2.60E-05	8.45E-06	1.30E-06	9.39E-08	3.26E-09
1.37E+02	2.62E+02	4.80E+02	1.06E+01	2.88E-05	1.98E-05	6.43E-06	9.85E-07	7.14E-08	2.46E-09
1.59E+02	2.66E+02	4.80E+02	1.22E+01	2.18E-05	1.50E-05	4.86E-06	7.46E-07	5.40E-08	1.87E-09
1.86E+02	2.70E+02	4.80E+02	1.42E+01	1.64E-05	1.13E-05	3.67E-06	5.63E-07	4.07E-08	1.38E-09
2.16E+02	2.75E+02	4.80E+02	1.64E+01	1.24E-05	8.51E-06	2.76E-06	4.24E-07	3.07E-08	1.04E-09
2.52E+02	2.81E+02	4.80E+02	1.91E+01	9.30E-06	6.40E-06	2.08E-06	3.18E-07	2.31E-08	7.61E-10
2.94E+02	2.88E+02	4.80E+02	2.21E+01	6.99E-06	4.80E-06	1.56E-06	2.39E-07	1.73E-08	5.79E-10
3.42E+02	296E+02	4.80E+02	2.56E+01	5.24E-06	3.60E-06	1.17E-06	1.79E-07	1.30E-08	4.31E-10
3.99E+02	3.05E+02	4.80E+02	2.96E+01	3.93E-06	2.70E-06	8.78E-07	1.35E-07	9.76E-09	3.12E-10
4.65E+02	3.15E+02	4.80E+02	3.43E+01	2.95E-06	2.03E-06	6.59E-07	1.01E-07	7.31E-09	2.71E-10
5.42E+02	3.28E+02	4.80E+02	3.96E+01	2.22E-06	1.52E-06	4.94E-07	7.58E-06	5.50E-09	1.88E-10
6.31E+02	3.43E+02	4.80E+02	4.58E+01	1.66E-06	1.14E-06	3.71E-07	5.70E-06	4.12E-09	1.22E-10
7.36E+02	3.60E+02	4.80E+02	5.29E+01	1.25E-06	8.61E-07	2.79E-07	4.29E-08	3.12E-09	1.06E-10
8.58E+02	3.80E+02	4.80E+02	6.10E+01	9.43E-07	6.48E-07	2.10E-07	3.23E-08	2.34E-09	9.22E-11
1.00E+03	4.03E+02	4.80E+02	7.02E+01	7.11E-07	4.89E-07	1.59E-07	2.43E-08	1.76E-09	5.34E-11

时均（tav = 5 s）体积浓度：沿中心线的最大浓度（体积分数）

下风向距离 x/m	高度 z/m	最大浓度 c/ (x, 0, z)	最大浓度时间/s	云持续时间/s
1.00E+00	0.00E+00	1.00E+00	2.40E+02	4.80E+02
1.02E+00	0.00E+00	2.53E-01	2.40E+02	4.80E+02
1.04E+00	0.00E+00	2.18E-01	2.40E+02	4.80E+02
1.06E+00	0.00E+00	1.89E-01	2.40E+02	4.80E+02
1.08E+00	0.00E+00	1.66E-01	2.40E+02	4.80E+02
1.12E+00	0.00E+00	1.46E-01	2.40E+02	4.80E+02
1.15E+00	0.00E+00	1.29E-01	2.40E+02	4.80E+02
1.19E+00	0.00E+00	1.14E-01	2.40E+02	4.80E+02
1.24E+00	0.00E+00	1.01E-01	2.40E+02	4.80E+02
1.30E+00	0.00E+00	8.94E-02	2.40E+02	4.80E+02
1.36E+00	0.00E+00	7.93E-02	2.40E+02	4.80E+02
1.44E+00	0.00E+00	7.04E-02	2.40E+02	4.80E+02
1.53E+00	0.00E+00	6.25E-02	2.40E+02	4.80E+02
1.64E+00	0.00E+00	5.54E-02	2.40E+02	4.80E+02
1.76E+00	0.00E+00	4.91E-02	2.40E+02	4.80E+02
1.90E+00	0.00E+00	4.34E-02	2.40E+02	4.80E+02
2.07E+00	0.00E+00	3.83E-02	2.40E+02	4.80E+02
2.26E+00	0.00E+00	3.37E-02	2.40E+02	4.80E+02
2.48E+00	0.00E+00	2.96E-02	2.40E+02	4.80E+02
2.75E+00	0.00E+00	2.58E-02	2.40E+02	4.80E+02
3.05E+00	0.00E+00	2.24E-02	2.40E+02	4.80E+02

下风向距离 x/m	高度 z/m	最大浓度 $c/(x, 0, z)$	最大浓度时间/s	云持续时间/s
3.41E+00	0.00E+00	1.93E-02	2.40E+02	4.80E+02
3.83E+00	0.00E+00	1.66E-02	2.40E+02	4.80E+02
4.31E+00	0.00E+00	1.41E-02	2.41E+02	4.80E+02
4.88E+00	0.00E+00	1.18E-02	2.41E+02	4.80E+02
5.54E+00	0.00E+00	9.87E-03	2.41E+02	4.80E+02
6.31E+00	0.00E+00	8.15E-03	2.41E+02	4.80E+02
7.21E+00	0.00E+00	6.65E-03	2.41E+02	4.80E+02
8.25E+00	0.00E+00	5.38E-03	2.41E+02	4.80E+02
9.47E+00	0.00E+00	4.31E-03	2.41E+02	4.80E+02
1.09E+01	0.00E+00	3.41E-03	2.42E+02	4.80E+02
1.26E+01	0.00E+00	2.68E-03	2.42E+02	4.80E+02
1.45E+01	0.00E+00	2.09E-03	2.42E+02	4.80E+02
1.67E+01	0.00E+00	1.62E-03	2.43E+02	4.80E+02
1.94E+01	0.00E+00	1.25E-03	2.43E+02	4.80E+02
2.24E+01	0.00E+00	9.53E-04	2.43E+02	4.80E+02
2.60E+01	0.00E+00	7.25E-04	2.44E+02	4.80E+02
3.02E+01	0.00E+00	5.50E-04	2.45E+02	4.80E+02
3.50E+01	0.00E+00	4.15E-04	2.46E+02	4.80E+02
4.07E+01	0.00E+00	3.13E-04	2.46E+02	4.80E+02
4.73E+01	0.00E+00	2.35E-04	2.48E+02	4.80E+02
5.50E+01	0.00E+00	1.76E-04	2.49E+02	4.80E+02
6.40E+01	0.00E+00	1.32E-04	2.50E+02	4.80E+02
7.44E+01	0.00E+00	9.87E-05	2.52E+02	4.80E+02
8.66E+01	0.00E+00	7.38E-05	2.54E+02	4.80E+02

下风向距离 x/m	高度 z/m	最大浓度 c/ (x, 0, z)	最大浓度时间/s	云持续时间/s
1.01E+02	0.00E+00	5.51E-05	2.56E+02	4.80E+02
1.17E+02	0.00E+00	4.11E-05	2.59E+02	4.80E+02
1.37E+02	0.00E+00	3.07E-05	2.62E+02	4.80E+02
1.59E+02	0.00E+00	2.29E-05	2.66E+02	4.80E+02
1.86E+02	0.00E+00	1.71E-05	2.70E+02	4.80E+02
2.16E+02	0.00E+00	1.27E-05	2.75E+02	4.80E+02
2.52E+02	0.00E+00	9.52E-06	2.81E+02	4.80E+02
2.94E+02	0.00E+00	7.11E-06	2.88E+02	4.80E+02
3.42E+02	0.00E+00	5.31E-06	2.96E+02	4.80E+02
3.99E+02	0.00E+00	3.97E-06	3.05E+02	4.80E+02
4.65E+02	0.00E+00	2.97E-06	3.15E+02	4.80E+02
5.42E+02	0.00E+00	2.23E-06	3.28E+02	4.80E+02
6.31E+02	0.00E+00	1.67E-06	3.43E+02	4.80E+02
7.36E+02	0.00E+00	1.26E-06	3.60E+02	4.80E+02
8.58E+02	0.00E+00	9.46E-07	3.80E+02	4.80E+02
1.00E+03	0.00E+00	7.13E-07	4.03E+02	4.80E+02

具体关注参数在下面讨论。在此讨论中，假定要找到的所有参数都针对指定高度。对于数值示例，使用表 7-14 中的"z=0.00 平面"表。对于最大距离和浓度，使用标记为"下风向距离"和"y/bbc=0.0"的列。距离以米（m）为单位，浓度以体积分数表示。将浓度转换成 ppm 只需将分数乘以 1×10^6。

最大场外浓度。

最大时均场外浓度。

某一特定点的最大时均浓度。

指定浓度的最大下风向距离。

确定下风向特定距离处（或特定浓度的下风向距离处）的浓度需要插值。例如，要找到 30 000 ppm 的下风向距离，请在"y/bbc-0.0"列中找到两个浓度，这两个浓度位于 30 000 ppm 或 3.00E-02 分数的两侧。这两个浓度为 3.37E-02 和 2.96E-02。它们分别对应于距离 2.26E+00 m 和 2.48E+00 m。通过在两个浓度和距离之间进行线性插值，计算出 30 000 ppm 的下风向距离为 2.46 m。通过在"下风向距离"列中查找所需距离的最近条目并对浓度进行插值，可以找到特定距离处的浓度。

- 指定浓度最大宽度

要找到浓度的最大宽度，需要进行更多工作。标记为"y/bbc"的列表示缩放侧风距离处的浓度。由于非中心线距离是缩放的，不是实际距离值，因此必须先将其更改为实际值，然后才能进行插值。

再次以 30 000 ppm 的浓度为例，通过对一些下风向向距离进行插值，求出浓度的实际侧风距离。然后选择计算出的最大半宽，乘以 2 得出总宽度。对于 1.76 m 的下风向距离，3.00E-02 浓度的半宽在"y/bbc = 0.5"和"y/bbc = 1.0"之间。该距离处的 bbc 值为 2.38E-01。插入 y/bbc 值得出 0.581 的值。那么实际距离为 0.138 m。对许多其他距离重复这些计算会得到以下列表：

x/m	半宽/m
1.24E+00	1.22E-01
1.30E+00	1.28E-01
1.36E+00	1.35E-01
1.44E+00	1.40E-01
1.53E+00	1.43E-01
1.64E+00	1.43E-01
1.76E+00	1.38E-01

最大半宽为 0.143 m，因此最大宽度为 0.29 m。

某一特定点达到最大浓度的时间。

某一点超过规定浓度的持续时间。

某一特定点达到指定浓度的时间。

达到最大浓度的时间和浓度的持续时间（随下风向距离变化）列在这两种表格中。因此，可以按照插值浓度的相同方式来插入这些值。除最大浓度外，某一特定点某些浓度的持续时间无法直接从浓度输出中确定。

受指定浓度影响的总面积。

如上所述，要计算受特定浓度影响的面积，需要使用第三方软件包。浓度表将用作输入，或者如果可以接受较粗略估计，则假设为椭圆，得出等值线的近似形状。在后一种情况下，可用式（7-3）估算该等值线覆盖的面积：

$$\text{AREA} = \left(\frac{\pi}{4}\right) \times (X_{\max}) \times (Y_{\max}) \tag{7-3}$$

式中：$X_{\max}$ —— 中心线最大下风向距离；

　　　$Y_{\max}$ —— 最大等值线宽度。

第 8 章　确定建模 "最严重场景" 影响的输入

意外泄漏随时可能发生。因此，有时需要了解泄漏的 "最严重场景" 影响。第 7 章给出了关注影响的示例。要确定 "最严重场景" 影响，应考虑提供最大或最有效泄漏速率和最不利气象扩散条件的输入。当假设储罐最满且孔洞尺寸最大时（一个完整钢瓶断裂为两半），就会产生最大泄漏速率。对于大多数泄漏，最有效泄漏速率等于最大泄漏速率。由于下面讨论的因素，喷射泄漏可能不属于这种情况。非喷射地面泄漏的最不利气象条件与非常稳定的大气稳定度条件和低风速有关，这些条件通常导致较差扩散。对于其他泄漏，需要对多个稳定性等级和风速进行建模，以确定最不利气象条件。

本章将讨论特定输入对本研究所考虑模型的影响。本章还将讨论多次运行模型的方法，以及本指南如何用于场外结果分析。

8.1　模型输入

遗憾的是，指定用于确定 "最严重场景" 影响的所有输入条件并不是一项简单的工作，因为源项模型中的同一输入可能有不同作用。例如，高风速可能导致表面液池的高蒸发速率，但也与降低的大气稳定性（及扩散增强）有关。另外，环境温度与 "最严重场景" 预测影响之间的关系更直接——更高的环境温度往往会导致更高的泄漏速率，泄漏更倾向表现为重气体泄漏。重气体泄漏会导致更高的地面泄漏。

模型涉及几个传输区域：喷射区域，重力下降区域，重力扩散到大气扩散的过渡区域，最后是大气扩散区域。这些区域如图 8-1 所示。每个区域的 "最严重场景" 影响输入不同，因此下风向距离也不同。例如，高风速可能对喷射区域影响不大，但却会对大气扩散区域产生显著影响。稳定性等级对喷射和重力下降区域的影响不大，但如果泄漏扩散主要以大气混合物为主，那么稳定性等级就会产生较大影响。

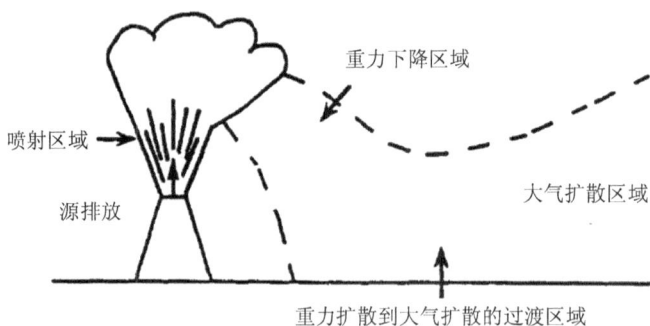

图 8-1 扩散区域示意图

"最严重场景"影响输入随关注影响因素而变化导致给定浓度最大下风向距离的输入条件可能与导致最大面积影响的条件不同。此外，的气象条件，低浓度区的"最严重场景"影响气象输入可能与高浓度区不同。

有必要开展大量的敏感性分析研究，以确定哪些输入参数对特定模型最重要。用户应该根据敏感性分析结果评估每个模型输入。在确定最不利条件时，通常改变一个或几个输入，以便评估最大影响。此处列出了一些可能对确定影响产生影响的输入和内部假设。

8.1.1 出口速度、泄漏速率和喷射流

如果使用的是非源项模型，则必须在考虑其他参数可实现自动一致变化，才可调整出口速度。增加出口速度意味着必须减小泄漏直径或必须增加流过孔洞的总体积（泄漏速率）。泄漏速率与出口速度有关，如 4.12 节所示。

喷射流根据出口速度与环境风速的比较来定义。在较低环境风速下，喷射流将出现明显的混合。当环境风速接近出口速度时，由于速度差异导致混合减少，高浓度输送会加强。因此，认为"最严重情况"影响发生在低风速条件下的假设不一定适用于喷射流泄漏。事实上，对于高速泄漏，更高风速可能导致更大影响。

当液体或气体泄漏导致气体和/或气溶胶喷射时，就会遇到一些新的问题。假设为了保证质量守恒而改变喷射流的泄漏速率和出口速度，增加喷射流的泄漏速率可能降低喷射流对浓度的影响。这一影响取决于关注浓度限值。泄漏速率的增加会导致出口速度的增加。这反过来又会导致更大湍流和更大近场混合，从而导致更高的浓度更快地消散。在泄漏喷射范围之外存在的较低浓度可能会到达更远的下风向距离。

喷射流只是略微依赖于稳定性等级。只有在泄漏物的喷射流部分喷完后，羽流才会依赖于稳定性等级。这意味着，如果喷射泄漏的近场影响有任何差异，由于稳定性等级变化造成的差别将很小。

8.1.2　泄漏温度

蒸汽的泄漏温度越低，泄漏出的气体就越有可能表现为重质气体。较高的蒸汽泄漏温度会导致较低的密度，而这将降低其表现为重质气体的趋势。如果泄漏温度不确定，则应使用最冷的温度。本指南大多数示例都计算了泄漏温度。如果温度未知或未计算，则使用沸点或环境温度中的较低温度。

8.1.3　泄漏直径

大多数源项模型要求输入孔洞大小或泄漏直径。这个参数的改变会同时影响泄漏速率和出口速度。

8.1.4　泄漏高度

对于重质气体，高架泄漏可能会迅速下降到地面。泄漏物与环境温度之间的密度差越大，泄漏物就越有可能落向地面。

8.1.5　地面温度

对于液体泄漏，液体下落的表面温度越高，蒸发速率越大。应使用较高的地面温度来获得最大的泄漏速率。

与液体泄漏相比，地面温度对气体泄漏的影响没有那么显著。在气体泄漏中，地面温度会对泄漏物质和大气中的空气产生类似的影响。正因如此，泄漏气体和空气之间的差异并不会显著增加或减少。

8.1.6　气象条件

环境温度。如果使用源项模型，以液体的形式泄漏物质，且温度高于或低于泄漏液体的沸点，则环境温度会产生很大的影响。在这种情况下，温度将影响泄漏速率和泄漏物质的初始浓度。

环境温度也会影响泄漏的扩散度。如果环境温度高于泄漏温度，则泄漏的羽流将比环境空气密度大（尽管这也取决于分子量），并且羽流可能下降。如果泄漏温度高于环境温度，则羽流可能趋于上升。移动羽流的垂直位置也会导致产生不同的影响，尤其是在梯度最大的近场环境中。

风速。如果使用源项模型，则风速的增加会增加液体泄漏物的蒸发速率。然而，风速的增加也会增加泄漏物质进入大气的扩散速度。

稳定性等级。复杂模型的稳定性等级应采用与高斯模型基本相同的处理方法。然而，由于许多泄漏来自高架源，最稳定的条件并不总是会导致最大的地面影响。正如用于模拟高架泄漏的高斯模型一样，不稳定的大气可能使泄漏物在地面上形成更高浓度的混合物。

与高斯模型不同的是，复杂模型模拟的泄漏可能基本不受稳定性等级的影响，至少在近场环境中是这样。喷射和强浮力（正向和负向）泄漏受动量湍流而非大气湍流的驱动。

如果泄漏不是喷射泄漏或重气体泄漏，那么该泄漏就与其他可用高斯模型模拟的羽流没有什么不同。如果泄漏不是喷射泄漏，且发生在地面上，那么该泄漏很可能受到与高斯模型相同的最不利气象条件的影响。

8.2 模拟方法

ADAM 和 ALOHA 模型是交互式模型。如果需要进行多次模拟，则必须分次进行模拟，并在模拟完成时由用户控制输入。DEGADIS、HGSYSTEM 和 SLAB 模型是非交互式模型。可以设置允许这些模型自动运行多次模拟的计算机文件。

假定正在寻找最不利气象条件。如果将模型用于规划目的，可能需要改变非气象参数。例如，要找到最大限度减少影响的配置，可以改变安全阀的孔洞大小和储存压力。

DEGADIS 模型每次运行模拟一组条件（气象条件和非气象条件）。如果要模拟不同情景，则必须为每个模拟创建单独的输入文件。然后，必须手动扫描每个输出，以确定所需的关注影响。

SLAB 模型可以在一次运行中模拟多组气象参数。所有气象模拟的结果通过一组非气象参数的单一输出给出。如果要改变非气象参数，必须为每个模拟创建单独的输入文件。

HGSYSTEM 模型为模拟多种气象和非气象条件提供了一种高效方法。以下示例使用情景 3 证明了这种属性。该示例只改变气象参数。但是，其他参数也可以改变。

要确定这一情景的最不利气象条件，对风速和大气稳定性等级的 14 种不同组合运行HEGADASS 模型。编制了一份载有每个气象条件的文件。此类文件的示例如表 8-1 所示。然后编制了一份标准的 HEGADASS 模型输入文件，并在第 1 列中用*来注明气象条件（表 8-2）。然后使用 DOS 批处理文件，将载有气象数据的文件连接到 HEGADASS 模型输入文件。稳定性等级 A 和 1.0 m/s 风速的输入文件如表 8-3 所示。通过将 CALL 命令合并到 DOS 批处理文件中，可以按顺序运行多次模型模拟。表 8-4 显示了用于执行这些筛查模拟的批处理文件。批处理文件还可以扩展以提取模型结果，以便直接导入图形软件包中。

表 8-1 确定"最严重影响"的气象数据文件示例

AMBIENT		* -------->	数据块：环境条件
uo	=1.0	* M/S	高度 $z=0$ 处的风速
DISP		* -------->	数据块：扩散数据
PQSTAB	=a	*	Pasquill 稳定性等级

表 8-2 确定最不利气象条件的 HEGADASS 模型输入文件

HEGADAS-S 标准输入文件 STPOOLNO.HSI

（示例：从池开始进行，正常热力学）

标题	EPA 情景 3	HEGADASS 模型运行氯泄漏	
CONTROL		*-------->	数据块：控制参数
ICNT	0	*	输出代码（等值线，云内含物容）
ISURF	3	*	表面热/水传递的代码
AMBIENT		*-------->	数据块：环境条件
AIRTEMP	21.3	*℃	高度 $z=ZAIRTEMP$ 处的气温
ZAIRTEMP	10.	* M	给出 AIRTEMP 的高度
RHPERC	50.	*%	相对湿度
U0	4.47	* M/S	高度 $z= Z_0$ 处的风速
Z0	10.	* M	给出 U_0 的高度
TGROUND	21.3	*℃	地面温度
DISP		*-------->	数据块：扩散数据
ZR	.01	* M	地表粗糙度参数
PQSTAB	C	*	Pasquill 稳定性等级
AVTIMC	900	* s	浓度平均时间
CROSSW	2	*	<sigma-y>公式（通常不会改变）
GASDATA		*-------->	数据块：气体数据
GASFLOW	.313 9	* KG/S	气体泄漏速率（不包括水吸收率）
TEMPGAS	-34	*℃	泄漏气体温度
CPGAS	34	* J/MOLE/C	泄漏气体比热
MWGAS	70.9	* KG/KMOLE	泄漏气体分子量
WATGAS	0.	*-	气体水吸收（通常不会改变）
CLOUD		*-------->	数据块：云输出控制
DXFIX	1.	* M	固定大小的输出步长
NFIX	1 000.	*	到距离 x-NFIX*DXFIX 的固定步数
*XEND	3 000	* M	停止计算的 X 值
CAMIN	0.000 001	* KG/M3	停止计算的 CA 值（浓度）
CU	0.000 1	*KG/M3	浓度上限
*CL	0.000 01	* KG/M3	浓度下限
POOL		*-------->	数据块：池数据
PLL	1.	* M	池长度
PUIW	.5	* M	池半宽

表 8-3　情景 3 连接输入文件

HEGADAS-S 标准输入文件 STPOOLNO.HSI
（示例：从池开始进行，正常热力学）

标题	EPA 情景 3	HEGADASS 模型运行氯泄漏	
CONTROL		*------>	数据块：控制参数
ICNT	0	*	输出代码（等值线，云内含物）
ISURF	3	*	表面热/水传递的代码
AMBIENT		*------>	数据块：环境条件
AIRTEMP	21.3	*℃	高度 z=ZAIRTEMP 处的气温
ZAIRTEMP	10.	* M	给出 AIRTEMP 的高度
RHPERC	50.	*%	相对湿度
U_0	1.0	* M/S	高度 $z = Z_0$ 处的风速
Z_0	10.	* M	给出 U_0 的高度
TGROUND	21.3	*℃	地面温度
DISP		*------>	数据块：扩散数据
ZR	0.01	* M	地表粗糙度参数
PQSTAB	C	*	Pasquill 稳定性等级
*AVTIMC-	900	* s	浓度平均时间
CROSSW	2	*	<sigma-y>公式（通常不会改变）
GASDATA		*------>	数据块：气体数据
GASFLOW	0.313 9	* KG/S	气体泄漏速率（不包括水吸收率）
TEMPGAS	−34	*℃	泄漏气体温度
CPGAS	34	* J/MOLE/C	泄漏气体比热
MWGAS	70.9	* KG/KMOLE	泄漏气体分子量
WATGAS	0.	*-	气体水吸收（通常不会改变）
CLOUD		*------>	数据块：云输出控制
DXFIX	1.	* M	固定大小的输出步长
NFIX	1 000.	*	到距离 x-NFIX*DXFIX 的固定步数
XEND	3000	* M	停止计算的 X 值
CAMIN	0.000 001	* KG/M3	停止计算的 CA 值（浓度）
CU	0.000 1	*KG/M3	浓度上限
CL	0.000 01	* KG/M3	浓度下限
POOL		*------>	数据块：池数据
PLL	1.	* M	池长度
PUIW	0.5	* M	池半宽

表 8-4　确定示例 3 最不利气象条件的 DOS 批处理文件

rem 筛查以确定遇到的最不利情况
rem 在名为 met1.dat...met15.dat 的文件中，有 14 种不同的风速和稳定性等级组合
rem 然后将它们连接到基本模型输入（scen3s.hsi）以形成新的输入文件（scen3s？）。
然后重复这一过程。rem
call hegadass scen3s.hsi met1.dat scen3s1
call hegadass scen3s.hsi met2.dat scen3s2
call hegadass scen3s.hsi met3.dat scen3s3
call hegadass scen3s.hsi met4.dat scen3s4
call hegadass scen3s.hsi met5.dat scen3s5
call hegadass scen3s.hsi met6.dat scen3s6
call hegadass scen3s.hsi met7.dat scen3s7
call hegadass scen3s.hsi met8.dat scen3s8
call hegadass scen3s.hsi met9.dat scen3s9
call hegadass scen3s.hsi metlO.dat scen3sl0
call hegadass scen3s.hsi metll.dat scen3s11
call hegadass scen3s.hsi metl2.dat scen3s12
call hegadass scen3s.hsi metl3.dat scen3s13
call hegadass scen3s.hsi metl4.dat scen3s14
从 hegadass 模型中提取数据，输入到图形程序中
call get2col scen3sl.hsr sen3sl.dat 12
rem 程序格式是模型输出文件名、数据输出文件名和要提取的列（距离和浓度）

表 8-5 汇总了这一分析结果。对于每种气象条件，该表显示了特定距离（100 m）处的浓度和到关注浓度限值的距离。这些数据通过使用交互式实用程序 HSPOST 和查看 HEGADAS 输出从 HEGADAS 模型模拟中提取。选择 HSPOST 实用程序的 “有限泄漏持续时间” 选项是因为该选项修正了泄漏持续时间的预测浓度。在本示例中，虽然可以使用稳态模型来检验警戒线（到 STEL 的距离）影响，在某些气象条件下的泄漏持续时间相当重要。

表 8-5　确定情景 3 的最不利气象条件

示例编号	Pasquill 稳定性等级	风速/（m/s）	100 m 处浓度/ppm	到关注浓度限值的下风向距离/m
1	A	1	891	591
2	A	3	58.4	370
3	B	1	2 100	792
4	B	3	119.6	487
5	C	1	3 660	1 224

示例编号	Pasquill 稳定性等级	风速/（m/s）	100 m 处浓度/ppm	到关注浓度限值的下风向距离/m
6	C	3	319	745
7	D	1	5 000	3 455
8	D	3	825	1 983
9	D	5	391	1 566
10	D	10	175	1 086
11	E	1	4 280	7 119
12	E	3	1 670	6 098
13	F	1	3 480	8 343
14	F	3	2 150	8 343

这种方法可帮助有效确定最不利气象条件，因为一旦对模型进行了特定问题设定，用户可在提供较少附加输入的情况下就可模拟其他情景。该实用程序可用于HGSYSTEM模型文件连接，可以与所有模型一起使用，并且任何参数都可以类似的方式更改。因此，可以对特定问题快速执行敏感度分析，并且可以简单地将结果转换为图形表示。

如表 8-5 所示，在选定的气象条件下，本示例到关注浓度限值的距离（8 343 m，稳定性等级为 F，风速为 1 m/s）可能相当大。应当从气象角度审查这些结果，以确保其合理性。在本示例中，羽流到关注浓度限值的行程时间大约为 2.3 h。HGSYSTEM 模型（以及许多其他此类模型）的一个假设是，风速、风向和稳定性等级不会随时间变化。例如，如果到指定关注浓度限值的羽流行程时间为 6 h，这意味着气象条件在该时间段内不会发生变化。可以通过查看历史气象数据并检查最不利气象条件下观测到的持久性浓度来检验该假设的有效性。

如果下风向 100 m 的最大浓度是主要关注的输出参数，表 8-5 表明，最严重影响情景浓度与风速为 1 m/s，稳定性等级为 D 的气象条件有关。这些条件与到关注浓度限值最大距离的最不利条件不同——后者是确定受选项（输出参数是最重要的标准）影响的最不利条件的一个显著示例。

8.3 将本指南用于场外后果分析

本指南提供了有关使用扩散模型、编制输入和解释用于确定潜在意外泄漏场外影响的扩散模型输出的指导。因此，本指南提供的指导仅是确定场外影响所需全面分析的一部分。

确定泄漏情景（最不利、最可能情景等）影响的综合方法包括以下步骤：

①使用 WHAT-IF、HAZOP、FMEA 和 Fault-Tree 等过程危害分析技术来鉴别泄漏情

景和故障模式。

②使用泄漏速率算法计算泄漏量，蒸发算法计算蒸发云的形成，大气扩散模型计算蒸发云的输送。

③使用后果分析算法预测受潜在蒸汽云影响的人口或敏感自然资源的数量。

就其性质而言，上述步骤提供了一种往往是针对具体场地的方法。"过程危险分析"技术用于特定的场地操作（如从储罐转移到加工区域），可帮助确定一个或多个泄漏情景。此外，情景中各个组分的故障率数据可用于估计事件发生概率。

第二组算法（泄漏速率、蒸发和扩散）往往更通用（注意可能仍有一些重要的特定场地参数，如地表粗糙度、气象条件等）。然而，大多数应用（平坦地势）均可以采用本指南中讨论的标准泄漏速率、蒸发和扩散算法。

第三组算法也使用特定场地信息。要计算受影响的人数，必须确定场地周围的人口分布情况。需要考虑的其他一些因素包括室内/室外人数，弱势人群的年龄分布，季节性和昼夜人口变化。另外，气象条件有关的频率数据（如提供风速、风向、稳定性等级的STAR数据）可用于确定产生扩散气象条件的概率。

必须强调的是，上述方案是一个可应用于不同复杂程度的总体框架。最简单的例子是，可以使用 WHAT-IF "过程危险分析"和扩散算法来定义易受影响区域（半径等于到关注浓度限值的下风向距离的一个圆）。这一分析将提供大约有多少人受到影响的信息。一方面，使用故障模式数据进行全面 Fault-Tree 分析，然后使用特定场地大气扩散和后果分析（使用特定场地的气象和人口分布数据），可以生成场地周围的风险等高线。分析所需的详细程度应取决于泄漏情景的影响潜力（取决于泄漏规模、气象条件、毒性/可燃性特征和人口分布）。有可能场地很大，但影响最小（如由于位于郊外或所处理化学品的性质）。另一方面，也有可能是很小的工厂作业造成重大影响（例如，由于工厂位于城区，或是处理剧毒/易燃化学品的小型设施）。

参考文献

1. U.S. Environmental Protection Agency, 1986. "Guideline on Air Quality Models (Revised)." EPA-450/4-78-027R.

2. U.S. Environmental Protection Agency, 1992. "Workbook of Screening Techniques for Assessing Impacts of Toxic Air Pollutants (Revised)," EPA-454/R-92-024.

3. U.S. Environmental Protection Agency, 1990. "User's Guide to TSCREEN, A Model for Screening Toxic Air Pollutant Concentrations," EPA-450/4-90-013.

4. U.S. Environmental Protection Agency, 1989. "User's Guide for the DEGADIS 2.1 Dense Gas Dispersion Model," EPA-450/4-89-019. (NTIS PB 90-213893).

5. U.S. Environmental Protection Agency, 1991. "Evaluation of Dense Gas Simulation Models," EPA-450/4-90-018.

6. U.S. Environmental Protection Agency, 1991. "Guidance on The Application of Refined Dispersion Models for Air Toxics Releases," EPA-450/4-91-007.

7. U.S. Environmental Protection Agency, 1993. "Contingency Analysis Modeling for Superfund Sites and Other Sources," EPA-454/R-93-001.

8. U.S. Environmental Protection Agency. "Control of Accidental Releases of Ammonia," Prevention Reference Manual: Chemical Specific, Vol. 11*. AEERL, August 1987.

9. U.S. Environmental Protection Agency. "Control of Accidental Releases of Chlorine," Prevention Reference Manual: Chemical Specific, Vol. 9*. AEERL, August 1987.

10. U.S. Environmental Protection Agency. "Control of Accidental Releases of Sulfur Dioxide," Prevention Reference Manual: Chemical Specific, Vol 12*. AEERL, August 1987.

11. The Condensed Chemical Dictionary, Ninth Edition, 1977, Van Norstrand Reinhold Co.

12. U.S. Environmental Protection Agency. "Control of Accidental Releases of Hydrogen Fluoride," * Prevention Reference Manual: Chemical Specific, Vol. 8*. AEERL, August 1987.

13. C. Mullett and P. Raj, September 1990. User's Manual for ADAM, Air Force No. GL-TR-90-0321(II), AF Geophysics Laboratory, Hanscom AFB, MA 01731.

14. User's Manual for the ALOHA Model, ALOHA 5.0: Areal Locations of Hazardous Atmospheres. Hazardous Materials Response Branch, National Oceanic and Atmospheric Administration, Seattle, and Chemical Emergency Preparedness and Prevention Office U.S. Environmental Protection Agency, Washington, D.C.

15. K. McFarlane, A. Prothero, J.S. Puttock, P.T. Roberts and H.W.M Witlox, November 1990 Technical Reference Manual for HGSYSTEM, Development and Validation of Atmospheric Dispersion Models for Ideal Gases and Hydrogen Fluoride, Shell International Research Maatschappij B.V. 1990.

16. Ermak, D.L., 1989. User's Manual for the SLAB model, An Atmospheric Dispersion Model for Denser-than-Air Releases, Draft, Lawrence Livermore National Laboratory.

17. Beckerdite, J.M., Powell, D.R., and Adams, E.T., 1983. "Self-Association of Gases. 2. The Association of Hydrogen Fluoride." J. Chem. Eng. Data, 28, 287-293.

18. Chemical Process Quantitative Risk Analysis, CCPS-AIChE Publication, 1989.

19. U.S. Environmental Protection Agency, 1987. "On-site Meteorological Program Guidance for Regulatory Modeling Applications," EPA-450/4-87-013.

20. Guinmup, D.E. and Q.T. Nguyen, 1991. "A Sensitivity Study of the Modeling Results from Three Dense Gas Dispersion Models in the Simulation of a Release of Liquified Methan: SLAB, HEGADAS, and DEGADIS." Seventh Joint Conference on Applications of Air Pollution Meteorology with AWMA. January 14-18, 1991, New Orleans, LA.

21. Britter, R.E. and J. McQuaid, 1988. "Workbook on the Dispersion of Dense Gases." HSE Contract Research Report No. 17/1988, Health and Safety Executive, Sheffield, England.

22. Petersen, R.L., 1989. "Surface Roughness Effects on Heavier-Than-Air Gas Dispersion." Sixth Joint Conference on Applications of Air Pollution Meteorology. January 30 - February 3, 1989, Anaheim, CA.

23. Irwin, J. S., 1979. "A Theoretical Variation of the Wind Profile Power-law Exponent as a Function of Surface Roughness and Stability." Atmospheric Environment 13, pp 191-194.

24. Perry's Chemical Engineers' Handbook, 6th ed. edited by Robert H. Perry and Don W. Green, McGraw-Hill, Inc., New York, New York, 1984.

25. The Properties of Gases & Liquids, 4th ed., Reid, Prausnitz, and Poling, McGraw-Hill, Inc., New York, New York, 1987.

26. Data Compilation Tables of Properties of Pure Compounds, T.E. Daubert and R.P. Danner, Design Institute for Physical Property Data, American Institute of Chemical Engineers, New York, New York, 1985.

27. CRC Handbook of Chemistry and Physics, 71st ed., edited by David R. Lide, PhD, CRC Press, Inc. Boca Raton, Florida, 1990.

附　录

附录 A　国际单位制的换算

本附录提供了指南中所有国际单位的换算关系，及基本国际单位和衍生国际单位之间的关系。本指南中使用的基本国际单位制见附表 1，使用的衍生国际单位见附表 2。

附表 1　基本国际单位

项目	单位	符号
长度	米	m
质量	千克	kg
时间	秒	s
温度	开尔文	K
物质质量	千摩尔	kmol

附表 2　衍生国际单位

项目	单位	符号
力	牛顿	N（=kg·m/s²）
压力	帕斯卡	Pa（=N/m²）
能量	焦耳	J（=N·m）

下文中举例说明了推导最终使用单位的过程：

例 1　蒸汽密度计算

$$\rho_a = \frac{P_a M_a}{R T_a} = \frac{(101\,325\ \text{Pa})\ (28.9\ \text{kg/kmol})}{8\,314\ \text{J/}(\text{kmol}\cdot\text{K})\ (296.48\ \text{K})}$$

$$= 1.188\ \text{Pa kg/J}$$

$$= 1.188\ (\text{N/m}^2)\ (\text{kg})\ (\text{N}\cdot\text{m})$$

$$= 1.188\ \text{kg/m}^3$$

例 2　泄漏速率计算

$$E = A_o F \left(\frac{\lambda M p_s}{R T_s^2} \right) \left(\frac{T_s}{C_{pl}} \right)^{\frac{1}{2}}$$

$$(3.888 \times 10^{-5}\, \mathrm{m^2})\quad(0.734\,7)\left[\frac{(2.878 \times 10^5\, \mathrm{J/kg})\quad(70.91\, \mathrm{kg/kmol})\quad(6.951 \times 10^5\, \mathrm{Pa})}{8\,314\, \mathrm{J/\,(kmol \cdot K)}\quad(294.3\, \mathrm{K})^2}\right]$$

$$\left[\frac{294.3\, \mathrm{K}}{927.13\, \mathrm{J/\,(kg \cdot K)}}\right]^{1/2}$$

$= 0.317\,0\ \mathrm{m^2\, Pa\ (kg/J)}^{\ 1/2}$

$= 0.317\,0\ \mathrm{m^2\ (N/m^2)\ [kg/\ (N \cdot m)]}^{\ 1/2}$

$= 0.317\,0\ \mathrm{kg/s}$

附录 B 氨、氯、环氧乙烷、氯化氢、氟化氢、二氧化硫的三相图、气相分率 Vs 储存温度图及物性表

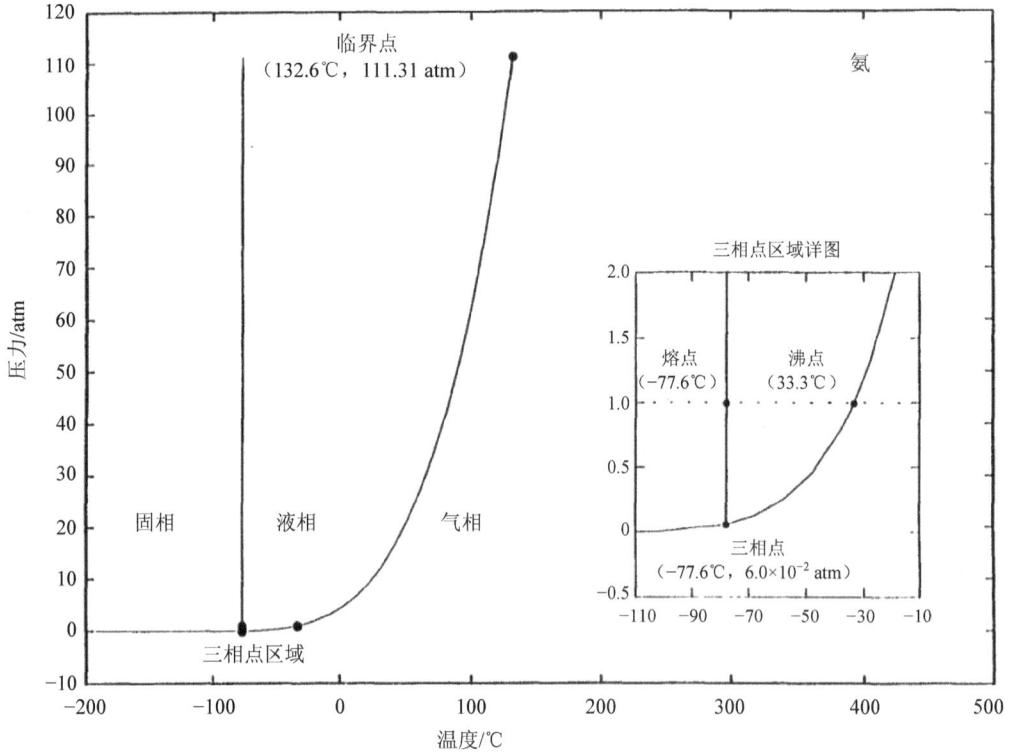

附图 1 氨的三相

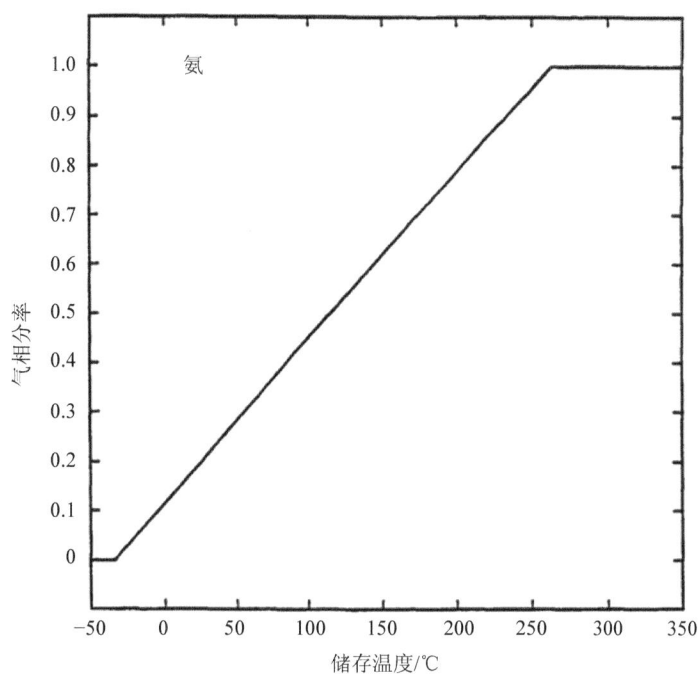

附图 2　氨的气相分率 Vs 储存温度

附表 3　氨的物性

CAS 号	7664-41-7		
化学式	NH_3		
毒性阈值浓度		时间/min	数值/ppm
	ERPG-1	60	25
	ERPG-2	60	200
	ERPG-3	60	1 000
	IDIH	30	500
	STEL	15	35
分子量	17.030		
正常沸点	239.72 K		
气体密度	0.708 kg/m^3@293 K，1 atm		
液体密度	681.38 kg/m^3@239.72 K		
液体比重（水=1）	0.638 @273 K		

气体比重（空气=1）	0.587
蒸汽压力公式 $$\log P_v = A - B/(T+C)$$ 式中：P_v —— 蒸汽压力，mmHg； 　　　T —— 温度，℃； 　　　A —— 7.360 5，常数； 　　　B —— 926.132，常数； 　　　C —— 240.17，常数	6 320.9 mmHg（8.32 atm）@20℃
液体黏度	0.000 246 Pa·s @239.72 K
液体表面张力	0.023 4 N/m@284 K
水中溶解度	233.99 kg/m^3@293 K，1 atm
定容热容（气体）	1 589.55 J/（kg·K）@273 K
定压热容（气体）	2 093.19J/（kg·K）@273 K
定压热容（液体）	4 061.58J/（kg·K）@240 K
气化潜热	1 367 208 J/kg @240 K
净热值	18 603 850 J/kg
焓公式：$H = A + B_t + C_t^2$ 式中：H —— 焓值，J/kg； 　　　t —— 温度，K； 　　　A、B、C —— 液相及气相焓值常数。 A　　　　B　　　　C Liquid*　　4 672.5　　−0.625 Vapor*　　5 138.333　　−7.5	A 值取决于材质的选定参考状态。 A 值的选择不影响计算，因为只有不同温度下的焓差应用于单相。为了计算相之间的焓差，必须选择参考状态来使用焓公式计算每个相的 A 值

根据物性的相关性确定其他参数时有用的附加特性

临界温度	405.65 K
临界压力	11 278 000 Pa
临界密度	234.99 kg/m^3
分子相互作用能	276 K
有效分子直径	3.15 埃

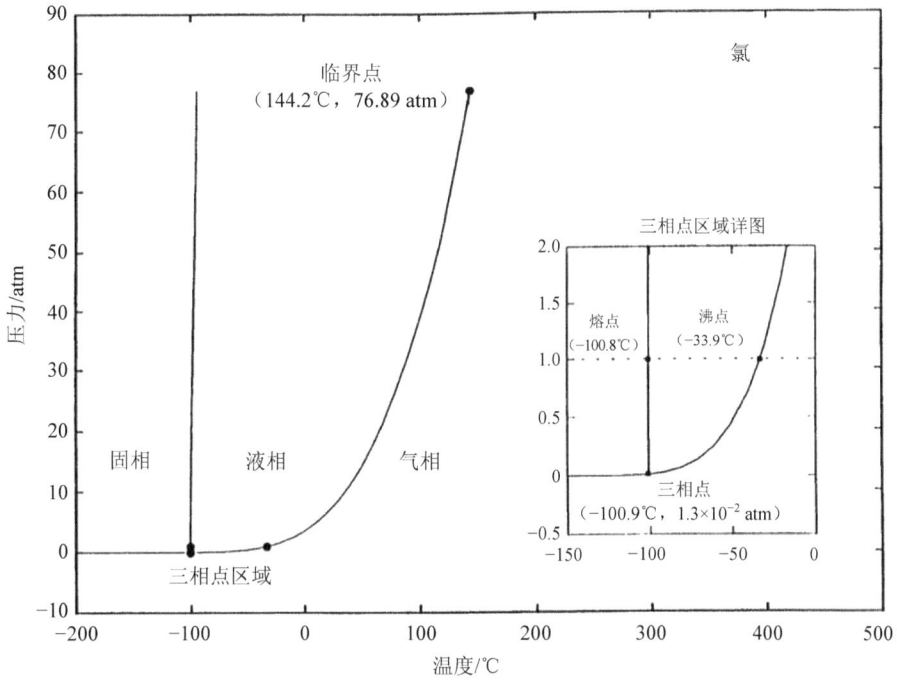

附图 3　氯的三相

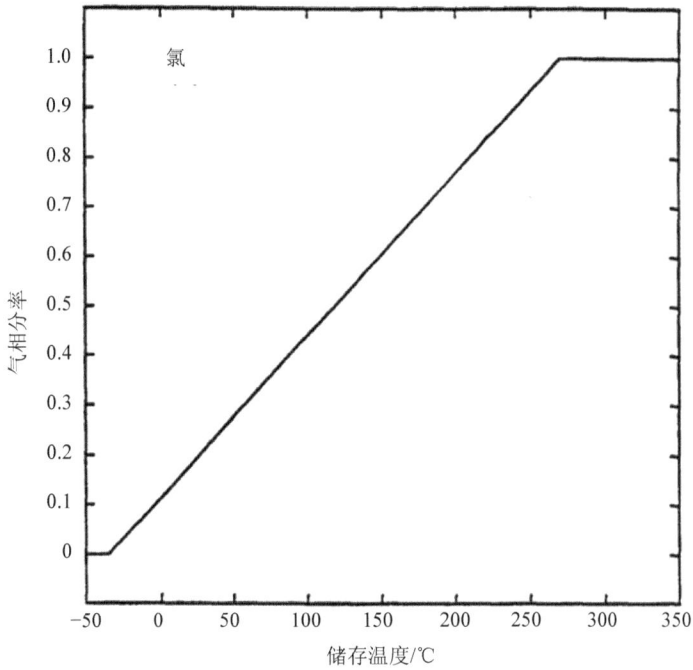

附图 4　氯的气相分率 Vs 储存温度

附表 4　氯的物性

CAS 号	7782-50-5		
化学式	Cl_2		
毒性阈值浓度		时间/min	数值/ppm
	ERPG-1	60	1
	ERPG-2	60	3
	ERPG-3	60	20
	IDIH	30	30
	STEL	15	1
分子量	70.914		
正常沸点	239.12 K		
气体密度	2.949 kg/m³@293 K，1 atm		
液体密度	1 562.19 kg/m³@239 K		
液体比重（水=1）	1.47 @273 K		
气体比重（空气=1）	2.45		
蒸汽压力公式 　　　　$\log P_v = A - B/(T+C)$ 式中：P_v —— 蒸汽压力，mmHg； 　　　T —— 温度，℃； 　　　A —— 6.937 9，常数； 　　　B —— 861.34，常数； 　　　C —— 246.33，常数	5 055.8 mmHg（6.65 atm）@20℃		
液体黏度	0.000 489 Pa-s @239.09 K		
液体表面张力	0.025 4 N/m@243 K		
焓公式：$H = A + B_t + C_t^2$ 式中：H —— 焓值，J/kg； 　　　t —— 温度，K； 　　　A、B、C —— 液相及气相焓值常数。 　　A　　　　B　　　　C Liquid*　821.376 2　0.303 672 Vapor*　616.495 6　−0.436 98	A 值取决于材质的选定参考状态。 A 值的选择不影响计算，因为只有不同温度下的焓差应用于单相。为了计算相之间的焓差，必须选择参考状态来使用焓公式计算每个相的 A 值		
水中溶解度	3.744 kg/m³@293 K，1 atm		
定容热容（气体）	355.81J/（kg·K）@288 K		
定压热容（气体）	481.49J/（kg·K）@288 K		
定压热容（液体）	927.13J/（kg·K）@293.12 K		
气化潜热	2 877 755 J/kg @239 K		
净热值	0 cal/gmole		
根据物性的相关性确定其他参数时有用的附加特性			
临界温度	417.15 K		
临界压力	7 710 800 Pa		
临界密度	572.98 kg/m³		
分子相互作用能	275 K		
有效分子直径	4.12 埃		

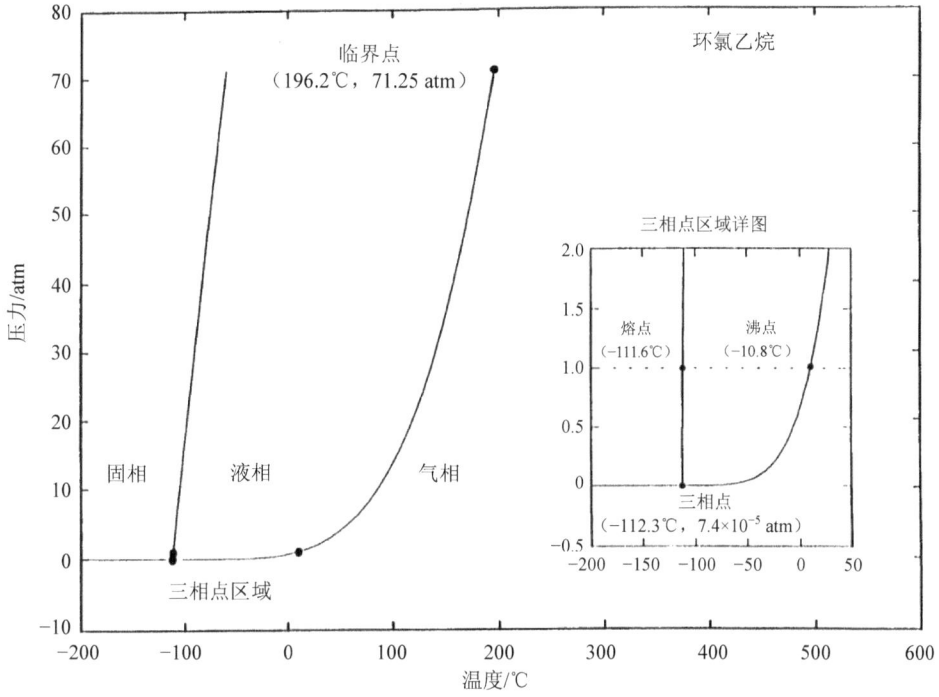

附图 5　环氧乙烷的三相

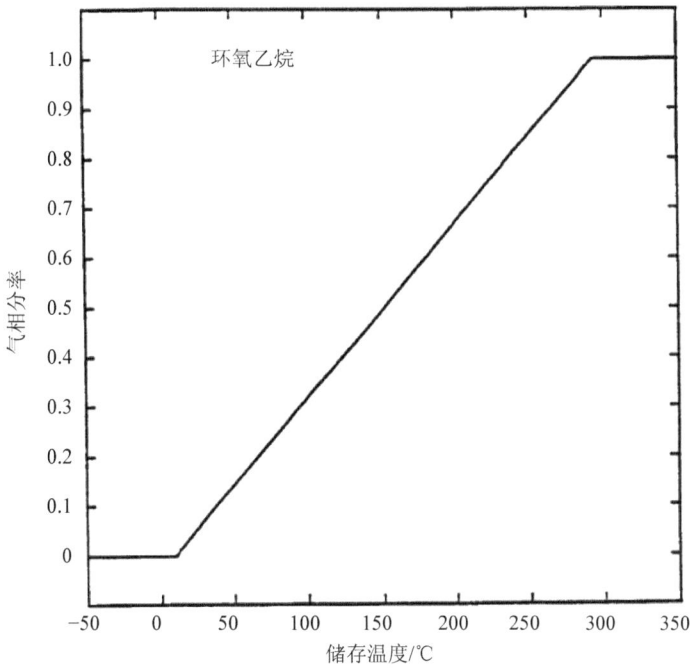

附图 6　环氧乙烷的气相分率 Vs 储存温度

附表 5　环氧乙烷的物性

CAS 号	75-21-8
化学式	C_2H_4O
毒性阈值浓度	<table><tr><td></td><td>时间/min</td><td>数值/ppm</td></tr><tr><td>ERPG-1</td><td>--</td><td>--</td></tr><tr><td>ERPG-2</td><td>--</td><td>--</td></tr><tr><td>ERPG-3</td><td>--</td><td>--</td></tr><tr><td>IDIH</td><td>30</td><td>800</td></tr><tr><td>STEL</td><td>--</td><td>--</td></tr><tr><td>LEL=3%</td><td></td><td></td></tr><tr><td>UEL=100%</td><td></td><td></td></tr></table>
分子量	44.053
正常沸点	283.85 K
气体密度	1.832 kg/m³@293 K，1 atm
液体密度	882.67 kg/m³@283.85 K
液体比重（水=1）	0.898 @273 K
气体比重（空气=1）	1.52
蒸汽压力公式 $\ln P_v = A + B/T + C\ln T + DT^E$ 式中：P_v —— 蒸汽压力，Pa； 　　　T —— 温度，℃； 　　　A —— 96.82，常数； 　　　B —— 5 433.0，常数； 　　　C —— −12.517，常数； 　　　D —— 0.016 08，常数； 　　　E —— 1.00，常数	145 810 Pa（1.44 atm）@293 K（温度在 160.71～469.15 K 有效）
液体黏度	0.000 269 Pa·s @293.15 K
液体表面张力	0.024 4 N/m
水中溶解度	0.184 1 kg/m³
定容热容（气体）	888.96J/（kg·K）@293 K
定压热容（气体）	1 077.96J/（kg·K）@293 K
定压热容（液体）	1 971.56J/（kg·K）@283.85 K
气化潜热	569 000 J/kg @283.85 K
净热值	27 648 022 J/kg

焓公式：$H=A+B_t+C_t^2$ 式中：H —— 焓值，J/kg； 　　　t —— 温度，K； 　　　A、B、C —— 液相及气相焓值常数。	A 值取决于材质的选定参考状态。 A 值的选择不影响计算，因为只有不同温度下的焓差应用于单相。为了计算相之间的焓差，必须选择参考状态来使用焓公式计算每个相的 A 值

	A	B	C
Liquid*		-25.25	$4.734\ 45$
Vapor*		-225.576	$3.716\ 791$

根据物性的相关性确定其他参数时有用的附加特性

临界温度	469.15 K
临界压力	7 194 100 Pa
临界密度	313.99 kg/m³
分子相互作用能	326 K
有效分子直径	4.35 埃

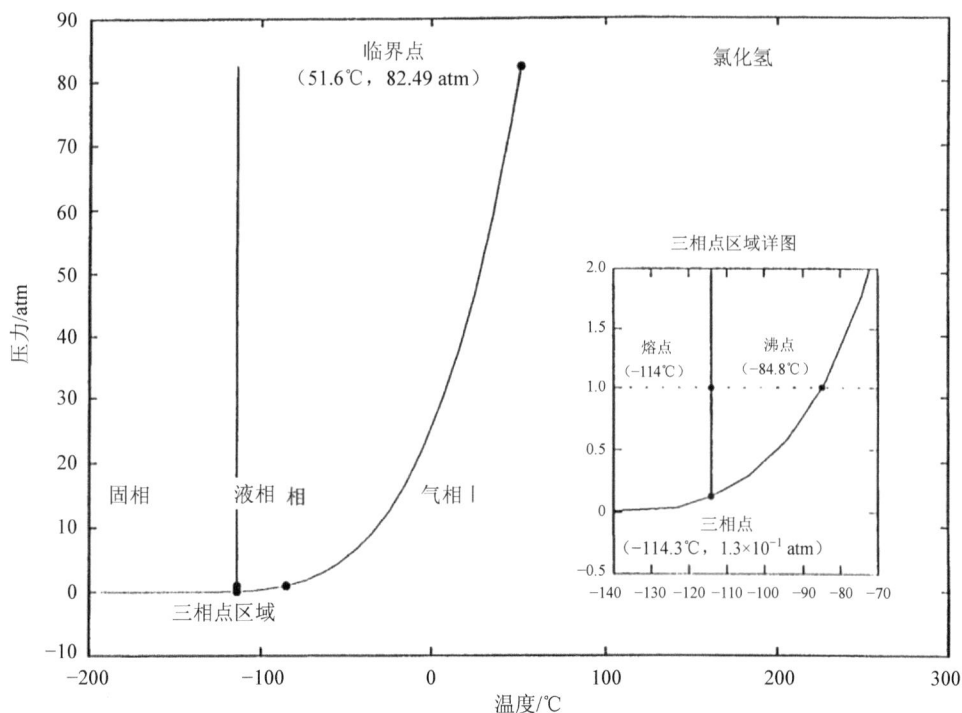

附图 7　氯化氢的三相

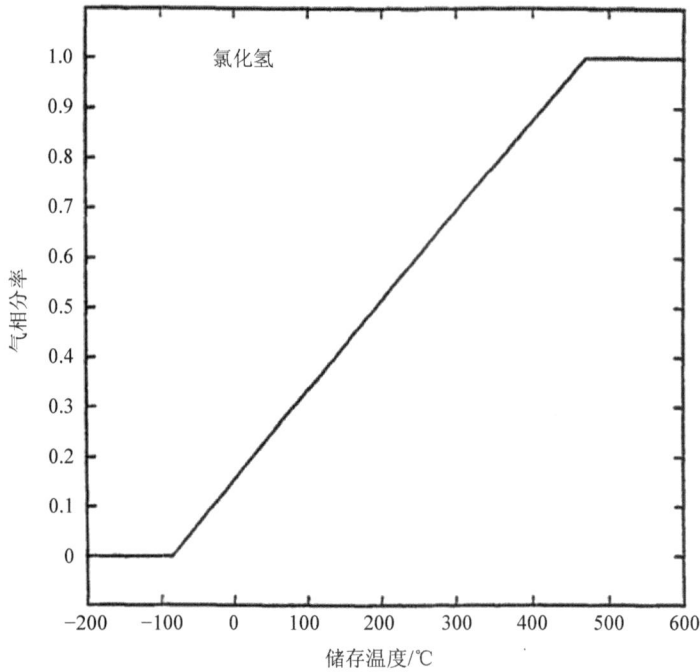

附图 8　氯化氢的气相分率 Vs 储存温度

附表 6　氯化氢的物性

CAS 号	7647-01-0		
化学式	HCl		
毒性阈值浓度		时间/min	数值/ppm
	ERPG-1	60	3
	ERPG-2	60	20
	ERPG-3	60	100
	IDIH	30	100
	STEL	—	—
分子量	36.461		
正常沸点	188.15 K		
气体密度	1.516 kg/m³@293 K，1 atm		
液体密度	1 194.20 kg/m³@188.15 K		
液体比重（水=1）	0.916 @273 K		
气体比重（空气=1）	1.26		

蒸汽压力公式 $\ln P_v = A + B/T + C\ln T + DT^E$ 式中：P_v —— 蒸汽压力，Pa； 　　　T —— 温度，℃； 　　　A —— 105.16，常数； 　　　B —— $-3\ 748.4$，常数； 　　　C —— -15.214，常数； 　　　D —— 0.031 737，常数； 　　　E —— 1.00，常数；	4 187 527 Pa（41.33atm）@293 K（温度在 158.97～324.65 K 有效）
液体黏度	0.000 084 Pa·s @293.15 K
液体表面张力	0.004 1 N/m @293 K
水中溶解度	6.70 kg/m³
定容热容（气体）	571.46J/（kg·K）@273 K
定压热容（气体）	799.81J/（kg·K）@273 K
定压热容（液体）	1 655.85J/（kg·K）@163 K
气化潜热	442 708 J/kg @188 K
净热值	784 436 J/kg
焓公式：$H = A + B_t + C_t^2$ 式中：H —— 焓值，J/kg； 　　　t —— 温度，K； 　　　A、B、C —— 液相及气相焓值常数。 　　　　A　　　　　B　　　　　C Liquid*　1 297.277　　2.468 391 Vapor*　　798.936 4　　6.1×10^{-8}	A 值取决于材质的选定参考状态。 A 值的选择不影响计算，因为只有不同温度下的焓差应用于单相。为了计算相之间的焓差，必须选择参考状态来使用焓公式计算每个相的 A 值
根据物性的相关性确定其他参数时有用的附加特性	
临界温度	324.65 K
临界压力	8 308 700 Pa
临界密度	450.02 kg/m³
分子相互作用能	216 K
有效分子直径	6.4 埃

附表 7　30%（质量分数）盐酸的物性

CAS 号	7647-01-0		
化学式	HCl		
毒性阈值浓度		时间/min	数值/ppm
	ERPG-1	60	3
	ERPG-2	60	20
	ERPG-3	60	100
	IDIH	30	100
	STEL	——	——
分子量	21.24		

正常沸点	370.2 K
气体密度	1.516 kg/m³@298 K，1 atm
液体密度	993.3 kg/m³@370.2 K
液体比重（水=1）	0.985 @273 K
气体比重（空气=1）	1.26
蒸汽压力公式（盐酸分压） $\log P_v = A - B/T$ 式中：P_v —— 蒸汽压力，mmHg； T —— 温度，℃； A —— 9.876 3，常数； B —— 2 593，常数	公式中的蒸汽压表示无水 HCl 在 30%盐酸溶液中的分压
蒸汽压力公式（水分压） $\log P_v = A - B/T$ 式中：P_v —— 蒸汽压力，mmHg； T —— 温度，℃； A —— 9.001 17，常数； B —— 2 422，常数	公式中的蒸汽压表示水在 30%盐酸溶液中的分压
液体黏度	0.000 48 Pa·s
液体表面张力	0.080 8 N/m @370.2 K
水中溶解度	
定容热容（气体）	980.98J/（kg·K）@273 K
定压热容（气体）	1 372.97J/（kg·K）@273 K
定压热容（液体）	3 475.26J/（kg·K）@273 K
汽化潜热	2 354 863 J/kg @370.2 K
净热值	1 346 578 J/kg
焓公式：$H = A + B_t + C_t^2$ 式中：H —— 焓值，J/kg； t —— 温度，K； A、B、C —— 液相及气相焓值常数。 A　　　　B　　　　C Liquid*　3 475.256　-8.0×10^{-8} Vapor*　798.936 4　6.1×10^{-8}	A 值取决于材质的选定参考状态。 A 值的选择不影响计算，因为只有不同温度下的焓差应用于单相。为了计算相之间的焓差，必须选择参考状态来使用焓公式计算每个相的 A 值
根据物性的相关性确定其他参数时有用的附加特性	
临界温度	572.74 K
临界压力	20 405 355 Pa
临界密度	366.52 kg/m³
分子相互作用能	433.37 K
有效分子直径	4.367 埃

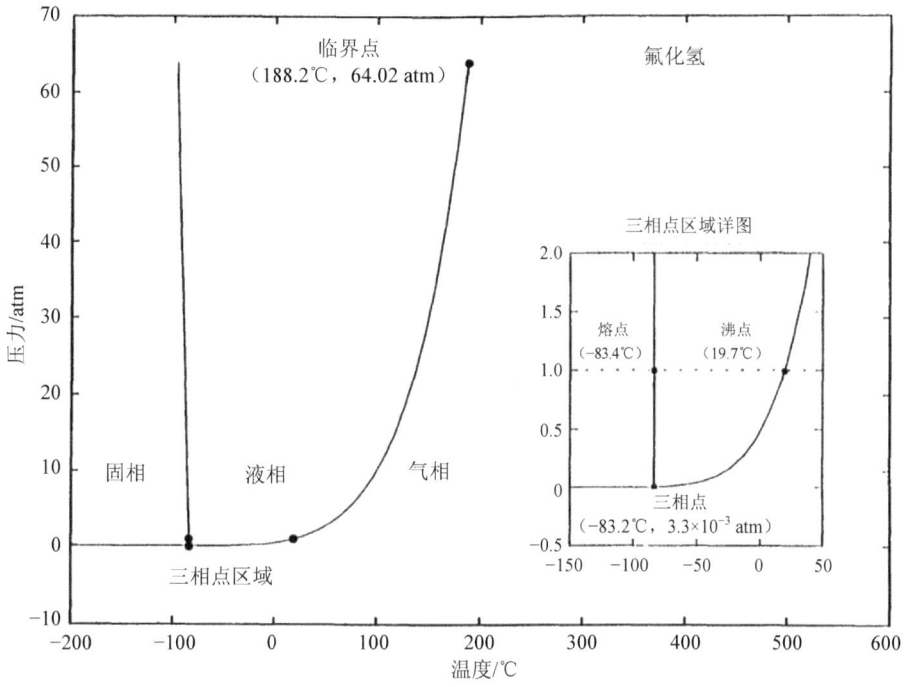

附图 9　氟化氢的三相图

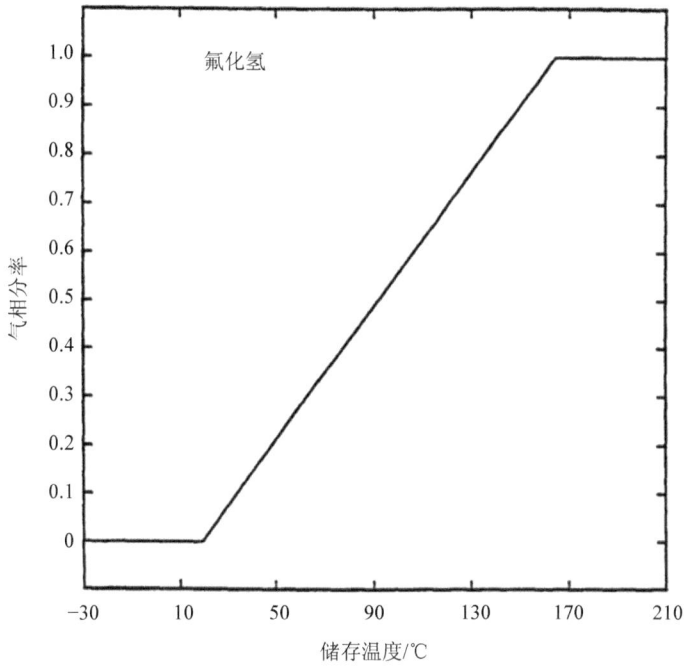

附图 10　氟化氢的气相分率 Vs 储存温度

附表 8 氟化氢的物性

CAS 号			7664-39-3
化学式			HF
毒性阈值浓度		时间/min	数值/ppm
	ERPG-1	60	5
	ERPG-2	60	20
	ERPG-3	60	50
	IDIH	30	30
	STEL	15	6
分子量			20.006
正常沸点			292.67 K
气体密度			0.832 kg/m³@293 K, 1 atm
液体密度			955.18 kg/m³@292.67 K
液体比重（水=1）			0.916 @273 K
气体比重（空气=1）			0.69
蒸汽压力公式 $\log P_v = A - B/(T+C)$ 式中：P_v —— 蒸汽压力，mmHg； T —— 温度，℃； A —— 7.681 0，常数； B —— 1 475.60，常数； C —— 287.88，常数			773.08 mmHg（1.02 atm）@20℃
液体黏度			0.000 256Pa·s @273 K
液体表面张力			0.008 8 N/m @273 K
水中溶解度			完全溶解
定容热容（气体）			1 041.49J/（kg·K）@293 K
定压热容（气体）			1 455.57J/（kg·K）@293 K
定压热容（液体）			2 559.79J/（kg·K）@293 K
气化潜热			376 440 J/kg @293 K
净热值			7 579 626 J/kg
焓公式：$H = A + B_t + C_t^2$ 式中：H —— 焓值，J/kg； 　　　t —— 温度，K； 　　　A、B、C —— 液相及气相焓值常数。 A　　　　B　　　　C Liquid*　1 238.668　4.264 261 Vapor*　1 456.623　-7.1×10^{-9}			A 值取决于材质的选定参考状态。 A 值的选择不影响计算，因为只有不同温度下的焓差应用于单相。为了计算相之间的焓差，必须选择参考状态来使用焓公式计算每个相的 A 值
根据物性的相关性确定其他参数时有用的附加特性			
临界温度			461.15 K
临界压力			6 484 800 Pa
临界密度			289.94 kg/m³
分子相互作用能			337 K
有效分子直径			3.24 埃

附表9 氟化氢的相对分子量随温度和摩尔分数浓度的变化

温度/℃ \ F_i	1.0	0.9	0.8	0.7	0.6	0.5	0.4	0.3	0.2	0.1
20	51.59	48.58	43.78	39.53	35.47	31.56	27.03	23.78	21.53	20.32
30	36.22	33.45	30.51	27.20	24.65	22.91	21.65	20.68	20.37	20.03
40	25.26	23.66	22.50	21.51	20.88	20.53	20.36	20.15	20.02	20.01
50	21.06	20.65	20.53	20.32	20.18	20.09	20.02	20.01	20.01	20.01
60	20.17	20.10	20.05	20.01	20.01	20.01	20.01	20.01	20.01	20.01
70	20.01	20.01	20.01	20.01	20.01	20.01	20.01	20.01	20.01	20.01

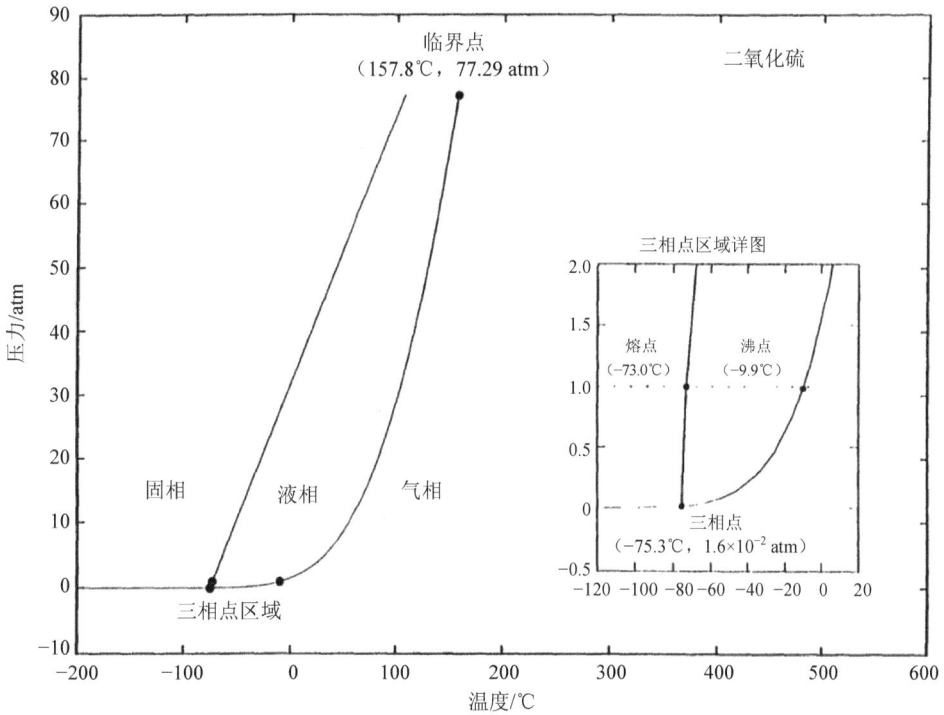

附图11 二氧化硫的三相

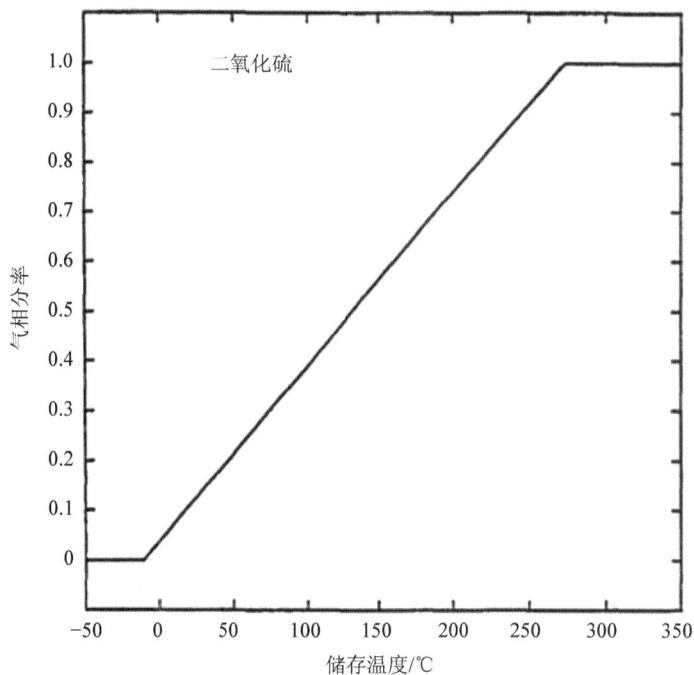

附图 12　二氧化硫的气相分率 Vs 储存温度

附表 10　二氧化硫的物性

CAS 号	7446-09-5		
化学式	SO$_2$		
毒性阈值浓度		时间/min	数值/ppm
	ERPG-1	60	0.3
	ERPG-2	60	3
	ERPG-3	60	15
	IDIH	30	100
	STEL	15	5
分子量	64.06		
正常沸点	263.13 K		
气体密度	2.664 kg/m^3@293 K，1 atm		
液体密度	1 460.42 kg/m^3@263.13 K		
液体比重（水=1）	1.436@273 K		
蒸汽比重（空气=1）	2.21		

蒸汽压力公式 $\log P_v = A - B/(T+C)$ 式中：P_v —— 蒸汽压力，mmHg； T —— 温度，℃； A —— 7.681 0，常数； B —— 1 475.60，常数； C —— 287.88，常数	2 480.3 mmHg（3.26 atm）@20℃
液体黏度	0.000 431Pa-s @263.13 K，0.97 atm
液体表面张力	0.028 6 N/m @263 K
水中溶解度	13.875 kg/m³ @293 K，1 atm
定容热容（气体）	493.77J/（kg·K）@298 K
定压热容（气体）	623.09J/（kg·K）@298 K
定压热容（液体）	1 386.32J/（kg·K）@293 K
气化潜热	388 747 J/kg @263 K
净热值	0 J/kg
焓公式：$H = A + B_t + C_t^2$ 式中：H —— 焓值，J/kg； t —— 温度，K； A、B、C —— 液相及气相焓值常数。 　　　A　　　　B　　　　C Liquid*　 −110.556　 3.055 6 Vapor*　 1 566.667　 −2.00	A 值取决于材质的选定参考状态。 A 值的选择不影响计算，因为只有不同温度下的焓差应用于单相。为了计算相之间的焓差，必须选择参考状态来使用焓公式计算每个相的 A 值

根据物性的相关性确定其他参数时有用的附加特性

临界温度	430.75 K
临界压力	7 884 100 Pa
临界密度	527.07 kg/m³
分子相互作用能	303 K
有效分子直径	4.29 埃

技术报告说明
（请在填写前阅读说明）

1. 报告编号 EPA-454/R-93-002	2.	3. 接收人的等级号码
4. 标题及副标题 有毒有害气体释放精细化扩散模型指南		5. 报告时间： 1995 年 5 月
		6. 执行组织代码
7. 作者		8. 执行组织报告编号
9. 执行组织名称及地址 Radian 公司 8501 N.Mopac Blvd 奥斯丁，TX 78759		10. 程序编号
		11. 合同编号 EPA 合同，编号 68-D00125WA51
12. 支持机构名称及地址 U.S.空气质量规划及标准部，美国国家环境保护局，TSD 研究三角基园区，NC 27711		13. 报告类型和所在阶段
		14. 支持机构代码

15. 补充说明

本指南对 EPA-450/4-91-007 进行了修订。

技术代表：Jawad S.Touma

16. 摘要

本指南提供了表征有毒有害空气污染物排放的指导方法，并展示了如何应用适当的扩散模型。该指南：

　1）有助于确定可能发生泄漏的特定条件下的可能或合理的存储条件；

　2）帮助确定泄漏类别；

　3）定义了用于确定公共领域内精细模型所使用的输入变量的方法；

　4）指出了各种输入信息选择的含义和影响；

　5）通过示例展示了模型所使用的输入变量的计算方法；

　6）描述了这些模型所能提供的输出结果；

　7）讨论了如何确定输入条件，以得出最严重影响情况下的影响程度。由于许多化学品在泄漏时可能形成密集的气体云，而能够模拟这些泄漏情景的精细扩散模型是复杂的，因此需要特别关注能够模拟这些泄漏情景的模型

17. 关键词和文件分析

描述	关键词	COSATI 场景/组别
空气污染 危险废物评估 有毒有害空气污染物 密集气体 空气质量扩散模型 TSCREEN 模型	扩散模型 气象 空气污染控制	13B
18. 发布声明 无限制	19. 保密等级（报告） 无	21. 页数
	20. 保密等级（页面） 无	22. 价格

CPA 表格 2220-1（版本 4-77）